岩波基礎物理シリーズ
【新装版】

統計力学

岩波基礎物理シリーズ
【新装版】

統計力学

長岡洋介
Yosuke Nagaoka
[著]

岩波書店

STATISTICAL MECHANICS

IWANAMI
UNDERGRADUATE COURSE IN PHYSICS

物理をいかに学ぶか

暖かな春の日ざし，青空に高く成長した入道雲，木々の梢をわたる秋風，道端の水たまりに張った薄氷，こうした私たちの身の回りの自然現象も，生命現象の不思議や広大な宇宙の神秘も，その基礎には物理法則があります．また，衛星中継で世界の情報を刻々と伝える通信，患部を正確にとらえるCT 診断，小さな電卓の中のさらに小さな半導体素子などの最先端技術は，物理法則の理解なしにはありえないものです．したがって，自然法則を学び，自然現象の謎の解明を志す理学系の学生諸君にとっても，また現代の最先端技術を学び，さらに技術革新を進めることを目指している工学系の学生諸君にとっても，物理は欠かすことのできない基礎科目です．

近代科学の歴史はニュートンに始まるといわれます．ニュートンは，物体の運動の分析から力学の法則に到達しました．そして，力学の法則から，リンゴの落下運動も天体の運行も同じように解明されることを見出しました．実験や観測によって現象をしらべ，その結果を数量的に把握し，基本法則に基づいて現象を数理的に説明するという方法は，物理学に限らず，その後大きく発展した近代科学の全体を貫くものだ，ということができます．物理学の方法は近代科学のお手本となってきたのです．また，超ミクロの素粒子から超マクロの宇宙までを対象とし，その法則を明らかにする物理学は，私たちの自然に対する見方(自然観)を深め，豊かにしてくれます．そのような意味でも，物理は科学を学ぶすべての学生諸君にしっかり勉強してほしい科目なのです．

このシリーズは，物理の基礎を学ぼうとする大学理工系の学生諸君のための教科書，参考書として編まれました．内容は，大学の 4 年生になってそれぞれ専門的な分野に進む前，つまり 1 年生から 3 年生までの間に学んでほしい基礎的なものに限りました．基礎をしっかり，というのがこのシリーズの第一の目標です．しかし，それが自然現象の解明にどのように使われ，どのように役立っているかを知ることは，基礎を学ぶ上でもたいへん重要なことです．現代的な視点に立って，理学や工学の諸分野に進むときのつながりを重視したことも，このシリーズの特徴です．

物理は難しい科目だといわれます．力学を学ぶには，物体の運動を理解するために微分方程式などのさまざまな数学を身につけなければなりません．電磁気学では，電場や磁場という目で見たり，手で触れたりできないものを対象にします．量子力学や相対性理論の教えることは，私たちの日常経験とかけ離れています．一見，身近な現象を相手にするかに見える熱力学や統計力学でも，エントロピーや自由エネルギーという新しい概念の理解が必要です．それらの法則が，物質という複雑なものを対象にするとなると，事態はさらに面倒です．

物理を学ぼうとこの本を開いた学生諸君，いきなりこんな話を聞いてどう感じますか？　いよいよ学習意欲をかきたてられた人は，この先を読む必要はありません．すぐ第1章から勉強にとりかかって下さい．しかし，そんなに難しいのか，と戦意を喪失しかけた人には，もう少しつきあってほしいと思います．

科学が芸術と本質的に異なるのは，ある程度努力しさえすれば誰にでも理解できるものだ，というところにあると思います．ある人の感動する音楽が別の人には騒音にしか響かないとしても，それはどうしようもないでしょう．科学は違います．確かに，科学の創造に携わってきたのはニュートンやアインシュタインといった天才たちでした．少なくとも，相当な基礎訓練をへた専門家たちです．しかし，そうして得られた科学の成果は，それが正しいものであれば，きちんと順序だてて学べば誰にでも理解できるはずです．誰にでも理解できるものでなければ，それを科学的な真理とよぶことはできない，といってもいいのだと思います．

そんなことをいうけれど，自分には難しくてよく理解できない，という反論もあるだろうと思います．そうかも知れません．しかし，それは教え方，あるいは学び方が悪かったせいではないでしょうか．物理学は組みたてられた構造物のようなものです．基礎のところの大事なねじがぬけていては，その上の構造物はぐらついてしまいます．私たちが教師として教室で物理の講義をするとき，時間が足りないとか，あるいはこんなことは皆わかっているはず，といった思いこみから，途中の大事なところをとばしているかも知れません．もう一つ大切なことは，構造物を組みたてながら，ときどき離れて全体の形をながめることです．具体的にいえば，数式をたどるだけでなくて，その数式の意味しているものが何かを考えることです．これを私たちは「物理的に理解する」といっています．

このシリーズの1冊1冊は，それぞれ経験豊かな著者によって，学生諸君がつまずくところはどこかをよく知った上で，周到な配慮をもって書かれました．単に数式を並べるだけではなく，それらの数式のもつ物理的な意味についても十分に語られています．実をいいますと，「物理的な理解」は人から教えられるのではなく，学生諸君ひとりひとりが自分で獲得すべきものです．しかし，物理をはじめて本格的に勉強して，すぐにそれができるものでもありません．この先生はこんな風に理解しているんだ，なるほど，と感じることは大いに勉強になり，あなた自身の理解を助けるはずです．

科学は誰にでも理解できるものだ，といいました．もちろん，それは努力しさえすれば，という条件つきです．この本はわかりやすく書かれていますが，ねころんで読んでわかるように書かれてはいません．机に向かい，紙と鉛筆を用意して読んで下さい．問題はまずあなた自身で解くように努力して下さい．

10冊のシリーズのうち，第1巻『力学・解析力学』，第10巻『物理の数学』は，高校の物理と数学が身についていれば，十分に読むことができます．この2冊に比べれば，第3巻『電磁気学』は少し努力を要するかも知れません．第5巻『量子力学』を学ぶには，力学は身につけておく必要があります．第7巻『統計力学』には量子力学の初歩的な知識が前提になっています．これらの巻に続くものとして，第2巻『連続体の力学』，第4巻『物質の電磁気学』，第6巻『物質の量子力学』，第8巻『非平衡系の統計力学』をそれぞれ独立な1冊として用意したことが，このシリーズの特徴のひとつ

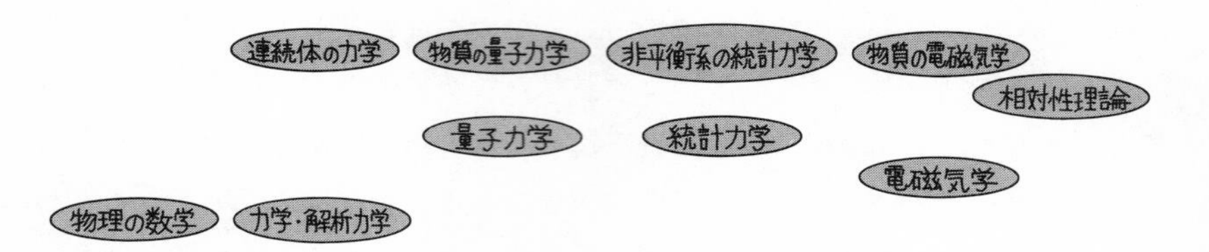

です．第9巻『相対性理論』は力学と電磁気学に続く巻として位置づけられます．各巻の位置づけは，およそ上の図のようなものです．図は下ほど基礎的な分野です．

このシリーズが，理工系の学生諸君が物理を本格的に学び，身につけることに役立つならば，それは著者，編者一同にとってたいへんうれしいことです．

1994年3月

編者　長岡洋介
　　　原　康夫

ま え が き

この本は，私が名古屋大学理学部で行なった1年分の講義のノートをもとに執筆した，理科系の大学生のための統計力学の教科書，ないし参考書である．目次を見ていただければわかるように，熱平衡の系のみを扱っており，非平衡系の問題はすべてこのシリーズの第8巻『非平衡系の統計力学』にゆずった．

教科書はどの分野のものにせよ，扱うべき内容がおおよそ決まっている．しかし，それをどのような筋書きでどのように述べるかは，まさに十人十色である．その自由度はとくに統計力学の場合に大きいように思う．

同じ物理でも，力学，電磁気学，量子力学は，それぞれの基本法則があり，それがいろいろな具体例にどのように適用されるか——という，ある意味では単純明解な構造をもっている．それに比べると，統計力学にはそれが複雑な対象を扱うときの考え方そのものだという性格があり，そこに他の分野とは違う難しさがあると思う．物理といえば微分方程式を解くこと，と思っている学生諸君には，まず登場する数学が確率・統計だということも戸惑いを感じさせるかも知れない．しかも，例えばニュートンの運動方程式がすっきりした微分方程式の形で示されれば，その根拠を疑うという気はなかなか起きないが，統計力学の基礎となる等確率の原理には，考えれば考えるほどわからなくなる，という面がある．統計力学の難しさは，使う数学よりもその考え方のほうにあるのではないだろうか．

私は，この本のもとになった講義をするときも，またこの本を書くときも，学生諸君にまず統計力学が実際の問題でどのように使われ，それによってどのように興味深い現象がわかるようになるかを，できるだけ豊富な具体例によって学んでもらおう，と心がけた．これは，考え方が難しいという上の話と矛盾する執筆方針のようだし，また，もしかすると読んでいて考え方の基礎に関して納得がいかないと感じる読者もおられるかも知れない．そこのところは留保つきでいいからひとまず飲みこんで，先に進んでいただきたい——というのが，じつは私の読者への希望である．統計力学の考え方がどのように使われるかを学んで，いわばその考え方に慣れてから，あとでじっくり基礎はどうなのだろうと考え直す．そういう学び方もあっていいし，とくに統計力学にはそれが適しているのではないか，というのが私の考えである．少なくとも，私自身はそのようにして学んできたと思う．

この本は，まず基礎的なことが述べられ，それから種々の具体例への応用がなされる——という風に整理して書かれてはいない．まずある考え方が述べられ，それを使って具体例を扱ってみる．それだけではうまくいかないから，考え方を少し進め，また具体例を学ぶ，というように話が進められている．教室で講義するときのスタイルをそのまま残したのである．そのため，例えば振動子系の問題が具体例としてくり返し現われる，といったことになる．こういう本は読むときはいいとして，あとで何か調べようとすると困ってしまう．振動子系のエントロピーの式は○○ページ，自由エネルギーの式は××ページと，本のあっちをめくり，こっちをめくりしなければならないからだ．著者としてはたいへん申し訳ないと思うのだが，同時に読者にひとつお願いをしておきたい．それは，ノートを作りながら読む，ということである．これは大事と思う式などをノートに書き写し，自分自身の統計力学の本を書くつもりで整理しながら読んでいただければ，そのノートはあとでこの本以上に役立つと思う．少なくとも，式を枠で囲んだり，書きこみをしたりしながら読むことを，この本の使い方としておすすめしたい．

熱力学についてひとこと触れておきたい．この本でも，熱力学については統計力学から導かれる現象論として述べているし，若干の応用もなされている．しかし，熱力学にはそれ自身の論理構成があり，現象論のお手本ともいうべき見事な内容がある．この本ではそれが紹介されていないのである．熱力学の中心になるのはエントロピーと絶対温度の概念だが，それについてもまず物質のミクロな見方から統計力学に基づいて理解する方がよい，と考えたからである．しかし，熱力学の考え方が不要だというのではない．それは，この本をひと通り学んだあとで(あるいは，学びながらでも)，巻末に紹介した本などで学んでいただきたいと思う．

統計力学も決して終わった学問ではなく，現在でもさまざまな問題に適用され，発展している．ページ数の制限と内容の難しさから，そうした最近の発展にはほとんど触れることができなかった．これも，巻末で紹介した他の本などによって学んでいただきたいことである．

この本を読む準備としては，力学と電磁気学の基礎の知識が必要である．統計力学の考え方は量子力学に基づく方がずっとわかりやすいので，初めから量子力学が登場する．したがって，量子力学についても一応の知識があることが望ましいが，必要最低限のことはこの本でも述べるように心がけた．難しい数学はほとんど出てこない．若干の積分公式など，すこし高度なものは付録に解説を付してある．各章末の演習問題には，2,3 かなり手ごたえのあるものも含まれている．まず自分で考えてほしいが，解けなくても気を落さず，解答を参考にして勉強してほしいと思う．

このシリーズの編者，原康夫氏には原稿に目を通していただき，有益なコメントを頂戴した．また，一部の図の作成に当たって，京都大学大学院人間・環境学研究科の宮下精二氏にご助力いただいた．岩波書店編集部の方々には，原稿整理から出版まで，たいへんご苦労をおかけした．厚くお礼申し上げる．

1994 年 5 月

長岡 洋介

目　次

1 統計力学の基礎

1億2000万人の日本国民の経済状態を知るには，個人データをひとつずつ見ていてはだめで，全体を大づかみにする統計が必要になる．同じように，10^{24} 個の分子からなる物質のマクロな性質を知るための方法が**統計力学**(statistical mechanics)である．物質を構成する分子はたがいに力を及ぼしながら，複雑な運動を続けている．だが，その複雑さのゆえに，「すべての実現可能な運動状態は等しい確率で実現する」という等確率の原理が成り立つとし，それをもとに統計力学の方法を築くことができる．そのとき鍵になる物理量がエントロピーである．

1-1 統計力学の考え方

私たちの身のまわりにある物質は，すべて莫大な数の原子や分子で構成されている．例えば，18 g の水は約 6×10^{23} 個の水分子が集まってできている．もっと正確にいえば，1 mol の物質を構成する分子数が

$$N_{\mathrm{A}} = 6.0221367\times10^{23} \tag{1.1}$$

(**アヴォガドロ定数**(Avogadro number))である．このような物質を**マクロな系**(macroscopic system)，それを構成する原子，分子などを**ミクロな粒子**(microscopic particle)とよぼう．統計力学が対象とするものはマクロな系である．

粗視化・統計・確率

マクロな系の性質はそれを構成するミクロな粒子の振舞いによって決まる．例えば，容器に入れた水蒸気が壁にどれだけの力を及ぼすか，水蒸気の温度を何度まで下げたら水滴ができるかといった性質は，水分子の間に働く力，水分子の従う力学法則によって決められていると考えてよい．ミクロな粒子の従う力学法則は原理的には量子力学だが，この場合には分子は古典力学に従って運動するとしても，大きな間違いにはならない．

古典力学では，ある瞬間の粒子の位置と速度(初期条件)が与えられれば，それ以後の運動は運動方程式によって完全に定まる．例えば，人工衛星の軌道はそのようにして予測できる．水分子の運動についても，原理的には同じことが可能なはずだ．しかし，それをするには，まず初期条件として 6×10^{23} 個の分子について，その位置と速度のデータを準備しなければならない*．かりにそれができたとして，つぎには膨大な数の運動方程式の処理が必要である．そして，例えば1分後の 6×10^{23} 個の分子の運動状態(位置と速度)について，膨大な量のデータが得られることになる．

これが最高水準のスーパーコンピュータを駆使したとしても不可能なことは明らかだが，18 g の水蒸気のマクロな性質を理解するという目的から見ると，不要なことでもある．

具体的な例をあげよう．図1-1のような，まん中に仕切りのついた箱がある．初めその一方に気体を入れ，他方は真空にしておく(a)．ある瞬間に仕切りの壁に孔をあけると，気体は孔から真空側に吹き出し(b)，しばらくすると，気体は箱全体に一様な密度で広がる(c)．

この現象で，分子状態の「初期条件」として私たちが知っていることは，分子がすべて箱の左側の領域のどこかにあるということと，あとは気体の温度として測定される気体分子の平均の運動エネルギーくらいのものだ．私たちの知識は，6×10^{23} 個の分子のミクロな運動状態に対する力学的な初期条

---

* 水分子の場合は，各分子の回転運動についても初期条件を与えなければならない．

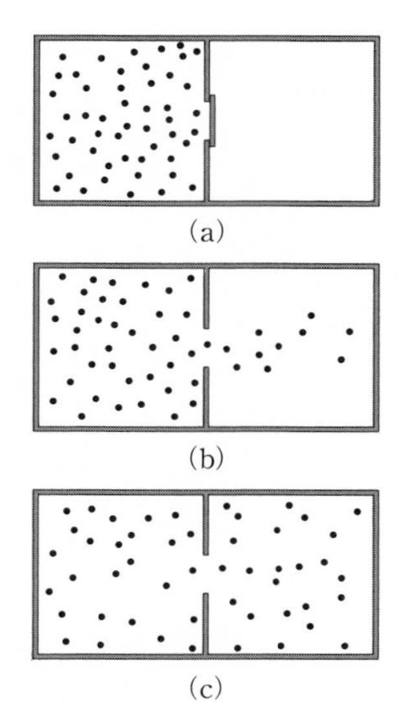

図 1-1 初め，仕切りのついた容器の一方に気体を入れ(a)，仕切りに孔をあけると気体が流れ出し(b)，十分に時間がたつと，気体は容器全体に一様に広がる(c).

件にはほど遠いものといえよう.「同じ」実験を何度も行なった場合，孔をあけた瞬間の分子の状態は，ミクロに見れば毎回異なっているはずである.

孔をあけたあと気体の状態がどうなるかを知るため，観測を続けたとしよう．私たちが測定するものは，例えば 10 秒後，1 分後，1 時間後に右側の領域に移った気体の量である．ここで得る情報もごくおおまかなものにすぎない．これだけのことを知るために，分子の運動をすべて求めるというのは，やり過ぎというものだ．初めからものをもっと粗く見る方が近道であり，全体の様子も見やすいにちがいない.

くわしすぎる情報がかえって全体の姿を見えにくくしてしまうことは，社会現象などを分析する場合にも起こる．日本の家庭の経済状態について調査するため，家庭ごとに例えば年収 6,812,615 円，支出は大根 5,850 円，豚肉 37,520 円と調べあげたデータが全家庭分そろったとしよう．だが，膨大な手間をかけて調査しても，そのデータをひとつひとつ眺めているだけでは，全体の状況は見えてこない．ここで登場する方法が「統計」である．例えば，年収は 50 万円ごとに区切り，年収 650 万円〜700 万円の家庭が＊＊軒というようにまとめて分布をつくる．支出も食品，衣料，教育費などと大分けされるだろう．全体の状況を見るには，個々の家庭で収入を30万円増やすためにどれだけ苦労しているか，などと考えていては駄目で，その程度の差は無視する作業が必要なのだ．このような手続きを，ものを粗く視るという意味で**粗視化**(coarse graining)とよぶ．

気体分子の運動の場合も同様である．個々の分子が箱の中のどこを，どのような速度で運動しているか，といった詳しい情報には目をつぶり，単に箱の左右の領域に分子がいくつずつあるかという点にだけ注目する．これもひとつの粗視化である．こうすることによって，複雑すぎてとても手がつけられないように見えた気体分子の振舞いについて，手がかりが得られることになる．これが統計力学の基本的な考え方である．

その手がかりとは何だろうか．例をあげよう．1個のサイコロを振ってどの目が出るかを予想することは，サイコロに細工でもしていない限り，たいへん難しい．サイコロの運動は複雑で，振り方(初期条件)のわずかな違いによって，結果が変わってしまうからだ．しかし，6000個のサイコロを用意して振ったとき(あるいは1個のサイコロを6000回振ったとき)，各目の出るサイコロのおおよその数(回数)を予想するのであれば，誰でも迷わずにおよそ1000個(回)ずつと答えるだろう．サイコロの運動は複雑だから，どの目の出る確率も1/6ずつ，と考えるからである．

気体分子の分布確率

気体分子の運動についても，同じように考えることができる．1個の分子に注目すると，その分子は他の分子や壁に衝突し，複雑な軌跡を描いて運動するだろう．そして，偶然孔のところにくると，右側の領域へ移る(図1-2)．つづいて右側の領域で複雑な軌跡を描き，…というくり返しが起こるに違いない．

ここで，孔をあけたときからある時間を経た瞬間に，その注目する分子がどちらの領域にいるかを予測するとしよう．2つの領域の容積が等しいとすれば，分子が各領域にいる1回の滞在時間の平均τは，左右等しいに違いない．そうだとすると，τに比べて十分に長い時間で見れば，この分子が初め左側にいたという「初期条件」には無関係に，ある瞬間に左右のどちらに

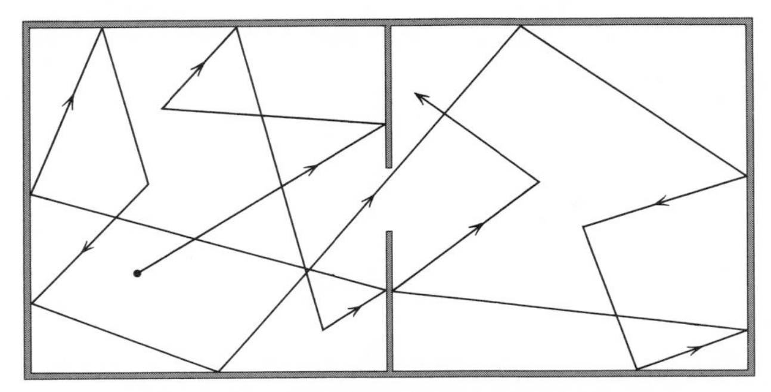

図 1-2 気体分子は壁や他の分子と衝突して複雑な軌跡を描きながら，左右の領域を行き来する．

いるかの確率は 1/2 ずつである，と結論してよいと思われる．したがって，6×10^{23} 個の分子があるとすれば，孔をあけてから十分時間がたった後には，およそ 3×10^{23} 個ずつが左右に分かれていることになる．

しかし，仕切りには孔があいたままだから，分子はそこを出入りしていて，左右の領域にある分子の数は絶えず変化している．その様子をもうすこし詳しく見ればどうなるだろうか．

気体の全分子数を N とし，ある瞬間にそのうち n 個が右側，残りの $N-n$ 個が左側にある確率 $P_N(n)$ を求めてみよう．N 個のうち特定の n 個が右にある確率は $(1/2)^n$，残りの $N-n$ 個が左にある確率は $(1/2)^{N-n}$．右にくる分子はどれでもよい．全体の N 個から右にくる分子 n 個を選び出す組合せの数は

$$\binom{N}{n}=\frac{N!}{n!(N-n)!}$$

したがって，$P_N(n)$ はつぎのように与えられる．

$$P_N(n)=\left(\frac{1}{2}\right)^N\frac{N!}{n!(N-n)!} \tag{1.2}$$

$P_N(n)$ は確率だから，規格化の条件

$$\sum_{n=0}^{N}P_N(n)=1 \tag{1.3}$$

を満たしていなければならない．この関係は2項定理

$$(a+b)^N = \sum_{n=0}^{N}\binom{N}{n}a^{N-n}b^n$$

で $a=b=1/2$ とおくことによって証明できる．

図1-3に確率 $P_N(n)$ を $N=10$ と $N=100$ の場合について示した．予想通り，それぞれ $n=5$, $n=50$ のところで最大になる．ここでもうひとつ，$N=10$ の場合より $N=100$ の場合の方が，分布が相対的に鋭くなっていることに注意したい．

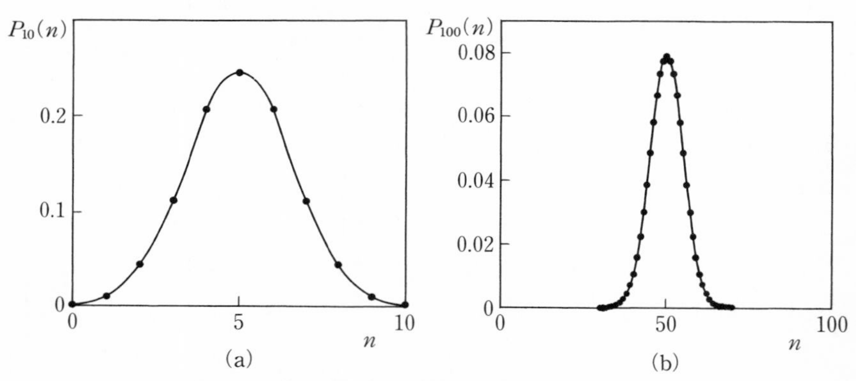

図1-3　分子数配分の確率 $P_N(n)$ (式(1.2))．
(a) $N=10$, (b) $N=100$ の場合．

分子数がさらに大きく，10^{24} というような数の場合を考えるには，式(1.2)の $P_N(n)$ を直接計算してこのような図を描くことはとてもできない．そこで，$N, n, N-n$ はいずれも十分大きいとして，$P_N(n)$ の近似式を求めよう．そのために，$N\gg 1$ の場合の近似式(**スターリングの公式**，式(A.1))

$$\log N! \cong N(\log N-1) \tag{1.4}$$

を用いると，

$$\begin{aligned}\log P_N(n) &= \log N!-\log n!-\log (N-n)!-N\log 2\\ &\cong -N\left(\log 2+\frac{n}{N}\log\frac{n}{N}+\frac{N-n}{N}\log\frac{N-n}{N}\right)\end{aligned} \tag{1.5}$$

となる．さらに，$P_N(n)$ が $n/N=1/2$ を中心とする鋭い分布になることを予

想して

$$x = \frac{n}{N} - \frac{1}{2} \qquad (|x| \ll 1) \tag{1.6}$$

とし，対数関数の展開式* を用いて式(1.5)を x で展開し，x を連続変数とみなして，x が x と $x+dx$ の間にある確率を $p_N(x)dx$ と書けば

$$p_N(x) = \sqrt{\frac{2N}{\pi}} \exp(-2Nx^2) \tag{1.7}$$

が得られる．式(1.5)から係数 $\sqrt{2N/\pi}$ は出ないが，ここでは $p_N(x)$ が規格化の条件

$$\int_{-\infty}^{\infty} p_N(x)dx = 1 \tag{1.8}$$

を満たすように付けた．式(1.4)ではなく $\log N$ のオーダーまで正しい近似式を用いれば，式(1.2)から式(1.7)を係数まで正しく導くこともできる．なお，式(1.8)で x の積分範囲は本来は $(-1/2, 1/2)$ であるべきだが，$p_N(x)$ が $x=0$ に鋭いピークをもつ関数なので，$(-\infty, \infty)$ として構わない．結果は，統計によく出る**ガウス分布**(Gaussian distribution)になる(図 1-4)．

分布の広がりの程度(**ゆらぎ**(fluctuation))を見るには，統計でいう標準偏差(平均値からのはずれの 2 乗の平均の平方根) σ を求めればよい．積分公

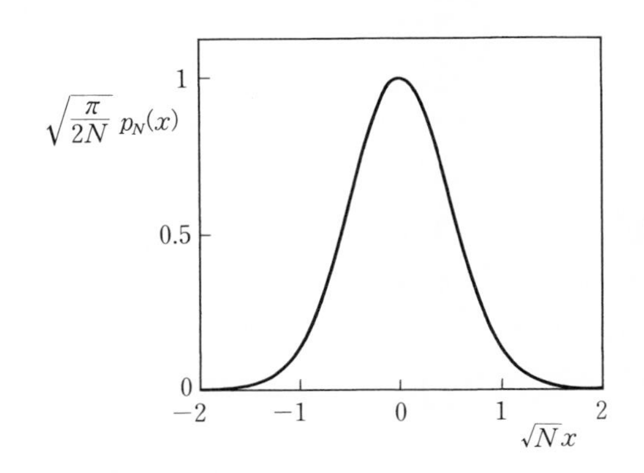

図 1-4 ガウス分布(式(1.7))．$N=100$ のときの分布(図 1-3(b))はこれに非常に近い形をしている．

---

* $|t| \ll 1$ のとき，$\log(1+t) = t - \frac{1}{2}t^2 + \frac{1}{3}t^3 - \cdots$．

式(A. 3)により

$$\sigma^2 = \int_{-\infty}^{\infty} x^2 p_N(x)dx = \frac{1}{4N}$$

すなわち，

$$\sigma = \frac{1}{2\sqrt{N}} \tag{1.9}$$

となる．広がりが $N^{-1/2}$ のオーダーになることは，式(1. 7)で関数が $2Nx^2>1$ で x^2 の増大とともに急速に小さくなることから，$2N\sigma^2 \sim 1$ として見積ることもできる．$N \sim 10^{24}$ とすれば $\sigma \sim 10^{-12}$ であり，確率の分布は非常に鋭い．

確率は $n=N/2$ のとき最大だが，これを実際の測定と比べるとすれば，測定の精度には限界がある．測定精度を ppm (10^{-6}) とすれば，$-10^{-6}<x<10^{-6}$ のとき測定では $n=N/2$ と判定することになる．逆に分子数が $n=N/2$ からはずれたと判定される確率は

$$1-\int_{-\delta}^{\delta} p_N(x)dx \qquad (\delta=10^{-6})$$

であるが，$N=10^{24}$ のときこれは $1/100\cdots0$ (0 は 10^{12} 個つづく) という気が遠くなるほど小さな数だ．偶然にすべての分子がもと通り左側に集まる確率はさらに小さく，$2^{-N} \cong 10^{-10^{22}}$ である．実際上，このようなことは「絶対に」起きないといってよい．

可逆と不可逆，平衡と非平衡

こうして，初め箱の左側にあった気体が箱全体に一様に広がり，もとには戻らない，という**不可逆変化**(irreversible change)が起きたことになる．しかし，もとの力学法則(運動方程式)は時間反転に対して対称なのに，不可逆な変化が起きるのは矛盾ではないだろうか．

力学法則の**時間反転対称性**(time reversal symmetry)とは，運動方程式が時間の向きを変える変換 $t \to -t$ に対して変化しない，というものである．例えば，図 1-5(a)のような 2 粒子の衝突において，ある瞬間に粒子を止め，その点で粒子の速度を逆向きにすると，粒子はいま来た道筋をそのまま逆に

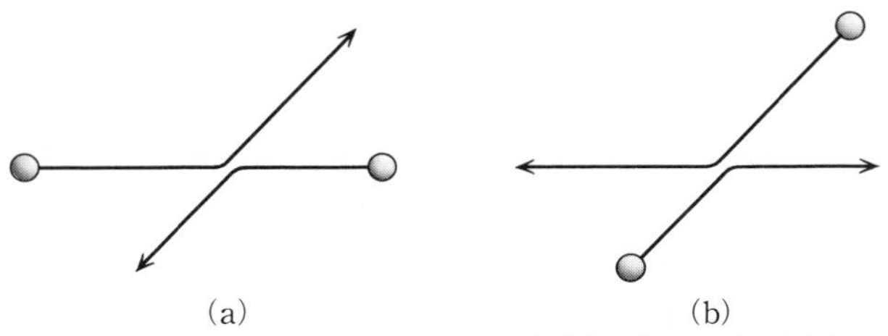

図 1-5 2粒子の衝突(a)と，その時間を反転した運動(b)

たどる運動(図 1-5(b))をする．これは粒子が多数あっても同じことだ．分子がすべて左側に集まったひとつのミクロな初期状態から出発し，ある時間 t ののちに，分子が左右にほぼ同数ずつ分かれた状態に達したとしよう．その瞬間に分子の運動を止め，すべての分子の速度を逆転させる．このような初期状態から出発すれば，時間 t ののち，分子は箱の左側に集まっているはずだ．分子が広がった状態から一方へ集まった状態への変化も起きうるのではないだろうか．

しかし，問題はこのような特殊な初期状態を準備できるか，という点にある．ミクロな状態を人為的につくりえないことは当然とすれば，あとは偶然を待つしかない．

かりに，コンピュータを使って次のような数値実験を行なったとしよう．まず，全粒子の位置と速度について，あらゆる可能な状態を準備する．その中には，粒子の分布が容器の一方に片寄った状態がごく少数含まれている．そのような状態を A グループ，粒子がほぼ均一に分布した大部分の状態を B グループとよぼう．つぎに，粒子をこれらの状態を初期状態とし，力学の法則に従って運動させ，十分に長い時間 t ののちに粒子の位置を止め，速度を逆転させる．初期状態とそれから到達する終状態とは運動方程式によって 1：1 に対応しているから，この手続きによっても粒子系のあらゆる可能な状態が実現するはずである．ただし，複雑な運動の結果，A グループの状態から出発した場合も，粒子の分布が均一化して終状態は B グループになっているだろう．すなわち，B グループには A グループから出発した状態が一部含まれている．最後に，速度を逆転させた状態を初期状態とし，粒子を運動方程式に従ってふたたび運動させる．こうすると，時間 t ののちすべての状態は最初の状態に戻るから，B グループの状態の一部は A グループに戻ることになる．ただし，もともと A グループの状態の数は少なかったのだから，最後の過程で B グループから A グループに移る状態もごく少数にすぎない．初期状態として無作為に粒子分布が均一な状態(B グループに属する状態の 1 つ)を準備したとすれば，それが時間 t ののちに粒子分布の片寄るものである確率は [A グループの状態数]÷[B グループの状態数] のオーダー，すなわち $10^{-10^{22}}$ という小ささなのである．そのようなことは起きない，と断言して構わない．

気体が箱全体に一様に広がった状態はいつまでもそのままで，マクロに見る限り変化しない．このような状態を**熱平衡状態**(thermal equilibrium state)という．これに対し，仕切りに孔をあけたあとしばらくは，気体は孔を通って流れ，気体の状態はマクロにも変化しつづける．このような状態を**非平衡状態**(non-equilibrium state)という．不可逆な変化は，非平衡状態から平衡状態へ向けて起こるわけである．

ここで，熱平衡状態が実現するには仕切りに孔があいていればよく，孔の大きさはどうでもよいことに注意したい．孔の大きさによって変わるのは，平衡状態に達するのにかかる時間である．ここには大きく分けて 2 つの問題がある．第 1 は，非平衡状態にある物質の振舞い，とくにそれがどのように平衡状態へ近づいていくか，であり，第 2 は，十分に時間がたち，平衡状態に達した物質の性質である．この巻でとり上げるのは後者の問題であり，前者は『非平衡系の統計力学』として本シリーズの第 8 巻で扱われる．

この節の初めに，統計力学は私たちの身のまわりのマクロな系を対象にする，と述べた．しかし，もっと一般的に考えると，これまでの話から明らかなように，統計力学が対象とする系に必要な基本的性質は，それが多数の粒子により構成されていることだ．その大きさが 1 cm，1 m といった普通の大きさである必要はない．物理が対象とする系は，少数の例外的な場合を除けば，ほとんどすべて多数の粒子の集まりである．素粒子の世界でも，いろいろな粒子が相互作用しながら存在している．生物が集まって生きている生態系も，同じような目で見ることができる．統計力学は，普通のマクロな物質系に限らず，あらゆる「多粒子系」を対象とする基本的な方法だということができる．

1-2 エネルギーの移動と熱平衡

熱した小石を水に入れると，小石から水へ熱が伝わり，小石は冷え水が温まる．両者の温度が等しくなったところで熱の移動は止み，それ以上の変化は起きない．温度の異なる物体を接触させたときに，高温の物体から低温の物体へ熱が伝わる現象も，私たちになじみ深い，代表的な不可逆変化のひとつである．両物体の温度が等しくなった状態がこのときの熱平衡である．この現象を例に，もういちど統計力学の考え方について述べよう．

固体の量子状態

温度の異なる 2 つの固体を接触させる場合を考える．固体は図 1-6 のように原子が規則的に配列した構造をしている．有限温度では，各原子はそれぞれの平衡位置のまわりで不規則に振動している．固体の温度は，このミクロな原子運動の激しさを表わす．高温の固体と低温の固体を接触させると，接触面を通して両固体の原子間に力が働き，激しく振動している高温固体の原子が振動の緩やかな低温固体の原子を揺り動かし，その振動を激しくする．こうして，高温固体から低温固体へ，原子は移動せずにミクロな原子運動のエ

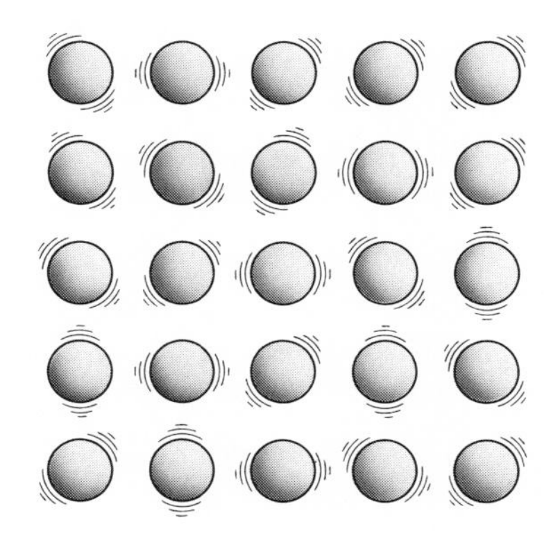

図 1-6 固体における原子の周期的な配列と振動

ネルギーだけが移動する．これがマクロには熱伝導といわれる現象である．

固体原子の振動は，正しくは5-5節で述べるような扱いをしなければならないが，ここでは簡単なモデルとして，各原子が平衡位置のまわりで独立に振動しているものとする．さらに，原子はすべて同種のもので，また各原子は空間の3方向に同じように運動するとしよう．このように考えると，N_a 個の原子からなる固体は，$N=3N_a$ 個の，同じ**振動子**(oscillator)* からなる**振動子系**とみることができる．

原子の運動は量子力学に従う．量子力学では，いろいろな物理量が**量子化**され，とびとびの値しかとりえない場合が生じる．固有振動数** ω の振動子の場合，そのエネルギーは $\hbar\omega$ の整数倍の値しかとることができない***．すなわち，

$$\varepsilon_n = n\hbar\omega \qquad (n=0, 1, 2, \cdots) \tag{1.10}$$

ただし，

$$\hbar \equiv \frac{h}{2\pi} = 1.05457266\times10^{-34} \quad \mathrm{J\cdot s} \tag{1.11}$$

で，h は**プランク定数**(Planck constant)

$$h = 6.6260755\times10^{-34} \quad \mathrm{J\cdot s} \tag{1.12}$$

である．また，n は振動の量子数といい，振動子の量子力学的な状態を指定する．振動子の量子力学については2-5節で述べるが，ここでは上の結果を認めて先に進むことにしよう．

固体全体の量子状態は，N 個の振動子がそれぞれどの量子状態にあるかを指定することによって定まる．振動子に $1, 2, \cdots, N$ の通し番号をつけ，それぞれ量子数 $n_1, n_2, \cdots, n_N$ の量子状態にあるとすれば，整数の組 (n_1,

---

* 一般に，振動する力学系を振動子という．

** 時間 2π に起こる振動回数．通常は角振動数とよぶが，本書では振動数とよぶ．

*** ここでは，エネルギーをエネルギーの最も低い状態(基底状態)から測ることとし，零点振動のエネルギー(2-5節)を考えない．

$n_2, \cdots, n_N$) が全体の量子状態を決める量子数になるわけである．そのエネルギーは

$$E_{(n_1,n_2,\cdots,n_N)} = n_1\hbar\omega + n_2\hbar\omega + \cdots + n_N\hbar\omega$$
$$= M\hbar\omega \tag{1.13}$$
$$M = n_1 + n_2 + \cdots + n_N$$

である．M は同じでも ($n_1, n_2, \cdots, n_N$) の組はいろいろありうるから，固体全体としては同じエネルギーをもつ量子状態が多数あることがわかる．

エネルギーが $E = M\hbar\omega$ の量子状態の数を求めるには，次のようにすればよい．その数は M 個のリンゴを N 人の子供に分配する仕方の数である．分配を決めるために，まず $M+N-1$ 個の白玉を用意し，1列に並べる．つぎに，その白玉の中から $N-1$ 個を，たとえば左から3番目，5番目，… というように選び出し，黒玉に置きかえる．残った白玉は M 個．そこで端から最初の黒玉までの白玉の数を1番目の子供に与えるリンゴの数，1番目と2番目の黒玉の間にはさまれた白玉の数を2番目の子供に与えるリンゴの数，… と決める(図1-7)．こうすれば，$M+N-1$ 個の白玉から $N-1$ 個の白玉を選び出す組合せが分配の仕方を決めるわけで，その数 $W_N(M)$ は

$$W_N(M) = \binom{M+N-1}{N-1} = \frac{(M+N-1)!}{(N-1)!\,M!} \tag{1.14}$$

と与えられる．

振動子の数 N が例えば 10^{23} といったマクロな固体では，M も N と同程

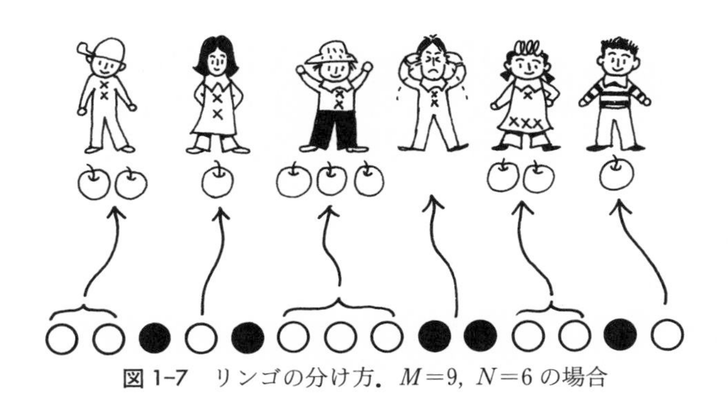

図 1-7　リンゴの分け方．$M=9$, $N=6$ の場合

度ないしそれ以上の大きな数の場合，同じエネルギーの量子状態の数 $W_N(M)$ は非常に大きい．対数をとり，スターリングの公式(A. 1)によって近似すると，

$$\begin{aligned}\log W_N(M) &\cong (N+M)[\log(N+M)-1] \\ &\quad - N(\log N-1)-M(\log M-1) \\ &= N\left\{\left(1+\frac{M}{N}\right)\log\left(1+\frac{M}{N}\right)-\frac{M}{N}\log\frac{M}{N}\right\}\end{aligned} \tag{1.15}$$

となる．$W_N(M)$ は e^N のオーダーの莫大な数である．

ところで，これまでの議論では原子は独立に振動するとした．もしそうであれば，各振動子はひとつの状態にあると，いつまでもその状態に留まるから，固体全体としてもその量子状態が変わることはないはずである．しかし，実際の固体では原子間に相互作用があり，振動子はこの相互作用によってたがいにエネルギーをやりとりしている．固体が周囲から孤立しているとすれば，全エネルギー E は一定に保たれるが，ミクロな状態は $W_N(M)$ 個の量子状態間をたえず不規則に移りかわっていると考えられる．

固体の接触とエネルギー配分の確率

つぎに，2 つの固体 A, B が接触している場合を考えよう．簡単のため固体は同種のものとし，振動子数をそれぞれ N_A, N_B とする．接触面を通して両固体間でエネルギーのやりとりが起こるから，それぞれのエネルギー E_A, E_B は一定に保たれない．しかし，両固体が周囲から孤立しているとすれば，全エネルギー

$$E = E_A + E_B \tag{1.16}$$

は一定である．こんどは 2 つの固体全体が $W_N(M)$ 個 ($N=N_A+N_B$, $E=M\hbar\omega$) の量子状態を移りかわることになる．

各固体のエネルギー E_A, E_B は時間的にゆらいでいるが，その中で特定の配分 (E_A, E_B) はどのような確率で実現するだろうか．ここで，気体分子の運動のときと同じような仮定をおこう．ミクロに見たときの原子間のエネルギーのやりとりは不規則に起きている．そこではエネルギーが保存されること以外，特別の規則があるようには思われない．そうすると，固体の量子状

態について，どれか特定の状態が他の状態よりも実現しやすいと期待する理由は何もない．むしろ，どの量子状態も同じ確率で実現すると考えるのが最も自然である．

この仮定にたてば，エネルギー配分 (E_A, E_B) の実現する確率は，そのような配分のもとでのミクロな量子状態の数に比例する．

$$E_A = M_A \hbar\omega, \qquad E_B = M_B \hbar\omega \tag{1.17}$$

とおけば，固体 A がエネルギー E_A をもつ量子状態の数は $W_{N_A}(M_A)$，固体 B がエネルギー E_B をもつ量子状態の数は $W_{N_B}(M_B)$ であり，2 つの固体全体の量子状態の数はその積で与えられる．したがって，実現確率は

$$P(E_A, E_B) = \frac{W_{N_A}(M_A)\, W_{N_B}(M_B)}{W_N(M)} \tag{1.18}$$

となる．

では，どのような配分が最も高い確率で実現するだろうか．それを見るには，$P(E_A, E_B)$ が $E_A + E_B =$ 一定 の条件下で最大になるところを探せばよい．分母は一定だから分子だけに注目する．

$$W(E_A, E_B) = W_{N_A}(M_A)\, W_{N_B}(M_B) \tag{1.19}$$

とおき，さらにその対数を

$$\Sigma(E_A, E_B) = \log W(E_A, E_B) \tag{1.20}$$

と書く．対数は単純増加関数だから，W の最大のかわりに Σ の最大を探してもよい．スターリングの公式(A.1)を使うと

$$\begin{aligned}\Sigma(E_A, E_B) = N_A\left\{\left(1+\frac{E_A}{N_A\hbar\omega}\right)\log\left(1+\frac{E_A}{N_A\hbar\omega}\right)-\frac{E_A}{N_A\hbar\omega}\log\left(\frac{E_A}{N_A\hbar\omega}\right)\right\} \\ +N_B\left\{\left(1+\frac{E_B}{N_B\hbar\omega}\right)\log\left(1+\frac{E_B}{N_B\hbar\omega}\right)-\frac{E_B}{N_B\hbar\omega}\log\left(\frac{E_B}{N_B\hbar\omega}\right)\right\}\end{aligned} \tag{1.21}$$

となる．

エネルギー E_A, E_B は $\hbar\omega$ ずつ不連続に変わるが，$\hbar\omega$ はマクロなスケールで見ると非常に小さく，E_A, E_B は連続変数とみてよい．そこで，微分により $\Sigma(E_A, E_B)$ が最大になる (E_A, E_B) を探す．$E_A + E_B =$ 一定 の条件により，

第2項の E_A についての微分は，E_B について微分し符号を変えたものに等しい．したがって，

$$\frac{d\Sigma(E_A, E_B)}{dE_A} = 0 \tag{1.22}$$

より

$$\frac{1}{\hbar\omega}\left\{\log\left(1+\frac{E_A}{N_A\hbar\omega}\right)-\log\left(\frac{E_A}{N_A\hbar\omega}\right)\right\}$$

$$= \frac{1}{\hbar\omega}\left\{\log\left(1+\frac{E_B}{N_B\hbar\omega}\right)-\log\left(\frac{E_B}{N_B\hbar\omega}\right)\right\}$$

$$\therefore \quad \frac{E_A}{N_A} = \frac{E_B}{N_B} = \frac{E}{N} \tag{1.23}$$

が得られる．結果は，1原子当りの平均エネルギーが等しいとき，確率が最大になることを教えている．

つぎに，エネルギー配分が式(1.23)からすこしはずれた場合を考えよう．

$$E_A = \frac{N_A}{N}E+\varepsilon, \qquad E_B = \frac{N_B}{N}E-\varepsilon \tag{1.24}$$

とおき，$\Sigma(E_A, E_B)$ を ε について展開してその2次までとると，

$$\Sigma(E_A, E_B) = \Sigma_0-\frac{N}{2(N\hbar\omega+E)E}\left(\frac{N}{N_A}+\frac{N}{N_B}\right)\varepsilon^2 \tag{1.25}$$

$$\Sigma_0 = N\left\{\left(1+\frac{E}{N\hbar\omega}\right)\log\left(1+\frac{E}{N\hbar\omega}\right)-\frac{E}{N\hbar\omega}\log\left(\frac{E}{N\hbar\omega}\right)\right\} \tag{1.26}$$

が得られる．2次の項が負になることから，たしかに式(1.23)のとき $\Sigma(E_A, E_B)$ が最大になっていることがわかる．

式(1.25)は確率の式まで戻ると，$P(E_A, E_B)$ は最大の近くで

$$P(E_A, E_B) \propto \exp\left[-\frac{N}{2(N\hbar\omega+E)E}\left(\frac{N}{N_A}+\frac{N}{N_B}\right)\varepsilon^2\right] \tag{1.27}$$

となることを示している．係数は規格化の条件で決めればよい．ここで，$N_A \cong N_B$, $E \gtrsim N\hbar\omega$ とすれば，ε^2 の係数は N/E^2 のオーダーである．したがって，前節で式(1.9)を得たときと同様にして，エネルギーのゆらぎ，すなわちエネルギー配分の式(1.23)からのはずれは

$$|\varepsilon| \sim \frac{E}{\sqrt{N}} \tag{1.28}$$

の程度であり，比率でいえば$1/\sqrt{N}$程度の小さなものに過ぎないことがわかる．式(1.23)がこの2つの固体の熱平衡の条件であり，いったん熱平衡に達すると，エネルギー配分がそれから大きくはずれることはない．マクロに見るかぎり，固体の状態は不変である．

1-3 等確率の原理とエントロピー

前節では，エネルギーの移動に関連した熱平衡の問題を，簡単な固体のモデルについて考察した．その議論は特定のモデルに限るものではなく，そのまま一般の場合に拡張することができる．

等確率の原理

孤立したマクロな物体(**孤立系**)を考え，その物体がエネルギーEをもつときの量子状態の数を$W(E)$とする．前節の例で見たように，マクロな物体でエネルギーもマクロな大きさのとき，$W(E)$はe^Nのオーダーの大きな数である．孤立した物体では全エネルギーは一定に保たれるが，ミクロに見ると物体の状態はたえず変化している．多数の粒子がたがいに力を及ぼしあい絡みあって運動しているから，状態の変化は複雑で不規則なものである．こうした変化の中で，特定の量子状態を他の状態より実現しやすくするような，なにかミクロな量子状態を区別する「原理」があるとは考えられない．そこで，逆につぎのことを仮定し，これを以後の議論の出発点にする．

孤立したマクロな物体では，十分に長い時間でみると，実現可能な量子状態はすべて等しい確率で実現する．

これを**等確率の原理**(principle of equal *a priori* probabilities)という．ここで「実現可能な量子状態」というのは，その物体でなにか保存則が成り立っている場合には，その保存則を満たす状態を指す．物体が無重力の空間に浮かんでいるなら，エネルギーのほか運動量，角運動量も保存される．しかし，通常は外力でどこかに固定した物体を扱うから，保存されるものはエネルギーだけとしてよい．すなわち，上で考えた $W(E)$ 個の量子状態すべてが等確率で実現する，というのである．

つぎに，孤立した2つの物体A, Bを考えよう．前節ではA, Bが同種の固体の場合を考えたが，一般的な議論ではまったく異なる物体でかまわない．A, Bがエネルギー E_A, E_B をもつときの量子状態の数をそれぞれ $W_A(E_A), W_B(E_B)$ とする．それらの量子状態にそれぞれ番号をつけたとすると，2つの物体をまとめて1つの系と考えたときの全系の量子状態は，Aの量子状態の番号 n_A とBの量子状態の番号 n_B との組 (n_A, n_B) によって指定される．n_A は $W_A(E_A)$ 通り，n_B は $W_B(E_B)$ 通りあるから，このときの全系の量子状態の数は

$$W(E_A, E_B) = W_A(E_A)W_B(E_B) \tag{1.29}$$

となる．

ここで，2つの物体を接触させたら，何が起こるだろうか．物体間でエネルギーのやりとりが行なわれるから，それぞれのエネルギー E_A, E_B は一定に保たれない．しかし，2つの物体をあわせた全体は孤立しているから，全エネルギー

$$E = E_A + E_B \tag{1.30}$$

は一定である．この中で，とくに2つの物体へのエネルギー配分が特定の (E_A, E_B) である場合に注目すれば，そのときの量子状態の数は式(1.29)で与えられる．全系がエネルギー E をもつ量子状態の数は

$$W(E) = \sum_{E_A+E_B=E} W(E_A, E_B) \tag{1.31}$$

である．ここで，$\sum_{E_A+E_B=E}$ は $E=$一定 のもとで可能なすべてのエネルギー配分についての和を表わす．等確率の原理により，これらの量子状態はすべて同じ確率で実現すると考えられるから，エネルギー配分 (E_A, E_B) の実現する確率 $P(E_A, E_B)$ は量子状態の数に比例し，

$$P(E_A, E_B) = \frac{W(E_A, E_B)}{W(E)} \tag{1.32}$$

となる．

エントロピーと温度

熱平衡におけるエネルギー配分は，確率最大として求まる．その配分を得るには，確率の規格化にこだわる必要はなく，量子状態の数 $W(E_A, E_B)$ がどこで最大になるかを探せばよい．前節の経験によれば，$W(E_A, E_B)$ そのものより，その対数を扱う方が便利である．そこで，一般にマクロな物体について量子状態の数 $W(E)$ からつぎのように**エントロピー**(entropy) $S(E)$ を定義する．

$$S(E) = k_B \log W(E) \tag{1.33}$$

ここに，係数は

$$k_B = 1.380658\times 10^{-23} \quad \mathrm{J\cdot K^{-1}} \tag{1.34}$$

と選び，これを**ボルツマン定数**(Boltzmann constant)という．確率最大の条件を求めるだけであれば，この定義に特定の係数をつける必要はない．係数は，こうして定義したエントロピーが熱力学で導入されるものと一致するように，あらかじめ導入したものである．

式(1.33)にあわせて

$$\begin{aligned} S(E_A, E_B) &= k_B \log W(E_A, E_B) \\ &= S_A(E_A)+S_B(E_B) \end{aligned} \tag{1.35}$$

としよう．S_A, S_B はそれぞれ物体 A, B のエントロピー

$$S_A(E_A) = k_B \log W_A(E_A), \qquad S_B(E_B) = k_B \log W_B(E_B) \tag{1.36}$$

である．確率最大は $S(E_A, E_B)$ を最大にすることによって得られる．$E_A+E_B=E=$一定 のもとで

$$\frac{dS(E_A, E_B)}{dE_A} = \frac{dS_A(E_A)}{dE_A} - \frac{dS_B(E_B)}{dE_B} \tag{1.37}$$

であるから，確率最大の条件として $dS(E_A, E_B)/dE_A=0$ より

$$\frac{dS_A(E_A)}{dE_A} = \frac{dS_B(E_B)}{dE_B} \tag{1.38}$$

の関係が得られる．この式から定まる E_A, E_B を

$$E_A = E_A{}^0, \qquad E_B = E_B{}^0 \tag{1.39}$$

とすれば，$(E_A{}^0, E_B{}^0)$ が実現確率最大のエネルギー配分である．

エネルギー配分が式(1. 39)からはずれている場合,

$$E_{\mathrm{A}} = E_{\mathrm{A}}{}^0 + \varepsilon, \qquad E_{\mathrm{B}} = E_{\mathrm{B}}{}^0 - \varepsilon \tag{1.40}$$

とおき，$S(E_{\mathrm{A}}, E_{\mathrm{B}})$ を ε について展開して，その 2 次までを残すと,

$$S(E_{\mathrm{A}}, E_{\mathrm{B}}) = S(E_{\mathrm{A}}{}^0, E_{\mathrm{B}}{}^0) + \frac{1}{2}\left[\left(\frac{d^2 S_{\mathrm{A}}}{dE_{\mathrm{A}}{}^2}\right)_0 + \left(\frac{d^2 S_{\mathrm{B}}}{dE_{\mathrm{B}}{}^2}\right)_0\right]\varepsilon^2 \tag{1.41}$$

となる．$S(E_{\mathrm{A}}, E_{\mathrm{B}})$ が式(1. 39)で最大であるためには，2 次の係数は負でなければならない．そのことがつねに成り立つためには，一般にエントロピー $S(E)$ が

$$\frac{d^2 S(E)}{dE^2} < 0 \tag{1.42}$$

の性質をもつ必要がある．前節では，振動子系についてこの不等式が成り立つことを示し，さらに，この係数が $1/N$ のオーダーであり，エネルギーのゆらぎの相対的な大きさ $|\varepsilon|/E_{\mathrm{A}}{}^0$ は $1/\sqrt{N}$ のオーダーの非常に小さなものになることも示した．

はじめ 2 つの物体を接触させたとき，エネルギー配分が式(1. 38)の条件を満たさず,

$$\text{(a)}\ \frac{dS_{\mathrm{A}}}{dE_{\mathrm{A}}} > \frac{dS_{\mathrm{B}}}{dE_{\mathrm{B}}} \quad \text{または} \quad \text{(b)}\ \frac{dS_{\mathrm{A}}}{dE_{\mathrm{A}}} < \frac{dS_{\mathrm{B}}}{dE_{\mathrm{B}}} \tag{1.43}$$

であれば，なにが起こるだろうか．式(1. 37)が示すように，(a)のときは E_{A} が増し E_{B} が減ることにより，(b)のときは E_{A} が減り E_{B} が増すことにより，$S(E_{\mathrm{A}}, E_{\mathrm{B}})$ が増大する．マクロに見ると，(a)ではエネルギーが B から A に移ることにより，(b)では A から B に移ることによって，2 物体は熱平衡に近づくのである．

以上の結果を私たちが日常経験で知っている熱平衡の条件と比べてみよう．温度の異なる 2 つの物体を接触させると，高温の物体から低温の物体へ熱が伝わり，両者の温度が等しくなると，それ以上の変化は起きない．式(1. 38), (1. 43)をこのことと比較して，dS/dE が物体の温度と結びついており，dS/dE が大きいほど温度が低いことがわかる．そこで,「温度」を

$$\frac{dS}{dE} = \frac{1}{T} \tag{1.44}$$

によって定義する．この定義にしたがい，物体 A, B の温度を

$$\frac{dS_{\mathrm{A}}}{dE_{\mathrm{A}}} = \frac{1}{T_{\mathrm{A}}}, \quad \frac{dS_{\mathrm{B}}}{dE_{\mathrm{B}}} = \frac{1}{T_{\mathrm{B}}} \tag{1.45}$$

とおけば，熱平衡の条件(1.38)は

$$T_{\mathrm{A}} = T_{\mathrm{B}} \tag{1.46}$$

となり，式(1.43)の(a), (b)は

$$\text{(a)} \quad T_{\mathrm{A}} < T_{\mathrm{B}}, \quad \text{(b)} \quad T_{\mathrm{A}} > T_{\mathrm{B}} \tag{1.47}$$

となる．(a)では B から A へ，(b)では A から B へエネルギーが移動するわけで，これらの関係は私たちの経験と一致する．

ここで，熱平衡の条件に関して式(1.46), (1.47)の性質をもつ温度目盛は，式(1.44)で定義される T に限らないことに注意したい．任意の増加関数 f により，T の関数として $t=f(T)$ と定義される「温度」t はすべて同じ性質をもつからである．後に示すように，その中にあって式(1.44)の T が物体の熱的，統計力学的性質の記述に最も適しており，これを**絶対温度**(absolute temperature)という．以下で温度というときは，つねに絶対温度 T を指すものとする．

これまでの議論では，接触している 2 つの物体間の熱平衡の条件として式(1.46)を導いた．同じことは孤立した 1 つの物体についてもいうことができる．物体は十分に長い時間放置しておくと，マクロには状態の変化しない熱平衡に達する．ここで物体を 2 つの部分に分けて考えると，2 つの部分はたがいに熱平衡にあるから，式(1.46)により温度が等しくなければならない．物体をさらに細分して考えても同じことで，熱平衡にある物体では，温度は場所によらず一定である．

エントロピーとミクロカノニカル分布

状態数 $W(E)$ からエントロピーを定義した式(1.33)は，よく考えてみると，いろいろな疑問のわく式である．前節の原子振動の例でみたように，量子力学的な状態のエネルギーはとびとびの値しかとりえない．固体の例では，固

体全体のエネルギーも式(1.13)のように$\hbar\omega$の整数倍に限られるとした．このような場合，状態数$W(E)$はエネルギーEが特定の値のときにだけ大きな値になり，そうでなければ0ということになる．これは，固体のエネルギーは各原子のエネルギーの和になると考えたからだが，現実の固体では原子間に力が働いているから，その相互作用のポテンシャルエネルギーも固体のエネルギーに加えなければならない．そうすれば，エネルギーの式(1.13)は修正され，エネルギー$M\hbar\omega$の$W_N(M)$個の量子状態は異なるエネルギーの状態に分かれる．しかし，それでも固体の大きさが有限であるかぎり，エネルギーの値がとびとびになることに変わりはない．$W(E)$はエネルギーEがひとつの量子状態のエネルギーにちょうど一致したときは1，そうでないと0となるだろう．しかも，物体のエネルギーが一定に保たれるとすれば，物体は1つの量子状態にいつまでもとどまることになり，等確率の原理は成り立たない．

では，物体が$W \sim e^N$という莫大な数の量子状態を経めぐるとしたこれまでの議論は誤りなのだろうか．じつは，問題は，孤立した物体ではエネルギーが一定に保たれるとした見方のほうにある．現実には，マクロな物体がミクロな大きさのエネルギー，前節の例でいえば$\hbar\omega$の程度のエネルギーの変化も起きないほど，厳密に孤立していることはありえない．物体と外界の間にはなんらかの相互作用があり，その結果物体のエネルギーにはなにがしかのゆらぎが生じているはずだ．ゆらぎの幅を$\varDelta E$とすれば，$W(E)$はエネルギーがEと$E+\varDelta E$の間にある量子状態の数と考えるべきであろう．マクロな物体の量子状態のエネルギーは微小な間隔* δでほとんど連続的に分布しているから，エネルギーがEと$E+dE$（$dE \gg \delta$）の間にある量子状態の数を$\varOmega(E)dE$として，状態密度$\varOmega(E)$を定義することができる．そうすれば

$$W(E) = \varOmega(E)\varDelta E \tag{1.48}$$

---

* 固体の例では，$W(N)$（$\sim e^N$）個の状態が$\hbar\omega$の幅に広がると考えて，$\delta \sim e^{-N}\hbar\omega$と見積もられる．

と表わされる．

では，ゆらぎの幅 $\varDelta E$ はどう選ぶべきだろうか．それが決まらなければ $W(E)$ の定義があいまいで，エントロピーの定義(式(1.33))にも不定さが残るように見える．そこで，幅を $\varDelta E$ から $\varDelta E'$ に変えてみよう．このとき，状態の数は

$$W'(E) = \Omega(E)\varDelta E' \tag{1.49}$$

エントロピーは

$$S'(E) = k_{\mathrm{B}} \log W'(E) \tag{1.50}$$

に変わる．これと，幅を $\varDelta E$ にしたときのエントロピー $S(E)$ との差をつくると，

$$S(E)-S'(E) = k_{\mathrm{B}} \log\left(\frac{\varDelta E}{\varDelta E'}\right) \tag{1.51}$$

となる．$S(E)$ は Nk_{B} のオーダーの量である．これに対し右辺は，かりに $\varDelta E/\varDelta E'=N$ としたとしても，$k_{\mathrm{B}} \log N$ のオーダーに過ぎない．ゆらぎの幅のとり方を大きく変えても，エントロピーに対する影響は小さく，無視することができるのである．

前節の振動子系の例では，エネルギー $\hbar\omega$ ごとに $W_N(M)$ 個の量子状態があった．これらの状態が原子間の力によって広がったとしても，状態密度は

$$\Omega(E) = \frac{W_N(M)}{\hbar\omega} \tag{1.52}$$

としてよいだろう．したがって，エントロピーは式(1.15)により，$M=E/\hbar\omega$ とおいて

$$\begin{aligned} S(E) &= k_{\mathrm{B}} \log \Omega(E)\varDelta E \\ &= Nk_{\mathrm{B}}\left\{\left(1+\frac{E}{N\hbar\omega}\right)\log\left(1+\frac{E}{N\hbar\omega}\right)-\frac{E}{N\hbar\omega}\log\left(\frac{E}{N\hbar\omega}\right)\right\} \end{aligned} \tag{1.53}$$

となる．これに $k_{\mathrm{B}} \log(\varDelta E/\hbar\omega)$ の項が加わるが，この項は $\varDelta E/\hbar\omega$ が N のオーダーだとしても，上式に比べてはるかに小さく，無視してよい．

このように，「孤立」した物体(**孤立系**(isolated system))は，外界との弱い相互作用の助けを借りて多数の量子状態を経めぐる．孤立系のミクロな量

子状態の変化を長時間にわたって追跡したとき，系が各状態を占める確率の分布を**ミクロカノニカル分布**(microcanonical distribution)，または**小さな正準分布**という．分布は等確率の原理がいうように，エネルギーが微小なゆらぎの幅 ΔE の中にある状態はすべて等確率である，というものである．

エネルギー以外の物理量，たとえば気体が壁に及ぼす力は，一般にミクロな量子状態ごとに異なる値をとる．物体の示すマクロな性質，たとえば気体の圧力は，ミクロな状態における物理量を上のように定めた確率分布で平均して求めればよい．これが統計力学の基本的な手法である．

エントロピー増大の法則

それぞれが熱平衡にある 2 つの物体を接触させたとき，温度が異なれば，2 物体は全体としては熱平衡にない．しかし，接触が弱く物体間のエネルギーの移動があまり速くないときには，個々の物体はおよそ熱平衡を保ちながら，エネルギーの変化に伴ってじょじょに温度を変えていくと考えられる．このような場合，2 物体はそれぞれ局所的な熱平衡(**局所平衡**(local equilibrium))にあるという．式(1.35)で定義した $S(E_{\mathrm{A}}, E_{\mathrm{B}})$ は，接触して局所平衡にある 2 つの物体のエントロピーである．

これに似た状態は多くの場合に見ることができる．たとえば，化学反応をする 2 種の気体を混合させたとしよう．反応が進めば，反応によって生成された物質ともとの物質との混合気体ができる．反応が十分にゆっくり進行する場合には，混合気体は気体として熱平衡を保ちつつ，反応の進行とともに成分比を変えていく．このときも，成分比が化学平衡の値に達するまで系は真の熱平衡にはないが，各瞬間に気体としては熱平衡にある．このような場合，系は**部分平衡**(partial equilibrium)の状態にあるという．局所平衡も部分平衡のひとつである．

一般に，部分平衡の状態に対しても，式(1.35)のようにエントロピーを考えることができる．孤立系においては，真の熱平衡はこのエントロピーを最大にする状態として定まる．部分平衡にある系は，放置しておくと，エントロピーを増大させながら，エントロピー最大の熱平衡状態に近づく．この変化は，あと戻りすることのない不可逆な過程である．これを**エントロピー増**

大の法則(law of increasing entropy)という．

このことは，統計力学によって熱平衡状態を求めるときの方法として用いることもできる．すなわち，まずなんらかの部分平衡の状態についてエントロピーを計算し，つぎに，そのエントロピーを最大にする状態を求めるのである．式(1.35)のエントロピーから熱平衡の条件，式(1.38)を求めたのはその1例であった．

状態量――示量的と示強的

エントロピーの式(1.35)は2つの物体が熱平衡にある場合も成り立つ．この式は，2つの物体がまったく同じものだとすると，物質の量が2倍になるとエントロピーも2倍になることを示している．振動子系のエントロピー，式(1.53)は振動子の数 N に比例しており，たしかにこのような性質がある．この性質が，量子状態の数 W ではなくその対数を扱うことの大きな利点である．

エネルギー，エントロピー，温度などのように，熱平衡にある系のマクロな状態によって定まる物理量を**状態量**(state function)という．そのうち，エネルギーやエントロピーのように，物質の量に比例する物理量を**示量的**(extensive)**な量**という．それに対し，示量的な量(エントロピー)の示量的な量(エネルギー)による微分で定義される温度は，物質の量が増しても変わらない．同じ温度の水は，量を2倍にしても温度は変わらない．このような物理量を**示強的**(intensive)**な量**という．

式(1.35)は $E_A=E_A{}^0$, $E_B=E_B{}^0$ とおくことにより，2物体が接触して熱平衡にあるときのエントロピーとして

$$S(E_A{}^0, E_B{}^0) = S_A(E_A{}^0)+S_B(E_B{}^0) \tag{1.54}$$

を与える．ここで

$$S_A(E_A{}^0) = k_B \log W_A(E_A{}^0), \qquad S_B(E_B{}^0) = k_B \log W_B(E_B{}^0) \tag{1.55}$$

であり，$W_A(E_A{}^0)$, $W_B(E_B{}^0)$ はそれぞれ物体A, Bが「孤立」してエネルギー $E_A{}^0, E_B{}^0$ をもつときの状態数である．しかし，2物体が接触してエネルギーのやりとりをしているときにとりうる状態数は式(1.31)の $W(E)$ であり，$W_A(E_A{}^0)W_B(E_B{}^0)$ はそのピーク値にすぎない．$W(E)\gg W_A(E_A{}^0)W_B(E_B{}^0)$ の

はずだ．その違いは，「孤立」した物体におけるエネルギーのゆらぎの幅を ΔE とし，実際に接触した2物体間で起こるエネルギーのゆらぎの幅を $\Delta E'$ とすれば

$$\frac{W(E)}{W_{\mathrm{A}}(E_{\mathrm{A}}{}^{0})\,W_{\mathrm{B}}(E_{\mathrm{B}}{}^{0})} \cong \frac{\Delta E'}{\Delta E} \tag{1.56}$$

と見積もられる．ミクロなエネルギーの幅を ε とすれば，前節の議論が示すように $\Delta E' \sim \sqrt{N}\varepsilon$ である．$\Delta E \sim \varepsilon$ とすれば，上式の右辺は $\sqrt{N}$ のオーダーであり，たしかに $W(E) \gg W_{\mathrm{A}}(E_{\mathrm{A}}{}^{0})\,W_{\mathrm{B}}(E_{\mathrm{B}}{}^{0})$ である．本来，接触して熱平衡にある2物体のエントロピーは $S(E)=k_{\mathrm{B}}\log W(E)$ であるのに，これを式(1.54)だとするのは正しいのだろうか？

この疑問も，式(1.56)の対数をとることによって氷解する．すなわち，右辺は $\sqrt{N}$ という大きな数だが，対数をとってエントロピーの差になおすと，$S(E)=k_{\mathrm{B}}\log W(E)$ と定義したエントロピーと式(1.54)の差はたかだか $k_{\mathrm{B}}\log N$ のオーダーにすぎない．エントロピー自身は $k_{\mathrm{B}}N$ のオーダーだから，差はこれに比べて無視して構わないのである．

エルゴード仮説

孤立系を十分に長時間放置しておくと，物体の実現可能な量子状態はすべて等確率で実現する．これが等確率の原理である．物体のマクロな性質を求める統計力学の手法は，この原理に基づいている．では，実際の物体で等確率の原理はほんとうに成り立っているだろうか．

等確率の原理の仮定は**エルゴード仮説**(ergodic hypothesis)とよばれ，これが成り立つかどうかについて多くの研究がなされているが，特別のモデルについてでも，数学的に厳密に証明することは容易でない．しかも，かりにこれが証明できたとしても，すべての量子状態が実現するのに要する時間がどれだけなのか，それが分からなければ証明は物理的には無意味だといわざるをえない．

そこで，かりにそれが成り立つとして，マクロな系がすべての量子状態を経めぐるのにどれだけ時間がかかるものか，1-1節で扱った気体の問題を例

に考えてみよう．図 1-1 の仕切りの壁にあいた孔の大きさが 1 cm^2 だとすれば，1 気圧，300 K の気体の場合，1 s 間に孔を通りぬける気体分子の数はおよそ 10^{24} 個である(第 2 章演習問題 4)．すなわち，平均すれば 10^{-24} s に 1 個の割合で分子が孔を通りぬけている．したがって 10^{-24} s に 1 個ずつ，左右の領域を占める分子数が変化し，分子配分の仕方が変わっている．しかし，分子数を 10^{24} 個とすれば，分子配分の仕方は $2^{10^{24}} \cong 10^{0.3\times 10^{24}}$ 通りもある．宇宙の歴史は 10^{17} s の程度にすぎない．宇宙開闢(かいびゃく)のときから始めても，とうていまわりきれない．それでも，マクロな物理量を求めるのにすべての量子状態について平均するという方法は正しいのだろうか．

ここで，統計調査の際にとられるランダムサンプリングの方法を思い出してみよう．全体の性質を知るのに，ランダムに選び出したサンプルについて調べるのがこの方法である．サンプルの数がある程度あれば，これで全体のことをかなり精度よく知ることができるのである．統計力学の方法は，ちょうどこの逆になっている．有限な時間での測定は，全量子状態の中からランダムサンプリングされた量子状態についての平均値を求めることであり，統計力学ではこれを全量子状態についての平均として求める．実際の熱平衡にある系で，測定をくり返したとき同じ値が得られることは，統計力学の方法が信頼できるものであることを示している．

本書では，統計力学の基礎にかかわる難しい問題にはこれ以上立ち入らず，統計力学が実際の物質を理解するためどのように使われ，それによってどのようなことが明らかになるかを学ぶことにしたい．次章以下で示すように，統計力学の方法はたしかに有効であり，そこで得られる結果は観測される事実ともよく合っている．この理論と実験の一致を統計力学の正しさの証明とみる立場をとって，話を進めることにしよう．

第 1 章　演習問題

1. 3 個のサイコロを振ったとき，出た目の合計が n となる確率を求めよ．

2. 孔でつながった同体積の 2 つの箱(図 1-1)に N 個の粒子が入っており，粒子は左右の箱を自由に行き来している．ある瞬間に孔を閉じ，左右の箱にある粒子数を調べたときに得られる結果を90%以上の確率で予測するには，予測値にどれだけの幅をもたせればよいか．$N=10$, $N=100$ の場合について調べよ．

3. 体積 V の大きな箱の中に，体積 v の孔のあいた小さな箱がおかれており，箱には N 個の分子からなる気体が入っている．小さな箱の中の分子数が n である確率 $P(n)$ は

$$P(n) = e^{-\bar{n}} \frac{\bar{n}^n}{n!} \qquad \left(\bar{n} = \frac{Nv}{V}\right)$$

で与えられることを示せ．(これを**ポアソン分布**という．)

4. 振動子系のエントロピーの式(1.53)から，熱平衡にある振動子系のエネルギーと温度の関係を求めよ．

Coffee Break

カオス

カオス(chaos)はギリシア語からきた言葉で，混沌を意味し，物理では不規則な運動状態を表わすものとして使われている．

物質を構成する多数の粒子は，ミクロに見ると乱雑な運動をしている．これも一種のカオスで，分子的カオスとよばれる．しかし，不規則な運動はミクロな世界だけのものではない．流体の流れも速さがある値を超すと乱れて，乱流になる．カオスが最近とくに注目され始めたのは，自由度の小さな系にもカオスが現われることが明らかになったためである．

古典力学では，粒子の運動はニュートンの法則に従うから，初期条件が与えられれば，その後の運動は運動方程式を積分することにより完全に定めることができる．確かに，調和振動の場合のように，運動方程式が力学変数の1次の項のみで与えられているときには，変数を組みかえることによって運動を独立な調和振動に分解することができ，一般の運動はその和で表わすことができる．重ね合わせの原理が成り立つのである．ところが，方程式が非線形な項を含むと，話はまったく変わってし

まう．

たとえば，変数 x, y, z に対する方程式

$$\frac{dx}{dt} = -\sigma x + \sigma y, \quad \frac{dy}{dt} = -xz + \gamma x - y, \quad \frac{dz}{dt} = xy - bz$$

の場合，式に xz, xy の項があるから，これは非線形な式である．このときも，初期条件が与えられれば，その後の変数の時間変化 $x(t), y(t), z(t)$ が完全に定まることに変わりはない．だが，その時間変化はきわめて不規則なものになる．図はパラメーターの値が $\sigma=10$, $\gamma=28$, $b=8/3$ のとき，$x(t)$ を計算機で求めたものである．そして，初期条件をほんの少しだけ変えてみると，違いは時間とともに拡大し，前のものとはまったく異なる変動が見られる．

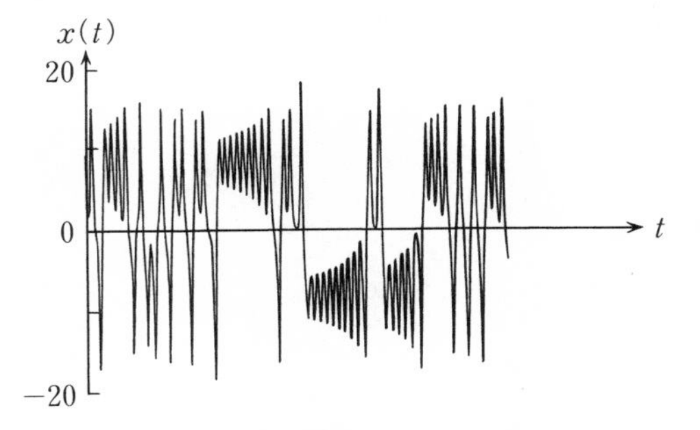

カオスの発見によって，運動方程式と初期条件から未来はすべて決定されるとする考え方(力学的決定論)は根本的な見なおしを迫られている．

2 ミクロカノニカル分布とエントロピー

ミクロカノニカル分布とは，熱平衡にある孤立系ではエネルギーが与えられた値の量子状態はすべて等確率で実現する，というものである．この分布により状態量を計算することは，非常に簡単な場合のほかは容易でないし，実際上，孤立した系を対象とすることも少ない．しかし，統計力学の基礎にある考え方として大事なので，理想気体の問題を中心にその適用を試みる．あわせて，理想気体の性質を，いろいろの側面から調べる．

2-1 理想気体 —— 自由粒子の量子力学

気体は，分子が空間を自由に飛びまわっている物質の状態である．分子間には力が働くが，気体では，分子間の平均間隔が力の及ぶ距離に比べて大きく，分子間力の働く機会が少ない．そこで，分子間に力のまったく働かない気体を想定して，気体の性質を知るためのモデルとすることができる．これが**理想気体**(ideal gas)である．

自由粒子の量子力学

容器に入った理想気体を考えよう．ミクロカノニカル分布の処方箋に従ってこの系を扱うには，気体分子の集団の量子力学的な状態がどのようなものかを知る必要がある．理想気体では各分子は独立に運動しているから，そのためにはまず容器の中を自由に運動する1粒子の量子力学について学ばねばならない．

量子力学は本シリーズ第3巻で学ぶが，ここではこれからの議論に必要な限りで，その要点を述べよう．古典力学では，1粒子の運動状態は位置ベクトル $\boldsymbol{r}$ と運動量 $\boldsymbol{p}$ で表わされる．これに対し，粒子の量子力学的な状態を表わすものは，**波動関数**(wave function) $\psi(\boldsymbol{r})$ である．$|\psi(\boldsymbol{r})|^2$ は粒子が $\boldsymbol{r}$ の位置に見出される確率密度を与えるから，波動関数が広がりをもっているとすれば，粒子の位置は古典力学のようにきちんと定まっていないことになる．

話を簡単にするため，1次元の粒子，すなわち直線上を運動する粒子を考える．古典力学では，外力が働かないとき粒子は運動量が一定の等速運動をする．これに対応する量子力学的な状態の波動関数は一定の波数をもつ「波」であって，直線上の位置を x とすれば，

$$\psi(x) = ae^{ikx} \tag{2.1}$$

と表わされる．波数 k と運動量 p の関係は

$$p = \hbar k \tag{2.2}$$

であり，$k>0$, $k<0$ はそれぞれ x 軸の正の向き，負の向きに進む状態を表わす．運動量は波長 $2\pi/k$ の短い波ほど大きい．

有限の領域に閉じこめられた粒子

粒子が長さ L の有限の領域に閉じこめられているときはどうなるだろうか．古典力学の場合，粒子は壁(領域の両端の点)に衝突して反射されるから，運動量 p が一定の運動を続けることはできず，壁の間を運動量の大きさ $|p|$ が一定の往復運動をすることになる．量子力学では，壁の効果はどのようにとり入れられるだろうか．粒子は領域外には出られないから，波動関数は外では0でなければならない．波動関数が不連続に変化することはないので，このことは波動関数が壁で0になることを意味する．すなわち，壁の位置を $x=0$, $x=L$ とすれば，

$$\psi(0) = \psi(L) = 0 \tag{2.3}$$

である．これが波動関数 $\psi(x)$ に対する**境界条件**(boundary condition)となる．

弦の振動の場合，式(2.3)のような固定端の条件のもとで起こる基準振動*は，定常波である．すなわち，弦の変位 $u(x)$ は，空間変化のみを書くと

$$u(x) = u_0 \sin kx \tag{2.4}$$

$$k = \frac{\pi n}{L} \qquad (n=1, 2, 3, \cdots) \tag{2.5}$$

である(図 2-1)．波動関数も同様に

$$\psi(x) = a \sin kx \tag{2.6}$$

となる．

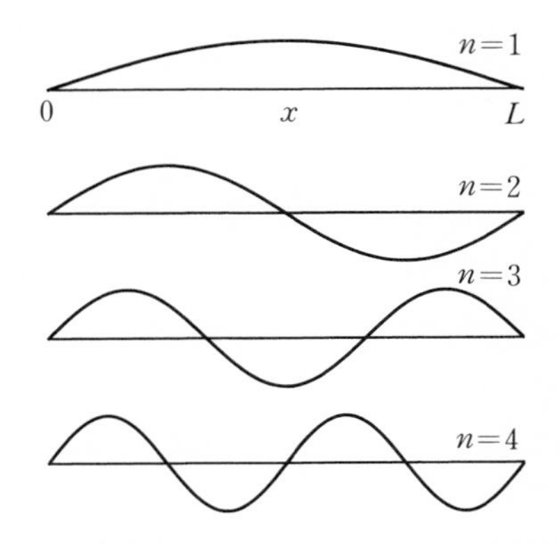

図 2-1 両端を固定した弦の基準振動(式(2.4))，長さ L の領域に閉じこめられた粒子の波動関数(式(2.6))．

この波動関数は，次のように書き直すこともできる．

$$\psi(x) = \frac{a}{2i}(e^{ikx} - e^{-ikx}) \tag{2.7}$$

このように書くと，( ) 内の第1項，第2項は式(2.1)が示すように，それぞれ x 軸を正の向き，負の向きに進む波を表わす．古典力学でいえば，それぞれ粒子の正の向き，負の向きに進む運動状態に対応する．すなわち，定常波(2.6)で表わされる量子力学的状態は，壁で反射されて生じた逆向きに進む波の重ね合わせであり，古典力学でいえば壁の間を往復する粒子の運動になっている．

* 定まった振動数をもつ振動．弦の一般の運動は基準振動の重ね合わせとして表わすことができる．

ここで，量子力学と古典力学の重要な違いに注目しなければならない．古典力学では，往復運動する粒子はどのような大きさの運動量でもとりうる．これに対し，式(2.2)，(2.5)によれば，量子力学ではとりうる運動量の大きさが

$$p = \frac{\pi\hbar}{L}n \qquad (n=1, 2, 3, \cdots) \tag{2.8}$$

と，とびとびの値に限られる．運動量が量子化されるのである．

周期的境界条件

このように，粒子の運動がまったく自由で，古典力学的には粒子が壁の間を往復しつづける場合は，定常波の量子状態が実現する．だが，ここで扱っているのが気体中の1分子であることを忘れてはならない．気体は理想気体であるとしたが，実際の気体では分子どうしの衝突が起こり，分子が自由に運動する距離(平均自由行程)は，希薄な気体でも容器の大きさよりずっと短い．したがって，粒子は壁の間を往復する定常波の状態にはなりえないのである．気体中の分子は1方向に進む進行波の量子状態にあって，それがほかの分子や壁との衝突によって別の状態に移ると見るのが，古典力学的な描像との対応からも自然であろう．

では，どのようにすれば進行波の量子状態が実現するだろうか．壁をとり払えば波は1方向に進みうるが，それでは粒子が長さ L の有限の領域に閉じこめられているという状況も失われる．そこで，容器への閉じこめとは異なるが，粒子は長さ L の輪の上を運動するものと仮定する．この場合，粒子が輪に沿って L だけ進むと元の位置に戻るから，波動関数も元の値に戻らなければならない．したがって，輪に沿って x 軸をとれば，波動関数 $\psi(x)$ に対して

$$\psi(x) = \psi(x+L) \tag{2.9}$$

の条件が課せられることになる．これを**周期的境界条件**(periodic boundary condition)という．こんどは壁がないから，粒子はいつまでも一方向へ進むことができ，輪に沿った運動量が保存する．量子状態としても，進行波の波動関数(2.1)が実現する．ただし，波数 k は式(2.9)の条件から

$$e^{ikL} = 1$$

すなわち

$$k = \frac{2\pi}{L}n \qquad (n=0, \pm 1, \pm 2, \cdots) \tag{2.10}$$

でなければならない．運動量は

$$p = \frac{2\pi\hbar}{L}n \qquad (n=0, \pm 1, \pm 2, \cdots) \tag{2.11}$$

と量子化されることになる．運動量 p の座標上に示すと，図 2-2(a) のように，間隔 $2\pi\hbar/L$ で等間隔に分布する．壁の間に閉じこめられた粒子の場合は，運動量の大きさが半分の間隔 $\pi\hbar/L$ で分布する(図 2-2(b))．図 2-2(a) のように，運動量を座標軸にした空間を**運動量空間**(momentum space)という．

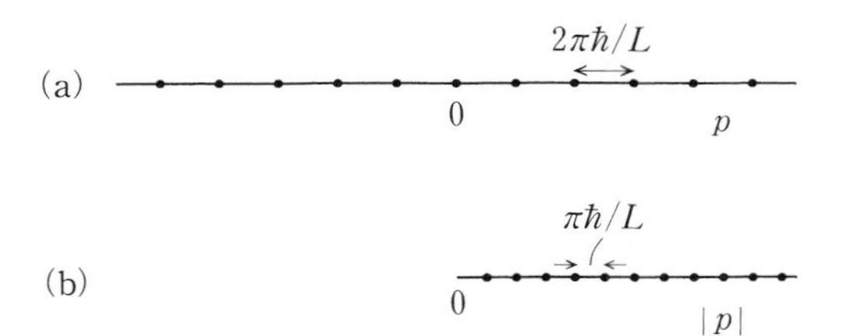

図 2-2 (a)周期的境界条件(式(2.9))のもとでの運動量 p の分布，(b)閉じこめの境界条件(式(2.3))のもとでの運動量の大きさ $|p|$ の分布．

粒子のエネルギー ϵ と運動量 p との関係は，m を粒子の質量として，量子力学の場合も

$$\epsilon = \frac{p^2}{2m} \tag{2.12}$$

である．したがって，エネルギーも

$$\epsilon = \frac{(2\pi\hbar)^2}{2mL^2}n^2 \tag{2.13}$$

と量子化される．

エネルギーが ϵ より小さい量子状態の数を $\Omega(\epsilon)$ とすれば，それは運動量

の大きさが

$$|p| < \sqrt{2m\epsilon}$$

の量子状態の数に等しい．そのような状態は，境界条件(2.3)では $0<|p|<\sqrt{2m\epsilon}$ の領域に間隔 $\pi\hbar/L$ で分布し，境界条件(2.9)では $-\sqrt{2m\epsilon}<p<\sqrt{2m\epsilon}$ の領域に間隔 $2\pi\hbar/L$ で分布しているから，いずれの場合も

$$\Omega(\epsilon) = \frac{L}{\pi\hbar}\sqrt{2m\epsilon} \tag{2.14}$$

となる．詳しくいえば，両者にはエネルギーの値によって1だけの差は生じうるが，$\Omega(\epsilon)$ 自体は系の大きさ L に比例する大きな値になるから，差は無視してよい．境界条件によって，実現する量子状態の波動関数は大いに異なるが，$\Omega(\epsilon)$ のような全体の性質には違いが生じない．

3次元粒子の波動関数とエネルギー

3次元でも同様の考え方をすることができる．1辺 L の立方体の容器に閉じこめられた粒子の波動関数は壁面で0という境界条件を満たさなければならない．しかし，波動関数が1方向に進む進行波になるように，これを次のような周期的境界条件に置きかえる．

$$\begin{aligned}\psi(x, y, z) &= \psi(x+L, y, z)\\ &= \psi(x, y+L, z) = \psi(x, y, z+L)\end{aligned} \tag{2.15}$$

ここでは，立方体の3辺に平行に x, y, z 軸を選んだ．1次元での周期的境界条件は，粒子が輪の上を運動すると考えれば実現できるものであった．それに対し，3次元の空間に x, y, z 軸のどの方向に L だけ進んでも元に戻るような領域を具体的につくることはできない．その意味で，式(2.15)の条件は仮想的なものといわざるをえない．しかし，こうすることによって，波は境界で反射することなく，平面波

$$\psi(x, y, z) = ae^{i(k_x x+k_y y+k_z z)} \tag{2.16}$$

が量子状態として存在することになる．

波数ベクトル $\boldsymbol{k}=(k_x, k_y, k_z)$ は，境界条件(2.15)により

$$e^{ik_xL} = e^{ik_yL} = e^{ik_zL} = 1$$

すなわち，

$$k_x = \frac{2\pi}{L}n_1, \quad k_y = \frac{2\pi}{L}n_2, \quad k_z = \frac{2\pi}{L}n_3 \tag{2.17}$$

$$(n_i = 0, \pm 1, \pm 2, \cdots)$$

となる．運動量は

$$p_x = \frac{2\pi\hbar}{L}n_1, \quad p_y = \frac{2\pi\hbar}{L}n_2, \quad p_z = \frac{2\pi\hbar}{L}n_3 \tag{2.18}$$

と量子化され，3 次元の運動量空間に体積 $(2\pi\hbar/L)^3$ に 1 個の割合で一様に分布する(図 2-3)．

3 次元の場合，粒子のエネルギー ϵ と運動量 $\boldsymbol{p}$ の関係は

$$\epsilon = \frac{|\boldsymbol{p}|^2}{2m}, \quad |\boldsymbol{p}|^2 = p_x{}^2 + p_y{}^2 + p_z{}^2 \tag{2.19}$$

である．したがって，エネルギーは

$$\epsilon = \frac{(2\pi\hbar)^2}{2mL^2}(n_1{}^2 + n_2{}^2 + n_3{}^2) \tag{2.20}$$

と量子化される．エネルギーが ϵ より小さい量子状態の数 $\Omega(\epsilon)$ は，運動量空間における半径 $\sqrt{2m\epsilon}$ の球の体積が $(4\pi/3)(2m\epsilon)^{3/2}$ であることから

$$\Omega(\epsilon) = \frac{V}{(2\pi\hbar)^3}\frac{4\pi}{3}(2m\epsilon)^{3/2} \tag{2.21}$$

となる．ただし，$V = L^3$ は容器の体積である．

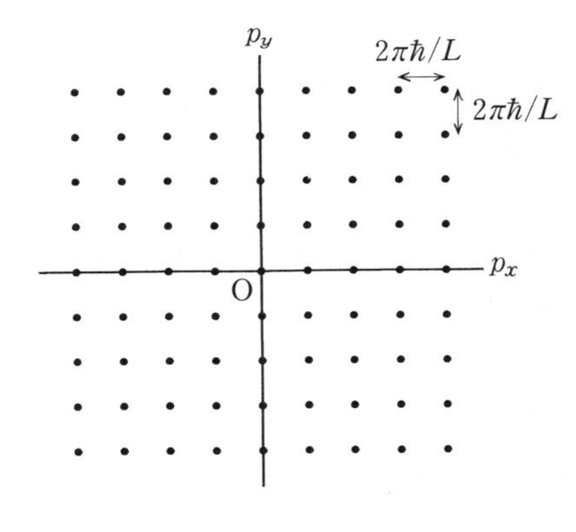

図 2-3 運動量空間における量子化された運動量の分布．p_z 方向にも同じように等間隔で分布している．

2-2 理想気体のエントロピー

前節で得た1粒子の量子状態についての知識をもとに，N個の同種の分子からなる理想気体のエントロピーを求めよう．

多粒子系の量子状態とエントロピー(1)

そのためには，まず注目する粒子系全体の量子状態とはいかなるものかを知る必要がある．前節でみたように，1粒子の量子状態はその運動量によって決まるから，独立に運動する多粒子系では，構成粒子それぞれの運動量を定めればよいと思われる．すなわち，粒子に$1, 2, 3, \cdots$と番号をつけ，i番目の粒子の運動量を$\boldsymbol{p}_i$とすれば，N個のベクトルの組$(\boldsymbol{p}_1, \boldsymbol{p}_2, \cdots, \boldsymbol{p}_N)$が$N$粒子系の量子状態を定めるとしてよいだろう．あるいは，粒子1の運動量のx, y, z成分をp_1, p_2, p_3，粒子2のそれを$p_4, p_5, p_6, \cdots$と書くことにすれば，$3N$次元のベクトル$(p_1, p_2, p_3, \cdots, p_{3N})$によって定まるといってもよい．周期的境界条件により，ベクトルの各成分は

$$p_i = \frac{2\pi\hbar}{L} n_i \qquad (n_i = 0, \pm 1, \pm 2, \cdots) \tag{2.22}$$

と量子化される．それは，$3N$次元の運動量空間に，体積$(2\pi\hbar)^{3N}/V^N$（Vは容器の体積$V = L^3$）に1個の割合で一様に分布する．

N粒子系全体のエネルギーEは

$$E = \frac{1}{2m} \sum_{i=1}^{3N} p_i^{\,2} \tag{2.23}$$

である．エネルギーがEより小さい量子状態の数$\Omega(E)$を求めるには，$3N$次元空間における半径$\sqrt{2mE}$の球の体積を知らなければならない．そこで，n次元空間における半径Rの球の体積$V_n(R)$を与える公式(式(A.7))

$$V_n(R) = \frac{2\pi^{n/2}}{n\Gamma(n/2)} R^n \tag{2.24}$$

を用いる．ただし，$\Gamma(z)$はガンマ関数(式(A.4))である．式(2.24)により，N粒子系のエネルギーがEより小さい量子状態の数$\Omega(E)$は

$$\Omega(E) = \frac{V^N}{(2\pi\hbar)^{3N}} \frac{2\pi^{3N/2}}{3N\Gamma(3N/2)} (2mE)^{3N/2} \tag{2.25}$$

となる．

エネルギーが E と $E+\varDelta E$ の間にある量子状態の数 $W(E)$ は，$\varDelta E$ が十分に小さいとすれば

$$W(E) = \frac{d\Omega(E)}{dE} \varDelta E \tag{2.26}$$

と書けるから

$$W(E) = \frac{V^N}{(2\pi\hbar)^{3N}} \frac{\pi^{3N/2}}{\Gamma(3N/2)} (2mE)^{3N/2} \frac{\varDelta E}{E} \tag{2.27}$$

と与えられる．したがって，式(1.33)により，N 分子からなる理想気体のエントロピーは次のようになる．

$$S(E) = Nk_{\mathrm{B}} \left\{ \frac{3}{2} \log \left[\frac{4\pi mE}{3(2\pi\hbar)^2 N} \right] + \log V + \frac{3}{2} \right\} \tag{2.28}$$

ただし，$\Gamma(3N/2)$ に対して式(A.5),(A.6)とスターリングの公式(A.1)を用い，N のオーダーの項に比べて $k_{\mathrm{B}} \log(\varDelta E/E)$ を無視した．

多粒子系の量子状態とエントロピー(2)

ここで得た結果は，第1章で期待したものとは大きな違いがある．第1章では，式(1.33)で定義したエントロピーは粒子数に比例した示量的な量になると考え，実際に振動子系についてそうなることを示した(式(1.53))．気体の場合，状態を変えずに量を2倍にするには，N, E, V をすべて2倍にすればよい．そのとき，式(2.28)では余分な項 $Nk_{\mathrm{B}} \log 2$ が生じてエントロピー S は2倍にならない．何が悪いのだろうか．

じつは，N 粒子系の量子状態の数え方が問題なのである．上の議論では，粒子に $1, 2, \cdots, N$ と番号をつけ，各粒子がどのような運動量をとるかによって，全体の量子状態が定まるとした．例えば2粒子の場合，粒子1の運動量が $\boldsymbol{p}_{\mathrm{a}}$，粒子2の運動量が $\boldsymbol{p}_{\mathrm{b}}$ の状態 $(\boldsymbol{p}_{\mathrm{a}}, \boldsymbol{p}_{\mathrm{b}})$ と，粒子1が $\boldsymbol{p}_{\mathrm{b}}$，粒子2が $\boldsymbol{p}_{\mathrm{a}}$ の状態 $(\boldsymbol{p}_{\mathrm{b}}, \boldsymbol{p}_{\mathrm{a}})$ とを別の量子状態として数えている．しかし，粒子は同じものだから，私たちにはこれを見分けることができない．

ビリヤードの台の上を2個の白玉が動いていて，いろいろに衝突をくり返しているとしよう．ちょっと目を離すと，どの玉がどこに行ったかが分からなくなるが，途中の運動を目で追いつづければ，見分けはつくはずである．だが，ミクロな粒子は量子力学に従い，粒子は波のように振舞う．水面に波が左右から伝わってきて，衝突し，離れていったとしよう．この場合，右からきた波，左からきた波がそれぞれどちらに行ったか，と問うことじたい意味がない．ミクロな同種粒子が見分けられないということは，私たちにできる，できないの問題ではなく，本質的に区別できないのである．そうすると，2粒子の状態 $(\boldsymbol{p}_{\mathrm{a}}, \boldsymbol{p}_{\mathrm{b}})$ と $(\boldsymbol{p}_{\mathrm{b}}, \boldsymbol{p}_{\mathrm{a}})$ は同じものであって，これを2つと数えてはいけないことになる．式(2.27)の $W(E)$ はかなりの数えすぎをしている．

この数えすぎを修正するには，次のように考えればよい．N 個の粒子がそれぞれ運動量 $\boldsymbol{p}_1, \boldsymbol{p}_2, \cdots, \boldsymbol{p}_N$ をもつ状態* は，粒子に番号がついているとすれば，粒子の入れかえ分 $N!$ 通りに数えられる．粒子が区別できない場合の量子状態の数は，区別できるとしたときの数を $N!$ で割ればよい．こうして，式(2.27)から

$$W(E) = \frac{V^N}{(2\pi\hbar)^{3N}} \frac{\pi^{3N/2}}{N!\,\Gamma(3N/2)} (2mE)^{3N/2} \frac{\Delta E}{E} \tag{2.29}$$

が得られる．また，エントロピーは，

$$S(E) = Nk_{\mathrm{B}} \left\{ \frac{3}{2} \log\left[\frac{4\pi mE}{3(2\pi\hbar)^2 N} \right] + \log\left(\frac{V}{N} \right) + \frac{5}{2} \right\} \tag{2.30}$$

となる．この表式であれば，N, E, V をすべて2倍にすると，S も2倍になる．これで，理想気体のエントロピーも，示量的な量としての資格を得たといってよい．

じつをいうと，上の議論も正確ではない．式(2.27)においても，2個以上の粒子が同じ運動量をもつ状態は重複して数えていないからである．しかし，粒子がひとつの量子状態を占める確率が十分に小さければ，2個以上の

* ここでの添字は運動量を区別するためのもので，粒子につけた番号ではない．

粒子が同じ運動量をもつ確率はさらに小さい．そうであれば，このような心配は無用になる．すなわち，式(2.29)はひとつの量子状態を占める平均粒子数が十分に小さいという条件のもとで正しい．その条件が具体的にどのようなものかは次節で論じる．

エントロピーの式(2.30)から，式(1.44)により温度を定めると，

$$\frac{1}{T} = \frac{dS(E)}{dE} = \frac{3}{2}Nk_{\mathrm{B}}\frac{1}{E}$$

したがって，理想気体のエネルギーとして

$$E = \frac{3}{2}Nk_{\mathrm{B}}T \tag{2.31}$$

が得られる．この場合，温度 T は $\frac{3}{2}k_{\mathrm{B}}T$ が粒子1個当りのエネルギー(運動エネルギー)になる，という意味をもつことがわかる．

気体の分子配分のエントロピー

ここで1-1節の議論を思い出し，そこでの考え方に疑問をいだいた読者もおられるかも知れない．1-1節では，図2-4のような容器に入った気体の分子が2つの領域に配分される確率を，分子に番号づけすることによって求めた．同種粒子は区別できないとすれば，この考え方は間違いではないだろうか．

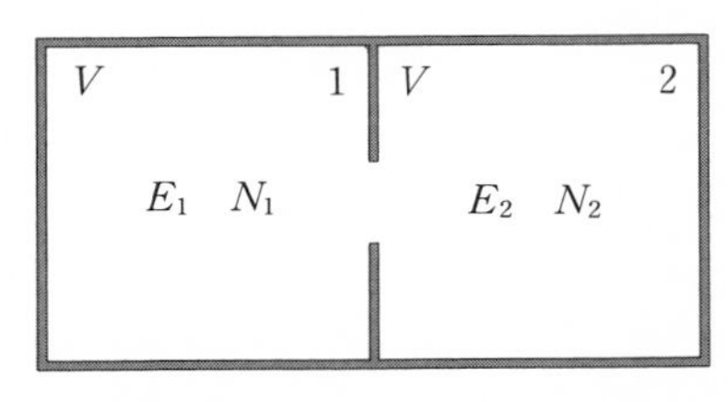

図2-4 容器の2領域への分子配分

この疑問に答えるため，上で得たエントロピーを使って，もういちど考えなおしてみよう．容器の左右の領域の体積を V とすれば，領域1,2にエネルギーが (E_1, E_2)，分子数が (N_1, N_2) と配分された部分平衡状態のエントロピーは，

$$S(E_1, E_2\,; N_1, N_2) = S_1(E_1, N_1) + S_2(E_2, N_2) \tag{2.32}$$

となる．ただし，S_1, S_2 はそれぞれ領域1,2にある気体のエントロピーで，

式(2. 30)で (E, N) を $(E_1, N_1), (E_2, N_2)$ とおいて得られる．全エネルギー $E = E_1 + E_2$，全粒子数 $N = N_1 + N_2$ は一定である．

分子数配分の問題に注目するため，まずエネルギー配分について最大にすると，式(1. 38)と同様に

$$\frac{\partial S_1(E_1, N_1)}{\partial E_1} = \frac{\partial S_2(E_2, N_2)}{\partial E_2}$$

の条件が得られ，

$$\frac{E_1}{N_1} = \frac{E_2}{N_2} = \frac{E}{N} \tag{2. 33}$$

となる．これを式(2. 32)に代入し，分子数配分に依存する部分のみを書くと，次のようになる．

$$\begin{aligned} S(N_1, N_2) &= k_B \left\{ N_1 \log\left(\frac{V}{N_1}\right) + N_2 \log\left(\frac{V}{N_2}\right) \right\} \\ &= Nk_B \left\{ \frac{N_1}{N} \log\left(\frac{N}{N_1}\right) + \frac{N_2}{N} \log\left(\frac{N}{N_2}\right) + \log\left(\frac{V}{N}\right) \right\} \end{aligned} \tag{2. 34}$$

この式は，定数項を除いて 1-1 節で得た式(1. 5)と一致する．1-1 節の議論の結果は間違っていない．

ミクロな分子は区別できない．しかし，気体の分子はそれぞれ異なるエネルギーをもって運動している．1-1 節のように分子の位置だけに注目すれば，異なるエネルギーをもつ分子は当然，別の分子として識別できるから，分子を区別する議論は間違いではないのである．

2-3 理想気体の速度分布則

理想気体の問題を別の角度から考えてみよう．前節で見たように，理想気体では分子 1 個当りの平均エネルギーは式(2. 31)から $(3/2)k_B T$ となる．もちろん，分子はいろいろなエネルギーの状態に分布している．熱平衡で分布はどのようになっているだろうか．

粗視化された分子分布

ある瞬間，理想気体の状態をミクロに見ることができたとしたら，分子がさまざまの量子状態に分布しているのを知るだろう．分子間にまったく力が働かなければ，ある量子状態を占めている分子はいつまでもそこに留まり，ミクロな分子の分布は変化しないはずである．しかし，現実の気体ではどんなに希薄であっても，分子間の衝突は頻繁に起きており，熱平衡状態の気体においてもミクロな分子の分布はめまぐるしく変化する．このように不規則に変化する状態を扱う有効な方法が，1-1 節で述べた粗視化である．

分子分布に粗視化を行なうため，まず1粒子量子状態をエネルギーによってグループに分け，グループにエネルギーの低い方から，1, 2, 3, … の番号をつける(図 2-5)．グループ分けは次の方針によって行なう．

(1) エネルギーの幅は十分に小さく，1つのグループに属する量子状態のエネルギーは，中心の値で代表させてよい．

(2) 各グループに属する量子状態の数は十分に多い．

グループ l に属する量子状態の数を M_l，エネルギーを E_l，そこを占める分子の数を N_l としよう．$(N_1, N_2, N_3, \cdots)$ が粗視化された分子分布である．年収を 50 万円ごとに区切り，それぞれの区分にある家庭の数を数える，という統計のとり方と同じことをするのである．

全粒子数を N とすれば

$$\sum_l N_l = N \tag{2.35}$$

また，全エネルギー E は，(1)の見方が許されることから

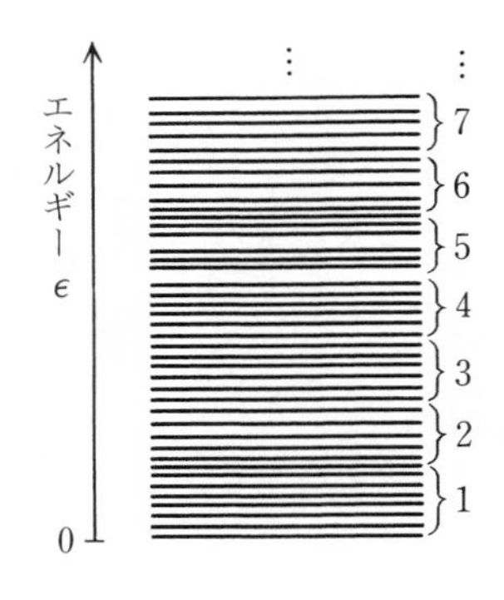

図 2-5 量子状態のエネルギーによるグループ分け．横棒は1分子の量子状態を表わす．

$$\sum_l E_l N_l = E \tag{2.36}$$

である．

分子分布の関数としてのエントロピー

特定の分子分布 $(N_1, N_2, N_3, \cdots)$ のもとでの全系の量子状態の数を求める．グループ1には M_1 個の量子状態があり，そこに N_1 個の分子が分布している．初め分子は区別できるとすれば，分子1の占める量子状態は M_1 個の状態のうちのどれかだから，その選び方は M_1 通りある．分子 2, 3, … についても同様だから，分子が占める量子状態の選び方は，全部で $M_1^{N_1}$ 通りあることがわかる．ここで，ひとつの状態を占める分子の平均数が十分に小さいとする．すなわち

$$\frac{N_1}{M_1} \ll 1 \tag{2.37}$$

とすれば，ひとつの量子状態を2個以上の分子が占める確率はさらに小さく，無視してよい．したがって，$M_1^{N_1}$ 通りの分布の大部分は，すべての分子が別の状態を占めているものと見ることができる．このとき，分子が区別できないことを考慮するには，式(2.29)と同様に $N_1!$ で割ればよい．すなわち，グループ1に属する N_1 個の分子の，M_1 個の量子状態への分布の仕方は

$$\frac{M_1^{N_1}}{N_1!}$$

通りある．グループ 2, 3, … についても同様で，分布 $(N_1, N_2, N_3, \cdots)$ のもとでの全系の量子状態の数は

$$W(N_1, N_2, N_3, \cdots) = \prod_l \frac{M_l^{N_l}}{N_l!} \tag{2.38}$$

と得られる．このときのエントロピーは，スターリングの公式(A.1)を用い，

$$\begin{aligned} S(N_1, N_2, N_3, \cdots) &= k_B \log W(N_1, N_2, N_3, \cdots) \\ &= k_B \sum_l N_l \left(\log \frac{M_l}{N_l} + 1 \right) \end{aligned} \tag{2.39}$$

となる．

熱平衡の分子分布

熱平衡状態の分子分布は，式(2. 39)のエントロピーを式(2. 35), (2. 36)の条件のもとで最大にすることによって得られる．このような，条件つきの極値問題を解く方法に，**ラグランジュの未定係数法**がある．この方法は，簡単のため変数が2個の場合について書くと，次のようである．

2変数 x, y の関数

$$u = f(x, y) \tag{2.40}$$

の，条件

$$g(x, y) = C = \text{一定} \tag{2.41}$$

のもとでの極値を求めるには，未定係数 α を導入して，関数

$$\tilde{u} = f(x, y) - \alpha g(x, y) \tag{2.42}$$

について条件なしの極値を求め，係数 α は極値を与える (x_0, y_0) が条件(2. 41)を満たすように定めればよい．証明は49ページに与える．

いまの問題では変数は多数あり，条件は2つある．このときも，2つの未定係数 a, b を導入し

$$\tilde{S}(N_1, N_2, N_3, \cdots) = k_B \sum_l N_l \left(\log \frac{M_l}{N_l} + 1 \right) - a \sum_l N_l - b \sum_l E_l N_l \tag{2.43}$$

を最大にすればよい．したがって

$$\frac{\partial \tilde{S}}{\partial N_l} = k_B \log \frac{M_l}{N_l} - a - bE_l = 0$$

より

$$\frac{N_l}{M_l} = e^{-\alpha - \beta E_l} \tag{2.44}$$

が得られる．ただし，$a = k_B\alpha$, $b = k_B\beta$ とおいた．α, β は，式(2. 35), (2. 36)の条件，すなわち

$$\sum_l M_l e^{-\alpha - \beta E_l} = N \tag{2.45}$$

$$\sum_l M_l E_l e^{-\alpha - \beta E_l} = E \tag{2.46}$$

から，N, E の関数として得られる．

式(2. 44)を式(2. 39)に代入すると，式(2. 45), (2. 46)の関係を使って，エ

ントロピーは

$$S = k_B\{(1+\alpha)N+\beta E\} \tag{2.47}$$

と表わされる．分子数 N を一定としてエネルギー E で微分すると，α, β も E の関数であることに留意し，

$$\frac{dS}{dE} = k_B\left(\frac{d\alpha}{dE}N+\frac{d\beta}{dE}E+\beta\right) \tag{2.48}$$

一方，式(2.45)を E で微分すると

$$\sum_l M_l\left(\frac{d\alpha}{dE}+\frac{d\beta}{dE}E_l\right)e^{-\alpha-\beta E_l} = 0$$

となり，ふたたび式(2.45), (2.46)を使って

$$\frac{d\alpha}{dE}N+\frac{d\beta}{dE}E = 0$$

の関係が得られる．したがって，式(2.48)で β 以外の項が消えて

$$\frac{dS}{dE} = k_B\beta$$

となる．この式と温度の定義式(1.44)により，導入した未定係数 β は

$$\beta = \frac{1}{k_B T} \tag{2.49}$$

であることがわかる．

式(2.44)はグループ l に属する1つの1粒子量子状態を占める分子数の平均値である．グループ l に属する1つの量子状態を i とし，i を占める平均の分子数を $\bar{n}_i$ とすれば，エネルギーは $\epsilon_i \cong E_l$ としてよいから，式(2.49)を使って

$$\bar{n}_i = e^{-\alpha-\epsilon_i/k_B T} \tag{2.50}$$

となる．α は

$$\sum_i \bar{n}_i = N$$

の関係から

$$e^{-\alpha} = \frac{N}{\sum_i e^{-\epsilon_i/k_B T}} \tag{2.51}$$

と定まる．式(2.50)の分子分布を**ボルツマン分布**(Boltzmann distribution)という．

マクスウェル-ボルツマンの速度分布則

理想気体の場合，1粒子量子状態は運動量空間に密度 $V/(2\pi\hbar)^3$ で均一に分布しており，1粒子状態についての和は，

$$\sum_i \cdots \to \frac{V}{(2\pi\hbar)^3}\iiint_{-\infty}^{\infty} dp_x dp_y dp_z \cdots \tag{2.52}$$

のように運動量空間の積分におきかえることができる．運動量 $\boldsymbol{p}$ の1粒子状態のエネルギーは式(2.19)で与えられるから，式(2.51)は

$$e^{-\alpha} = N\left[\frac{V}{(2\pi\hbar)^3}\iiint_{-\infty}^{\infty} e^{-(p_x{}^2+p_y{}^2+p_z{}^2)/2mk_\mathrm{B}T} dp_x dp_y dp_z\right]^{-1}$$

となる．p_x の積分は，積分公式(A.2)により

$$\int_{-\infty}^{\infty} e^{-p_x{}^2/2mk_\mathrm{B}T} dp_x = \sqrt{2\pi mk_\mathrm{B}T}$$

であり，p_y, p_z の積分も同じ値になるので

$$e^{-\alpha} = \frac{N}{V}\left(\frac{2\pi\hbar^2}{mk_\mathrm{B}T}\right)^{3/2} \tag{2.53}$$

が得られる．式(2.50)により，運動量 $\boldsymbol{p}$ の1粒子状態を占める平均の分子数 $\bar{n}_{\boldsymbol{p}}$ は

$$\bar{n}_{\boldsymbol{p}} = \frac{N}{V}\left(\frac{2\pi\hbar^2}{mk_\mathrm{B}T}\right)^{3/2} e^{-\boldsymbol{p}^2/2mk_\mathrm{B}T} \tag{2.54}$$

となる．あるいは，運動量が $p_x \sim p_x + dp_x$，$p_y \sim p_y + dp_y$，$p_z \sim p_z + dp_z$ の領域にある平均の分子数を $f(p)dp_x dp_y dp_z$ として分布関数 $f(p)$ を定義すれば

$$f(\boldsymbol{p}) = \frac{N}{(2\pi mk_\mathrm{B}T)^{3/2}} e^{-\boldsymbol{p}^2/2mk_\mathrm{B}T} \tag{2.55}$$

となる．これを**マクスウェル-ボルツマンの速度分布則**という*．

---

* 通常は速度 $\boldsymbol{v}=\boldsymbol{p}/m$ についての分布則として表わされ，速度分布則とよばれる．

運動量の大きさが $p\sim p+dp$ の領域(運動量空間における半径 p, 厚さ dp の球殻)にある分子数を $F(p)$ とすれば,

$$
\begin{aligned}
F(p) &= 4\pi p^2 f(p) \\
&= \frac{4\pi N}{(2\pi m k_{\mathrm{B}} T)^{3/2}} p^2 e^{-p^2/2mk_{\mathrm{B}}T}
\end{aligned}
\tag{2.56}
$$

となる. $F(p)$ は図 2-6 のような関数であり, 分子はおおよそ $p\sim\sqrt{mk_{\mathrm{B}}T}$ の領域に分布している.

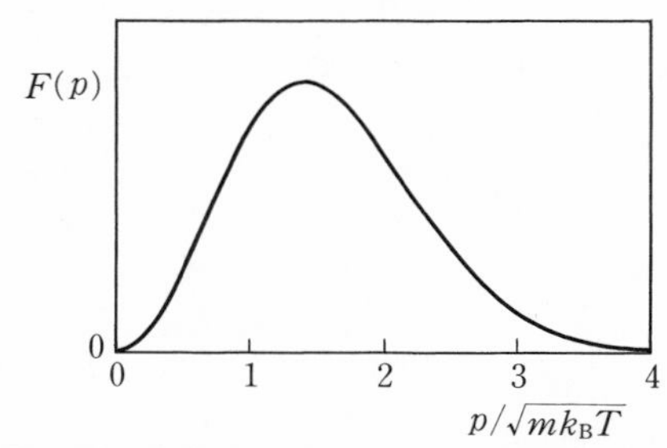

図 2-6 理想気体の運動量の大きさについての分子分布関数 $F(p)$ (式(2.56)). 大部分の分子は $0.5\sqrt{mk_{\mathrm{B}}T} \lesssim p \lesssim 3\sqrt{mk_{\mathrm{B}}T}$ の領域に分布している.

問 2-1 速度分布則(2.55)から, 理想気体の1分子当りの平均エネルギーが $\dfrac{3}{2}k_{\mathrm{B}}T$ となることを示せ.

理想気体のエントロピー

理想気体のエントロピーは, 式(2.47)に α, β の式(2.53), (2.49)とエネルギー E の式(2.31)を用い

$$
S = Nk_{\mathrm{B}}\left\{\log\left[\frac{V}{N}\left(\frac{mk_{\mathrm{B}}T}{2\pi\hbar^2}\right)^{3/2}\right]+\frac{5}{2}\right\}
\tag{2.57}
$$

となる. 結果は前節で得た式(2.30)を式(2.31)により温度の関数としたものと一致する.

エントロピーは, その定義式から明らかなように, 正の量である. ところが, 式(2.57)を見ると, 低温では第1項が負で大きな量になり, エントロピーが負になってしまう. 負になるのは, 温度がオーダーとして

$$k_{\mathrm{B}}T \lesssim \frac{2\pi\hbar^2}{m}\left(\frac{N}{V}\right)^{2/3} \tag{2.58}$$

になるときである．何がよくないのだろうか．

もともと，この節の議論が成り立つには，式(2.37)の条件が必要であった．この条件を式(2.54)の $\bar{n}_{\boldsymbol{p}}$ にあてはめると，$\bar{n}_{\boldsymbol{p}} \ll 1$ がすべての $\boldsymbol{p}$ について成り立つには，係数が十分に小さくなければならない．式(2.58)の低温ではこの条件が成り立たないのである．では，そのような低温で気体の性質はどのように変わるだろうか．この問題は第7章のテーマである．

ラグランジュの未定係数法

通常の方法で，

$$g(x, y) = C \tag{2.59}$$

の条件下で

$$u = f(x, y) \tag{2.60}$$

の極値を求めるには，(2.59)により y は x の関数として定まっているとして

$$\begin{aligned} \frac{du}{dx} &= \frac{d}{dx}f(x, y(x)) \\ &= \frac{\partial f(x, y)}{\partial x} + \frac{\partial f(x, y)}{\partial y}\frac{dy}{dx} \\ &= 0 \end{aligned} \tag{2.61}$$

を解けばよい．ここで，式(2.59)を x で微分すると

$$\frac{\partial g(x, y)}{\partial x} + \frac{\partial g(x, y)}{\partial y}\frac{dy}{dx} = 0$$

$$\therefore \quad \frac{dy}{dx} = -\frac{\partial g(x, y)/\partial x}{\partial g(x, y)/\partial y}$$

これを式(2.61)に代入すると，極値の条件は

$$\frac{\partial f(x, y)}{\partial x}\frac{\partial g(x, y)}{\partial y} - \frac{\partial f(x, y)}{\partial y}\frac{\partial g(x, y)}{\partial x} = 0 \tag{2.62}$$

となる．一方，ラグランジュの未定係数法では

$$\tilde{u} = f(x, y) - \alpha g(x, y)$$

とおくと，

$$\begin{aligned}\frac{\partial \tilde{u}}{\partial x} &= \frac{\partial f(x, y)}{\partial x} - \alpha \frac{\partial g(x, y)}{\partial x} = 0 \\ \frac{\partial \tilde{u}}{\partial y} &= \frac{\partial f(x, y)}{\partial y} - \alpha \frac{\partial g(x, y)}{\partial y} = 0\end{aligned} \tag{2.63}$$

したがって，

$$\frac{\partial f(x, y)}{\partial x} = \alpha \frac{\partial g(x, y)}{\partial x}, \qquad \frac{\partial f(x, y)}{\partial y} = \alpha \frac{\partial g(x, y)}{\partial y}$$

これを式(2.62)の左辺に代入すると 0 となり，たしかに式(2.62)が成り立つことがわかる．すなわち，式(2.63)が条件つき極値の条件となっている．式(2.63)の解は未定係数 α を含むから，α はその解 (x, y) が式(2.59)を満たすように定めればよい．

2-4 熱と仕事

これまで，孤立して熱平衡にある系の性質を，エントロピーを求めることによって考察してきた．つぎの問題は，孤立系に外から手を加えたとき，その状態がどのように変化するか，である．

熱と温度

固体の原子振動や理想気体の例で見たように，エネルギー E が増すと系全体の量子状態の数 $W(E)$ が増し，エントロピー $S(E)$ が増加する．エントロピー増加の割合を与える関係が式(1.44)，すなわち

$$\frac{dS}{dE} = \frac{1}{T} \tag{2.64}$$

であり，この式は同時に温度 T の定義ともなっている．

量子状態の数 $W(E)$ は，対象とする系についてその量子状態がどのように分布しているかを求めることによって得られる．量子状態は，振動子系であればその固有振動数 ω，理想気体であれば体積 V などの，その系を特徴づけるパラメーターに依存している．したがって，$W(E)$ はこれらのパラ

メーターの関数であり，$S(E)$ も同様である．式(2.64)はそのことをあらわに示していないが，この E についての微分は，系を特徴づけるパラメーターを一定に保って微分することを意味する．気体の場合でいえば，エントロピーがエネルギー E のほか体積 V にも依存することを示して $S=S(E, V)$ と書けば，式(2.64)は

$$\frac{\partial S(E, V)}{\partial E} = \frac{1}{T} \tag{2.65}$$

あるいは，もう1つの変数 V を一定に保つことを添字で表わし，

$$\left(\frac{\partial S}{\partial E}\right)_V = \frac{1}{T} \tag{2.66}$$

となる．

では，実際に気体のエネルギーを，体積を一定に保ったままで変えるには，どうすればよいだろうか．それには，日常的ないい方をすれば，気体を温めたり冷したりすればよい．温度の異なる物体を接触させれば，高温の物体から低温の物体へエネルギーの移動が起こる．気体を入れてある容器を気体より高温にすれば，壁から気体へエネルギーが移動し，低温にすれば気体から壁へエネルギーが移動して，気体のエネルギーが変化する．ミクロに見ると，壁の分子と気体分子の相互作用によって，エネルギーの受け渡しが起こるのである．このようにミクロな過程によって移動するエネルギーを**熱**(heat)という．

式(2.66)は，体積一定の条件下で起こるエネルギーの微小な変化を $\varDelta E$，それに伴うエントロピーの微小な変化を $\varDelta S$ とすれば，

$$\frac{\varDelta S}{\varDelta E} = \frac{1}{T} \quad \text{あるいは} \quad \varDelta E = T\varDelta S \tag{2.67}$$

と書くこともできる．このときの $\varDelta E$ は熱として系に加わったものであるから，これを q と書くと

$$\varDelta S = \frac{q}{T} \quad \text{あるいは} \quad q = T\varDelta S \tag{2.68}$$

となる．

断熱変化，仕事と圧力

系のエネルギーを変えるもう1つの方法は，系を特徴づけているパラメーターを変えることである．気体であれば体積を変えればよい．では，体積を変えると気体分子の運動はどのように変化するだろうか．

図2-7のように，気体がピストンつきの容器に入っているとしよう．初め，分子の運動は古典力学に従うとする．ピストンをゆっくり引くと，分子がピストンに衝突してはね返るとき分子の速度が減り，運動エネルギーが減少する．これは，マクロに見ると，気体がその圧力でピストンを押し，仕事をすることによってエネルギーを失ったものと見ることができる．逆にピストンをゆっくり押すと，はね返る分子の速度が増し，外力のする仕事によって気体のエネルギーが増加する．量子力学によって考えると，運動量の大きさが $|p_x|=(\pi\hbar/L)n$ の状態にあった分子が，L を L' まで増加させると，量子数 n は変わらないまま，運動量の大きさが $|p'_x|=(\pi\hbar/L')n$ の状態に移行し，エネルギーが変化する．このような状態の変化を**断熱変化**(adiabatic change)という*．

このように，パラメーターの変化により系のエネルギーは変わるが，エネルギーが $E\sim E+\varDelta E$ の領域にある量子状態はそのまま，エネルギーが $E'\sim E'+\varDelta E'$ の領域に移行する．したがって，状態の数は変化しない．

$$W(E, V) = W(E', V') \tag{2.69}$$

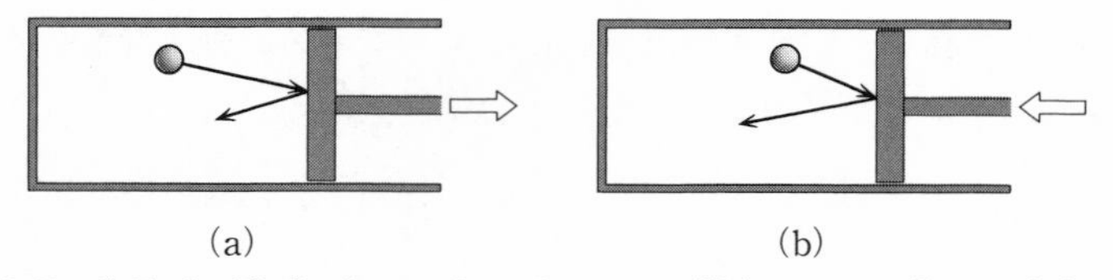

図2-7 分子が，遠ざかりつつあるピストンに衝突すると，分子の速度が減少し(a)，近づきつつあるピストンに衝突すると，増大する(b)．

* パラメーター L の時間変化が急なときは，量子数 n の異なる状態への**遷移**が起こり，断熱変化とならない．

ここでは，系は気体として，W が体積に依存することをあらわに示した．これは，エントロピー $S=k_{\mathrm{B}}\log W$ も変化せず，

$$S(E,\, V)=S(E',\, V') \tag{2.70}$$

であることを意味する．すなわち，断熱変化では，エントロピーは一定に保たれる．

図 2-8 のように，ピストンつきの容器に入った気体の体積を変化させる場合を考えよう．ピストンの面積を A とすれば，圧力 p の気体がピストンに加える力 f は，$f=pA$ である．したがって，ピストンが微小な距離 $\varDelta L$ だけ移動するとき，気体がピストンにする仕事は，

$$f\varDelta L = pA\varDelta L = p\varDelta V$$

となる．$\varDelta V=A\varDelta L$ は気体の体積の増加である．$\varDelta L$ が微小であれば，気体の体積変化に伴う圧力変化は無視してよい．この仕事に伴い気体のエネルギーはその分減少し，エネルギー変化

$$\varDelta E = -p\varDelta V \tag{2.71}$$

が生じる．

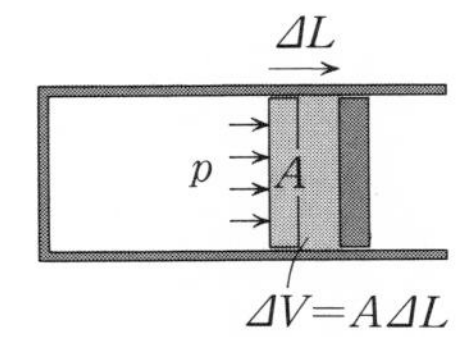

図 2-8　気体の体積変化と仕事

全微分式——状態量の微小変化の間の関係

式(2.67)の第 2 式はエントロピーの変化 $\varDelta S$ に伴うエネルギー変化を与えると見ることもできる．そこで，エネルギー E をエントロピー S と体積 V の関数として

$$E = E(S,\, V) \tag{2.72}$$

と表わしたとすると，S と V が同時に変化したときのエネルギーの変化 $\varDelta E$ は，式(2.67)と式(2.71)を合わせて，

$$\varDelta E = T\varDelta S - p\varDelta V$$

となる．この関係は，厳密にいえば，変化が無限小の場合に成り立つものである．そのことを考慮して，以下では状態量の微小変化を dE, dS, dV のよ

うに表わす．そうすれば，これらの変化量の間の関係は

$$dE = TdS - pdV \tag{2.73}$$

と書かれる．式(2.73)をエネルギー E の**全微分式**という．

エネルギー変化 ΔE は

$$\begin{aligned}\Delta E &= E(S+\Delta S,\ V+\Delta V)-E(S,\ V)\\ &= \frac{E(S+\Delta S,\ V+\Delta V)-E(S,\ V+\Delta V)}{\Delta S}\Delta S\\ &\quad +\frac{E(S,\ V+\Delta V)-E(S,\ V)}{\Delta V}\Delta V\end{aligned}$$

と書くこともできる．ここで，$\Delta S\to 0$, $\Delta V\to 0$ とすると，第1項の係数は V を一定とした S による E の偏微分 $(\partial E/\partial S)_V$ となり，第2項の係数は S を一定とした V による E の偏微分 $(\partial E/\partial V)_S$ となる．したがって，微小な変化について

$$dE = \left(\frac{\partial E}{\partial S}\right)_V dS + \left(\frac{\partial E}{\partial V}\right)_S dV \tag{2.74}$$

となる．式(2.73)と式(2.74)を比べて，温度と圧力について

$$T = \left(\frac{\partial E}{\partial S}\right)_V, \qquad p = -\left(\frac{\partial E}{\partial V}\right)_S \tag{2.75}$$

の関係が得られる．

理想気体の状態方程式

理想気体の場合，エントロピーの式(2.30)をエネルギー E について解けば，関数 $E(S,\ V)$ が得られる．しかし，式(2.75)の第2式により圧力を求めるには，$E(S,\ V)$ を求めずに，式(2.30)において $S=$一定 とし，両辺を V で微分するのがよい．E が V に依存することを忘れずにこれを行なうと

$$0 = Nk_{\mathrm{B}}\left\{\frac{3}{2}\frac{1}{E}\left(\frac{\partial E}{\partial V}\right)_S + \frac{1}{V}\right\}$$

したがって，

$$p = -\left(\frac{\partial E}{\partial V}\right)_S = \frac{2}{3}\frac{E}{V} \tag{2.76}$$

となる．さらに，エネルギーに対する式(2.31)を使うと

$$pV = Nk_{\mathrm{B}}T \tag{2.77}$$

が得られる．これが**理想気体の状態方程式**である．

私たちはこれまで，式(1.33)によってエントロピー S を導入し，式(1.44)によって温度 T を定義した．T が温度を表わすものと見てよいことは式(1.46)，(1.47)の性質から分かるが，私たちが日常使っている温度と同じものかどうかは，これまでの議論からは明らかでない．しかし，ここで理想気体の状態方程式が得られたことによって，T が理想気体の状態方程式に基づき，気体温度計によって測られる温度と同じものであることが証明されたことになる．

1 mol の気体では，分子数はアヴォガドロ定数(式(1.1))である．このとき，式(2.77)の係数は

$$R = N_{\mathrm{A}}k_{\mathrm{B}} = 8.314510 \quad \mathrm{J/K} \tag{2.78}$$

となる．これを**気体定数**(gas constant)という．

エンタルピー

これまでの議論では，系の体積は一定であるとした．こんどは，気体を図2-9のようなピストンつきの容器に入れ，ピストンには定まった質量 M のおもりをのせておく場合を考えてみよう．気体はピストンを下から圧力 p で支えており，これがおもりに加わる重力 Mg (g は重力の加速度) とつり合っている*．ピストンの面積を A とすれば，

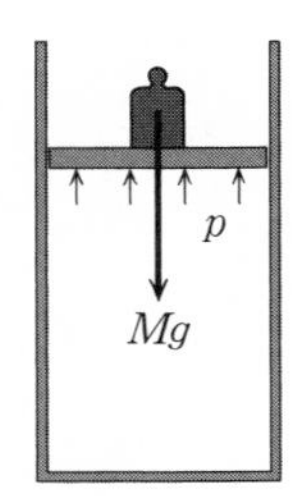

図 2-9 ピストンをおもりでおさえたシリンダーに入った気体．体積は一定でなく，圧力が一定に保たれる．

* 外部は真空で，圧力は0とする．ピストンの重さは考えない．

$$p = \frac{Mg}{A} \tag{2.79}$$

である．気体は熱すると膨張し，体積は変化するが，つり合いの関係は変わらないから，この系では圧力が一定に保たれることになる．

熱平衡状態では，気体の体積 V は温度 T と圧力 p の関数としてひとつの値に定まる．しかし，これはマクロに見たときのことである．ミクロに見ると，気体分子が不規則にピストンに衝突するのに伴って，ピストンは絶えず上下に動いており，気体の体積はゆらいでいる．おもりも上下に動くから，おもりの位置エネルギーも変化する．したがって，この系では外部とのエネルギーのやりとりはなくても，気体自身のエネルギー E は一定に保たれず，E とおもりの位置エネルギー MgL (L は容器の底からピストンまでの距離)との和が一定である．式(2.79)を用いると，気体の体積は $V=AL$ であるから，和は

$$H = E+pV \tag{2.80}$$

と表わされる．図2-9のような特別な場合に限らず，一般に式(2.80)により定義される量を**エンタルピー**(enthalpy)という．

この気体に少量の熱を加え，同時におもりを少し増したとしよう．このとき，エントロピーと圧力が少しずつ変化する．それに伴い，気体のエネルギー，体積の熱平衡値(平均値)も変化する．それら変化量の関係は，高次の微小量を無視して

$$\begin{aligned} d(pV) &= (p+dp)(V+dV)-pV \\ &= pdV+Vdp \end{aligned}$$

また，エネルギーの変化量 dE は式(2.73)で与えられるから

$$\begin{aligned} dH &= dE+d(pV) \\ &= TdS+Vdp \end{aligned} \tag{2.81}$$

となる．エンタルピーがエントロピーと圧力の関数として，$H=H(S, p)$ と得られたとすれば，式(2.74)と同様にして

$$dH = \left(\frac{\partial H}{\partial S}\right)_p dS+\left(\frac{\partial H}{\partial p}\right)_S dp \tag{2.82}$$

であるから，式(2.81)と比較して次の関係が導かれる．

$$T = \left(\frac{\partial H}{\partial S}\right)_p, \qquad V = \left(\frac{\partial H}{\partial p}\right)_S \tag{2.83}$$

定積比熱と定圧比熱

物体に熱を加えると温度が上昇する．微小な熱 ΔQ を加えることによって，微小な温度上昇 ΔT があるとき

$$C = \frac{\Delta Q}{\Delta T} \tag{2.84}$$

をその物体の**熱容量**(heat capacity)という．とくに，単位の量(例えば1 mol)の物質の熱容量を**比熱**(specific heat)という．以下では，とくに断わらないかぎり，系は単位量の物質であるとし，C を比熱とよぶ．

比熱は加熱の仕方によって値が異なることに注意しなければならない．加える熱とエントロピーの変化の間には式(2.68)の関係があるので，比熱は

$$C = T\frac{\Delta S}{\Delta T} \tag{2.85}$$

と表わすことができる．体積を一定に保って加熱するときの比熱を**定積比熱**(specific heat at constant volume)という．このとき，$\Delta S/\Delta T$ は体積を一定とした微分 $(\partial S/\partial T)_V$ になるので，定積比熱 C_V は

$$C_V = T\left(\frac{\partial S}{\partial T}\right)_V \tag{2.86}$$

となる．また，式(2.73)で $V=$一定，すなわち $dV=0$ とすれば，加えた熱 TdS はそのままエネルギーの増加 dE になるから，定積比熱は

$$C_V = \left(\frac{\partial E}{\partial T}\right)_V \tag{2.87}$$

と表わすこともできる．

圧力を一定に保って加熱するときの比熱を**定圧比熱**(specific heat at constant pressure)という．定圧比熱 C_p は，式(2.86)に対応して

$$C_p = T\left(\frac{\partial S}{\partial T}\right)_p \tag{2.88}$$

と表わされる．また，式(2.81)で p=一定，$dp=0$ とおけば，加えた熱 TdS はエンタルピーの増加 dH になるので，

$$C_p = \left(\frac{\partial H}{\partial T}\right)_p \tag{2.89}$$

と書くこともできる．

理想気体のエネルギーは式(2.31)で与えられる．また，エンタルピーは，定義の式(2.80)と状態方程式(2.77)より

$$H = \frac{5}{2}Nk_{\mathrm{B}}T \tag{2.90}$$

となる．したがって，理想気体の定積比熱，定圧比熱はそれぞれ

$$C_V = \frac{3}{2}Nk_{\mathrm{B}}, \quad C_p = \frac{5}{2}Nk_{\mathrm{B}} \tag{2.91}$$

である．比熱はいずれも，温度，圧力等に依存しない一定値になる．また，$C_p > C_V$ であるのは，圧力が一定のとき，気体は加熱とともに膨張し，加えた熱の一部はそのとき外部に対してする仕事に使われるためである．

2-5 局在した粒子系への応用

ミクロカノニカル分布のもう1つの応用として，固体のように，構成粒子が局在した系を考えよう．

振動子の量子力学

1-2節では，固体の原子はおのおのの平衡位置のまわりで振動するとし，固体を振動子系とみなして考察した．このような振動は，固体原子にかぎらず，力学系がその力学的平衡位置から位置をずらしたとき，平衡位置に引き戻す力が働くことによって生じる，一般的な運動形態である．

振動子のエネルギー(ハミルトニアン)は，質量を m，固有振動数を ω，平衡位置からの変位を x，運動量を p とすれば

$$\epsilon = \frac{p^2}{2m} + \frac{1}{2}m\omega^2x^2 \tag{2.92}$$

と表わされる．古典力学では振動のエネルギーは振幅の 2 乗に比例し，連続的にどのような値でもとることができる．とくに最もエネルギーの低い状態は粒子が平衡位置 $(x=0)$ に静止している $(p=0)$ の場合で，そのエネルギーは 0 である．

量子力学では，粒子がこのように原点に局在しているとすれば，その状態を表わす波動関数は図 2-10 に示した原点のみに大きな値をもつ関数(A)になる．このような関数は，いろいろな波長の波の重ね合わせに書きなおすと，波長の非常に短い波を含み*，量子力学的な意味で大きな運動エネルギーをもつことになる．したがって，それは基底状態の波動関数でありえない．波動関数が広がればポテンシャルエネルギーは増すが，それが含む波の波長は長くなるから運動エネルギーは減少する．両者のかねあいから，基底状態の波動関数は図 2-10 に示したように広がったものになり，そのエネルギーは 0 でない．

その結果，量子数 n の量子状態のエネルギーとして

$$\epsilon_n = \left(n+\frac{1}{2}\right)\hbar\omega \qquad (n=0, 1, 2, \cdots) \tag{2.93}$$

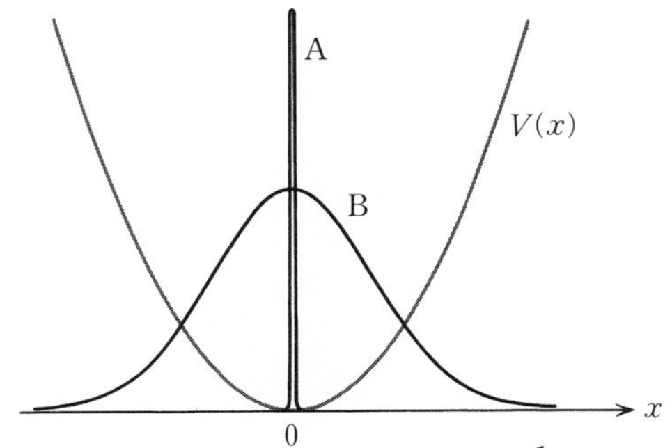

図 2-10 振動子のポテンシャル $V(x)=\dfrac{1}{2}m\omega^2x^2$ と波動関数．A：原点に局在した状態の波動関数．B：基底状態の波動関数．

---

* 原点のみに値をもつ関数は δ 関数とよばれ，いろいろな波数の波 e^{ikx} の重ね合わせで表わすと $\delta(x)=(2\pi)^{-1}\int_{-\infty}^{\infty}e^{ikx}\,dk$ となる．

が得られる．$n=0$ が基底状態で，上で述べたようにそのエネルギーは 0 でない．基底状態でもいわば振動しているわけで，それを**零点振動**(zero-point oscillation)とよび，そのエネルギー $\frac{1}{2}\hbar\omega$ を**零点エネルギー**(zero-point energy)という．

振動子系のエントロピー

多数の振動子からなる系(振動子系)のエントロピーは，すでに 1-2 節で求めてある．ただし，そこでは零点エネルギーを考慮していなかった．それを含めて考えるには，式(1.53)のエネルギー E を零点エネルギーを差し引いたものと見なし，$E-\frac{1}{2}N\hbar\omega$ におきかえればよい．このようにして，N 個の固有振動数 ω の振動子からなる系のエントロピーとして

$$S(E) = Nk_{\mathrm{B}}\left\{\left(\frac{E}{N\hbar\omega}+\frac{1}{2}\right)\log\left(\frac{E}{N\hbar\omega}+\frac{1}{2}\right)\right.$$
$$\left.-\left(\frac{E}{N\hbar\omega}-\frac{1}{2}\right)\log\left(\frac{E}{N\hbar\omega}-\frac{1}{2}\right)\right\} \tag{2.94}$$

が得られる．

エネルギーと温度の関係は，式(1.44)により

$$\frac{dS}{dE} = \frac{k_{\mathrm{B}}}{\hbar\omega}\left\{\log\left(\frac{E}{N\hbar\omega}+\frac{1}{2}\right)-\log\left(\frac{E}{N\hbar\omega}-\frac{1}{2}\right)\right\} = \frac{1}{T}$$

これを解いて

$$E = \frac{1}{2}N\hbar\omega+\frac{N\hbar\omega}{e^{\hbar\omega/k_{\mathrm{B}}T}-1} \tag{2.95}$$

が得られる．第 1 項が零点エネルギーである．比熱は

$$C = \frac{dE}{dT} = \frac{N(\hbar\omega)^2}{k_{\mathrm{B}}T^2}\frac{e^{\hbar\omega/k_{\mathrm{B}}T}}{(e^{\hbar\omega/k_{\mathrm{B}}T}-1)^2} \tag{2.96}$$

となる．比熱の温度依存性を図 2-11 に示す．比熱は温度に依存し，絶対零度で 0 になることに注意しよう．

2 準位系

ミクロカノニカル分布のもう 1 つの応用として，粒子に内部自由度があって，エネルギーの異なる 2 つの量子状態をとりうる場合を考える．このよう

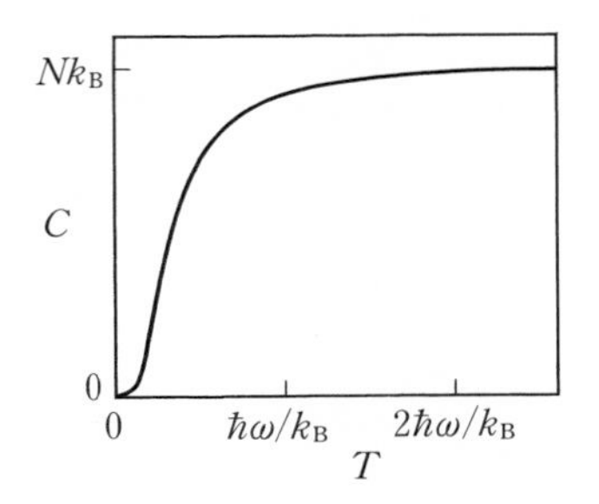

図 2-11　振動子系の比熱

な系を**2準位系**(two-level system)という．その実例がどんなものかは後で述べるとして，まずこの系の性質を調べる．

粒子のとる2つの量子状態を1,2とし，そのエネルギーをϵ_1, ϵ_2とする．N個の粒子からなる系で，そのうちN_1個が量子状態1にあり，N_2個が量子状態2にあるとしよう．このとき，

$$N = N_1+N_2 \tag{2.97}$$

また，全エネルギーは

$$E = N_1\epsilon_1+N_2\epsilon_2 \tag{2.98}$$

である．全系の量子状態の数は，N個の粒子から状態2にある粒子N_2個を選び出す組合せの数に等しい．すなわち，

$$W = \binom{N}{N_2} = \frac{N!}{N_2!(N-N_2)!} \tag{2.99}$$

したがって，エントロピーSはスターリングの公式(A.1)を用いて

$$\begin{aligned} S &= k_B \log W \\ &= -Nk_B\left\{\frac{N_2}{N}\log\left(\frac{N_2}{N}\right)+\left(1-\frac{N_2}{N}\right)\log\left(1-\frac{N_2}{N}\right)\right\} \end{aligned} \tag{2.100}$$

となる．式(2.97),(2.98)により，エネルギーEの関数として表わすと，

$$\begin{gathered} S(E) = -Nk_B\left\{\frac{E-N\epsilon_1}{N\varDelta\epsilon}\log\left(\frac{E-N\epsilon_1}{N\varDelta\epsilon}\right)+\frac{N\epsilon_2-E}{N\varDelta\epsilon}\log\left(\frac{N\epsilon_2-E}{N\varDelta\epsilon}\right)\right\} \\ \varDelta\epsilon = \epsilon_2-\epsilon_1 \end{gathered} \tag{2.101}$$

が得られる．

次に，式(1.44)により温度を求めると，

$$\frac{dS}{dE} = \frac{k_{\mathrm{B}}}{\varDelta\epsilon}\log\left(\frac{N\epsilon_2 - E}{E - N\epsilon_1}\right) = \frac{1}{T}$$

これを解いて，エネルギー E が温度 T の関数として

$$E = \frac{N}{z}(\epsilon_1 e^{-\epsilon_1/k_{\mathrm{B}}T} + \epsilon_2 e^{-\epsilon_2/k_{\mathrm{B}}T})$$
$$z = e^{-\epsilon_1/k_{\mathrm{B}}T} + e^{-\epsilon_2/k_{\mathrm{B}}T} \tag{2.102}$$

と得られる．

式(2.102)は，熱平衡状態では N 個の粒子のうち $Ne^{-\epsilon_1/k_{\mathrm{B}}T}/z$ 個が量子状態 1 を，$Ne^{-\epsilon_2/k_{\mathrm{B}}T}/z$ 個が量子状態 2 を占めていることを示している．いいかえれば，1 個の粒子が量子状態 $i\,(=1, 2)$ を占める確率は

$$P_i = \frac{1}{z}e^{-\epsilon_i/k_{\mathrm{B}}T} \tag{2.103}$$

となる．この結果は，次章においてカノニカル分布の方法により得られるものと一致する．

比熱は

$$C = \frac{dE}{dT} = \frac{N(\varDelta\epsilon)^2}{k_{\mathrm{B}}T^2}\frac{e^{-\varDelta\epsilon/k_{\mathrm{B}}T}}{(1+e^{-\varDelta\epsilon/k_{\mathrm{B}}T})^2} \tag{2.104}$$

となり，その温度依存性は図 2-12 のようになる．$T \cong \varDelta\epsilon/2k_{\mathrm{B}}$ の付近になだらかな山をもつことが，2 準位系の比熱の特徴である．

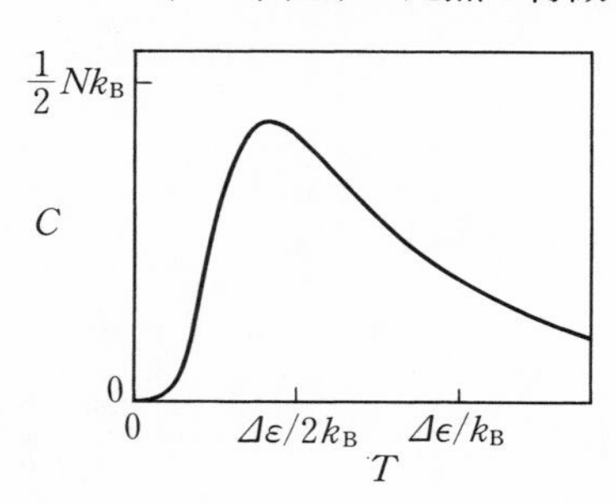

図 2-12　2 準位系の比熱

常磁性体——2 準位系の例

2 準位系の実例はいろいろあるが，ここでは常磁性体について述べよう．固体をつくる原子の中には，磁気モーメントをもつものがある．その固体を磁

場中におくと，原子の磁気モーメントが磁場の向きに揃い，磁場と平行な向きに磁化が生じる．このような物質を**常磁性体**(paramagnet)という．

原子の磁気モーメントは原子内の電子の回転運動，とくに電子自身の自転に起因しており，原子のもつ角運動量に比例する．古典力学では角運動量はどのような値をとることもできるが，量子力学では角運動量の大きさにも向きにも，$\hbar$ を単位にした量子化が起こる．電子の自転の角運動量* は，大きさが $\frac{1}{2}\hbar$ で向きは上下2つの方向しかとることができない．電子の自転の角運動量を**スピン**(spin)という．以後，原子のもつ角運動量もスピンとよぶことにする．以下では，原子のスピンも大きさが $\frac{1}{2}\hbar$ で，2つの状態しかとることができない場合を考える．

スピンが $\frac{1}{2}\hbar$ の原子を磁場中におくと，原子はスピンによる磁気モーメントが磁場に平行(↑で表わす)，反平行(↓)の2つの状態をとり，そのエネルギーは磁気モーメントの大きさを μ，磁場(磁束密度)を B として，

$$\epsilon_{\uparrow\downarrow} = \mp \mu B \tag{2.105}$$

となり，この原子の系は2準位系となる．そのエントロピーとエネルギーは，式(2.101)，(2.102)で $\epsilon_1 = -\mu B$, $\epsilon_2 = \mu B$ とおいて

$$S(E, B) = -\frac{k_B}{2\mu B}\left\{(N\mu B+E)\log\left(\frac{N\mu B+E}{2N\mu B}\right) + (N\mu B-E)\log\left(\frac{N\mu B-E}{2N\mu B}\right)\right\} \tag{2.106}$$

$$E(T, B) = -N\mu B\tanh\left(\frac{\mu B}{k_B T}\right) \tag{2.107}$$

となる．これらの量は磁場 B にも依存するので，B を変数として示した．

この系は，状態↑にある粒子数 $N_\uparrow$ と状態↓にある粒子数 $N_\downarrow$ に差が生じると

$$M = \mu(N_\uparrow - N_\downarrow) \tag{2.108}$$

---

* 厳密にいうと，古典的な自転運動には対応せず，相対論の効果とみなければならない．

だけの磁化をもつことになる．エネルギーは

$$E = -\mu B(N_{\uparrow} - N_{\downarrow})$$

とも書けるので，磁化として次式が得られる．

$$M = -\frac{E}{B} = N\mu \tanh\left(\frac{\mu B}{k_{\mathrm{B}} T}\right) \tag{2.109}$$

とくに磁場が弱く $\mu B \ll k_{\mathrm{B}} T$ のときは，$\tanh x \cong x$ の近似を使うことができて，

$$M = \chi B, \quad \chi = \frac{N\mu^2}{k_{\mathrm{B}} T} \tag{2.110}$$

となる．χ を**磁化率**(magnetic susceptibility)という．常磁性体の磁化率が温度 T に反比例する関係を**キュリーの法則**(Curie's law)という．

第2章 演習問題

1. 長さ L の領域に閉じこめられた1次元理想気体のエントロピーをエネルギーの関数として求め，それよりエネルギーと温度の関係を導け．

2. 15°C における空気の酸素分子，窒素分子の平均の速さを求めよ．平均の速さは速度 $\boldsymbol{v}$ の2乗平均の平方根 $\sqrt{\overline{\boldsymbol{v}^2}}$ で定義するものとする．

3. 気体分子の出す輝線スペクトルを観測すると，分子の運動によるドップラー効果によって広がって見える．光の強度 I と波長 λ の関係は次式で与えられることを示せ．

$$I \propto \exp\left[-\frac{mc^2(\lambda-\lambda_0)^2}{2\lambda_0{}^2 k_{\mathrm{B}} T}\right]$$

ただし，m は分子の質量，c は光速，λ_0 は分子が静止しているときの輝線スペクトルの波長である．

4. 壁に小さな孔(面積 A)のあいた容器に密度 n，温度 T の希薄な気体が入っている．孔から気体のもれる速さを求めよ．器外は真空とする．

5. ピストンのついた容器に理想気体が入っている．ピストンを急に引いて体積を2倍にすると，気体のエントロピーはどのように変化するか．つぎに，ピストンをゆっくり押して体積をもとに戻すと，気体のエネルギーはどのように変

化するか．ただし，熱の出入りはないものとする．

6. エネルギーが $-\epsilon, 0, \epsilon$ の 3 つの量子状態をとる，N 個の粒子の系がある．

(1) 量子状態 $-\epsilon, 0, \epsilon$ にある粒子数をそれぞれ n_-, n_0, n_+ として，エントロピーを n_-, n_0, n_+ の関数として表わせ．

(2) 全エネルギー E が一定のとき，エントロピー最大の条件から定まる熱平衡における粒子分布 $\bar{n}_-, \bar{n}_0, \bar{n}_+$ が

$$\bar{n}_0{}^2 = \bar{n}_+\bar{n}_-$$

の関係を満たすことを示せ．

(3) エントロピーをエネルギーの関数として表わし，これからエネルギーと温度の関係を求めよ．

［ヒント：ラグランジュの未定係数法を用いよ．］

7. N 個の原子が規則正しく並んだ完全結晶がある．これらの原子の 1 個が結晶内部の位置から表面に移ると，格子欠陥ができる(右図)．原子を移すのに要するエネルギーを ϵ とする．

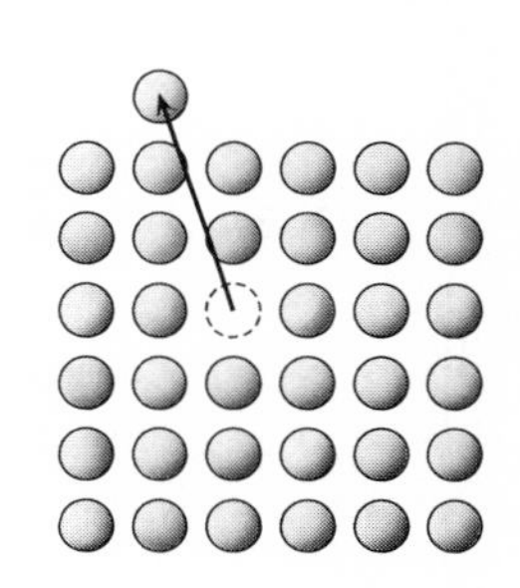

(1) n 個の欠陥ができたときの欠陥の配置の数を求め，エントロピーをエネルギー $E(=n\epsilon)$ の関数として表わせ．

(2) 温度 T における欠陥の数を求めよ．

8. N 個の粒子が 1 列に並んでいる．各粒子は磁気モーメントをもち，モーメントは上向き(↑)，下向き(↓)の 2 つの状態のみをとる(下図)．隣りあう粒子のモーメント間には相互作用が働いており，そのエネルギーは平行(↑↑，↓↓)のとき $-J$，反平行(↑↓，↓↑)のとき J である．(1 次元イジング模型.)

(1) エントロピーを全エネルギーの関数として求めよ．

(2) エネルギーを温度の関数として表わせ．

(3) 平行な対の数，反平行な対の数は温度とともにどのように変化するか．

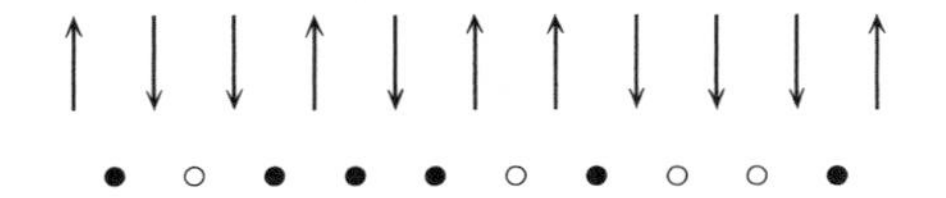

［ヒント：左端のモーメントを↑と仮定すれば，隣りあう対について平行を○，反平行を●で表わすと，$N-1$ 個の○と●の配列がモーメントの配列を

決め，エネルギーは○と●の数で決まる．]

ボルツマン

ボルツマンの名は，ボルツマン定数，ボルツマン分布，ボルツマン方程式と，統計力学にしばしば現われる．ボルツマンぬきに統計力学を語ることはできない．

Ludwig Boltzmann は 1844 年，収税吏の息子としてオーストリアの首都ウィーンに生まれた．ウィーン大学で物理学を学んだ後，グラーツ大学に移り，1894 年にはウィーン大学に理論物理学の教授として迎えられた．その間，統計力学の基礎の問題を中心に，数かずの優れた業績をあげ，名声を博している．その生涯は恵まれたものであったように見える．1906 年，保養先ドゥイノのホテルでの自殺という，悲劇的な死を除けば．自殺の原因は神経症であったらしい．

ボルツマンの最も大きな業績は，熱力学第 2 法則の分子運動論の立場からの基礎づけであった．19 世紀の中葉，熱力学はクラウジウスらによって確立し，熱現象の不可逆性，すなわち熱力学第 2 法則が基本法則として明らかにされていた．そして，それが分子運動論という力学的な立場から導きうるか，が大問題になっていたのである．ボルツマンは 1872 年の論文で，気体分子の分布関数 f の時間変化を与える方程式(ボルツマン方程式とよばれている)を導き，それに基づいて

$$H = \int f \log f \, d\boldsymbol{r} d\boldsymbol{v}$$

という量が時間とともに減少することを見出した．H の符号を変えたものがエントロピーだとすれば，第 2 法則が証明されたことになる．

ロシュミットはボルツマンの理論に対して，不可逆性は分子運動の可逆性と矛盾するといって批判した．ボルツマンはこの批判に応えて，確率の考え方の必要性を述べている．統計力学の考え方の基礎がここに明らかにされたのである．

ボルツマンは生涯，原子論の立場を貫いた．ボルツマンが活躍していた頃，原子の存在を証明する実験事実はまだなく，物理学に原子論は無益とする考え方も根強かった．彼はそのような考えに強く反対し，論争した．ボルツマンの立場の正しさは，彼の晩年，19 世紀の末から 20 世紀にかけて，数かずの実験事実によって次第に揺ぎないものとなるのである．

3 カノニカル分布と自由エネルギー

これまでは，外部とエネルギーのやりとりがない，孤立した系を考えてきた．しかし，私たちが日常見ている物体は外部のもの，例えば大気と接触していて，エネルギーの出入りが起きている．その結果，例えば湯呑みに入れたお茶は時間がたつと冷えて，気温と同じ温度になる．このような系では，熱平衡状態でもエネルギーは一定に保たれず，ミクロカノニカル分布は成り立たない．そのとき，系はいろいろな量子状態をどのような確率でとるのだろうか．これが，この章で学ぼうとしている問題である．

3-1 カノニカル分布

大気中におかれて熱平衡にあり，温度が気温と同じに保たれているような系を扱うにはどうしたらよいだろうか．大きな外部の系と接触して熱平衡にある系が，いろいろなエネルギーの量子状態をとる確率分布を求めよう．

カノニカル分布

このような系を考えるのに，図3-1のように接触した2つの系 A, B があり，B は A に比べて十分に大きいとする．A が注目する系であり，B はその外部全体を表わす．AB 間にはエネルギーのやりとりがあるが，A と B 全体はその外部から遮断されていて，全体のエネルギーは一定であるとしよう．すなわち，A, B のエネルギーをそれぞれ E_A, E_B とし，全系のエネルギ

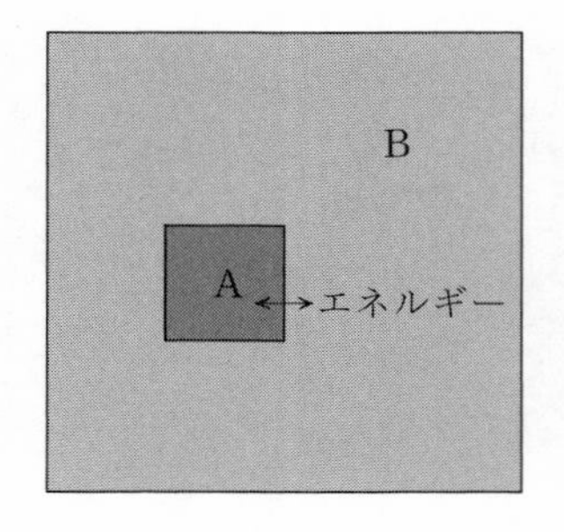

図 3-1 系 A は大きな系 B と接触し，AB 間にはエネルギーのやりとりが起きている．

ーを E_T(=一定) とすれば

$$E_A + E_B = E_T \tag{3.1}$$

である．この条件のもとで，E_A, E_B はいろいろな値をとる．

さて，全体が熱平衡にあるとき，A がエネルギー E_n の量子状態 n にある確率はどうなるだろうか．B の量子状態を m で示すと，全系の量子状態は (n, m) で表わされる．全系は孤立しているから，等確率の原理により，すべての量子状態 (n, m) は等しい確率で実現すると考えられる．A が状態 n にあるとき，B のエネルギーは $E_T - E_n$ であり，B はエネルギーが $E_T - E_n$ の量子状態のどれかにある．したがって，B がエネルギー E をもつ量子状態の数を $W_B(E)$ とすれば，A が n にある確率 P_n は $W_B(E_T - E_n)$ に比例する．すなわち

$$P_n \propto W_B(E_T - E_n) \tag{3.2}$$

B のエントロピーを $S_B(E)$ とすれば，

$$S_B(E) = k_B \log W_B(E) \tag{3.3}$$

したがって，

$$W_B(E) = \exp\left[\frac{1}{k_B} S_B(E)\right] \tag{3.4}$$

と表わされるから

$$P_n \propto \exp\left[\frac{1}{k_B} S_B(E_T - E_n)\right] \tag{3.5}$$

となる．

ここで，外部の系 B は注目する系 A に比べて十分大きいという条件を思

いおこそう．エネルギーについても，$E_A \ll E_B$ と考えられるから

$$E_n \ll E_T \tag{3.6}$$

としてよい．そこで，$S_B(E_T-E_n)$ を E_n についてテイラー展開し，第2項までを残すと，

$$S_B(E_T-E_n) \cong S_B(E_T)-\left(\frac{dS_B}{dE}\right)_{E=E_T} E_n$$

第2項の係数は，式(1.44)により，系Bの温度の逆数になるから，Bの温度を T とすれば

$$P_n \propto \exp\left[\frac{1}{k_B}\left\{S_B(E_T)-\frac{E_n}{T}\right\}\right]$$

ここで，n に依存する項のみを残し，

$$P_n \propto e^{-E_n/k_BT}$$

となる．確率は規格化 $(\sum_n P_n=1)$ されていなければならないから，

$$P_n = \frac{1}{Z}e^{-E_n/k_BT} \tag{3.7}$$

$$Z = \sum_n e^{-E_n/k_BT} \tag{3.8}$$

が得られる．式(3.8)の n についての和は，系Aのすべての量子状態についての和を表わす．

温度 T の熱平衡状態にある大きな外部の系に接して熱平衡にある，粒子数一定の系(**閉じた系**(closed system))のとる式(3.7)の確率分布を**カノニカル分布**(canonical distribution)，または**正準分布**という．規格化の定数 Z は**分配関数**(partition function)，または**状態和**とよばれる．後で示すように，Z が求まれば，熱平衡にある系の種々の物理量をこれから求めることができる．

カノニカル分布が成り立つ条件

式(3.7)の結果を得るのに出発点になった仮定は，第1に外部の系が注目する系に比べて十分に大きいことであった．外部の系は非常に大きいから，少々のエネルギーの出入りがあってもほとんど影響を受けず，いつも温度 T の熱平衡にあるとしてよい．このような役割を果たす外部の系を**熱浴**

(heat bath)という.

第2の仮定は，全エネルギーが式(3.1)で与えられることである．AB間にエネルギーのやりとりが起こるのは，AB間に働く相互作用によるものである．したがって，厳密にいえば，相互作用のエネルギーも全エネルギーに加えなければならない．式(3.1)では，それが系Aのエネルギー$E_{\rm A}$に比べて無視できるとしている．Aがマクロな物体であれば，そのさしわたしの長さをLとして，$E_{\rm A}$は体積L^3に比例するマクロな量である．原子間の相互作用は原子スケールの距離aの程度までしか及ばないから，相互作用のエネルギーはABの界面(厚みa)の体積L^2aに比例する量とみてよい．したがって，後者は前者に比べて$a/L(\ll 1)$のオーダーだけ小さい量であり，Aがマクロな物体であれば，相互作用のエネルギーは無視してよいのである．

弱く結合した部分系の集まりのカノニカル分布

注目する系が互いに弱く相互作用しているいくつかの部分系a, b, c, … からなっている場合を，一般的に考えてみよう．ここで相互作用が弱いとは，各部分系のエネルギーを$E_{\rm a}, E_{\rm b}, E_{\rm c}, \cdots$とすると，相互作用のエネルギーはそれに比べて無視できて，全エネルギーを

$$E = E_{\rm a}+E_{\rm b}+E_{\rm c}+\cdots \tag{3.9}$$

と表わすことができる，という意味である．各部分系の量子状態をそれぞれ$i, j, k, \cdots$で示せば，全系の量子状態はその組$(i, j, k, \cdots)$で指定される．部分系の量子状態のエネルギーを$E_i^{(\rm a)}, E_j^{(\rm b)}, E_k^{(\rm c)}, \cdots$とすると，全系の量子状態$(i, j, k, \cdots)$のエネルギーは

$$E_{(i,j,k,\cdots)} = E_i^{(\rm a)}+E_j^{(\rm b)}+E_k^{(\rm c)}+\cdots \tag{3.10}$$

であり，分配関数は

$$Z = \sum_{(i,j,k,\cdots)} \exp\left[-\frac{1}{k_{\rm B}T}(E_i^{(\rm a)}+E_j^{(\rm b)}+E_k^{(\rm c)}+\cdots)\right] \tag{3.11}$$

となる．ここで，和は部分系ごとに独立にとることができるから，

$$\begin{aligned} Z &= \sum_i e^{-E_i^{(\rm a)}/k_{\rm B}T}\sum_j e^{-E_j^{(\rm b)}/k_{\rm B}T}\sum_k e^{-E_k^{(\rm c)}/k_{\rm B}T}\cdots \\ &= Z_{\rm a}Z_{\rm b}Z_{\rm c}\cdots \end{aligned} \tag{3.12}$$

となる．Z_a は部分系 a の分配関数

$$Z_{\mathrm{a}} = \sum_i e^{-E_i^{(\mathrm{a})}/k_{\mathrm{B}}T} \tag{3.13}$$

であり，同様に $Z_b, Z_c, \cdots$ も部分系 b, c, … の分配関数である．全系が量子状態 $(i, j, k, \cdots)$ にある確率は

$$\begin{aligned} P_{(i,j,k,\cdots)} &= \frac{1}{Z}\exp\left[-\frac{1}{k_{\mathrm{B}}T}(E_i^{(\mathrm{a})}+E_j^{(\mathrm{b})}+E_k^{(\mathrm{c})}+\cdots)\right] \\ &= \frac{1}{Z_{\mathrm{a}}}e^{-E_i^{(\mathrm{a})}/k_{\mathrm{B}}T}\cdot\frac{1}{Z_{\mathrm{b}}}e^{-E_j^{(\mathrm{b})}/k_{\mathrm{B}}T}\cdot\frac{1}{Z_{\mathrm{c}}}e^{-E_k^{(\mathrm{c})}/k_{\mathrm{B}}T}\cdots \end{aligned}$$

となるから，部分系 a の確率分布を

$$P_i^{(\mathrm{a})} = \frac{1}{Z_{\mathrm{a}}}e^{-E_i^{(\mathrm{a})}/k_{\mathrm{B}}T} \tag{3.14}$$

とし，部分系 b, c, … の確率分布も同様に表わせば，

$$P_{(i,j,k,\cdots)} = P_i^{(\mathrm{a})}P_j^{(\mathrm{b})}P_k^{(\mathrm{c})}\cdots \tag{3.15}$$

の関係が得られる．この式は，各部分系の確率分布が確率論でいう「独立事象」であることを示している．

いま考えている系では，図 3-2 のように，部分系 a, b, c, … が互いに相互作用し，同時に熱浴 B とも接している．ここで，例えば部分系 a のみに注目し，残りの部分系 b, c, … と B をまとめて熱浴とみなせば，部分系 a の確率分布が式(3.14)で与えられることは明らかであろう．部分系 b, c, … についても同様であり，各部分系は独立にいろいろな量子状態をとりうるから，式(3.15)になるのである．ミクロカノニカル分布では，全系が相互作用の弱い部分系からなる場合でも，全エネルギーが一定という条件があるために，

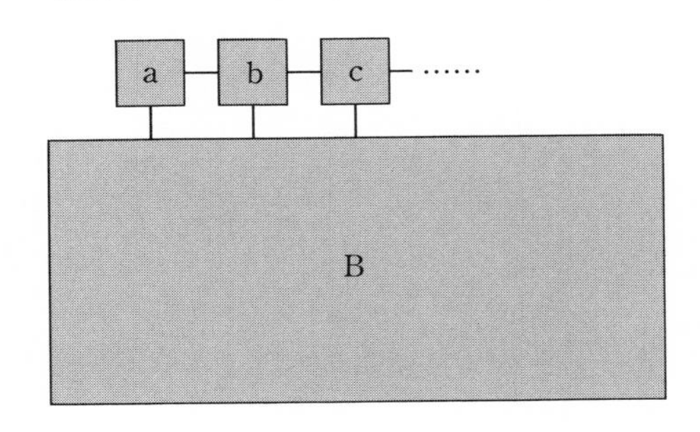

図 3-2 弱く結合した部分系 a, b, c, … が熱浴 B と接触している．

ひとつの部分系がある量子状態をとると，それが残りの部分系のとる量子状態に制限を課し，各部分系の確率分布が独立にならない．このような事情からカノニカル分布がミクロカノニカル分布より取り扱いやすいのである．

この議論で，部分系 a, b, c, … はミクロな系でもよい．ただし，全エネルギーの式(3.9)で部分系間の相互作用エネルギーを無視することは，部分系がマクロな系であるときは一般に許されるが，部分系がミクロな系のときは，1-2 節で扱った振動子系のように相互作用が十分に弱い特別な場合に限られる．

エネルギーの平均値

確率分布が式(3.7)のように得られたから，熱平衡における系のエネルギーの平均値 $\bar{E}$ は次のようにして求めることができる．

$$\begin{aligned}\bar{E} &= \sum_n E_n P_n \\ &= \frac{1}{Z}\sum_n E_n e^{-E_n/k_\mathrm{B}T}\end{aligned} \tag{3.16}$$

ここで，$1/k_\mathrm{B}T=\beta$ とおくと

$$\begin{aligned}\bar{E} &= \frac{1}{Z}\sum_n E_n e^{-\beta E_n} = -\frac{1}{Z}\frac{d}{d\beta}\sum_n e^{-\beta E_n} \\ &= -\frac{1}{Z}\frac{dZ}{d\beta}\end{aligned}$$

すなわち，

$$\bar{E} = -\frac{d}{d\beta}\log Z \tag{3.17}$$

あるいは，温度 T に書きなおして次式が得られる．

$$\bar{E} = k_\mathrm{B}T^2\frac{d}{dT}\log Z \tag{3.18}$$

このように，分配関数を温度の関数として求めることができれば，それからエネルギーの平均値を計算することもできる．

3-2 エネルギーのゆらぎ

温度 T の熱浴に接して熱平衡状態にある系の平均エネルギーは，式(3.18)により与えられることが分かった．しかし，系と熱浴の間ではエネルギーの出入りがあるから，系のエネルギーは絶えず変化している．エネルギーのゆらぎはどのように起きているだろうか．

熱浴に接した系のエネルギー分布

系がエネルギー E のひとつの量子状態にある確率は，式(3.7)で $E_n=E$ とおいて与えられる．したがって，エネルギーが E の量子状態の数を $W(E)$ とすれば，系がエネルギー E をもつ確率，すなわち $W(E)$ 個の量子状態のどれかにある確率は

$$P(E) = \frac{1}{Z} W(E) e^{-E/k_{\mathrm{B}}T} \tag{3.19}$$

である．エントロピー $S(E)=k_{\mathrm{B}}\log W(E)$ を用いると，

$$P(E) = \frac{1}{Z} \exp\left[-\frac{1}{k_{\mathrm{B}}T}\left\{E - TS(E)\right\}\right] \tag{3.20}$$

と表わされる．

エネルギーがゆらいでいる中で，実現確率が最大となるエネルギーは，式(3.20)の｛　｝の中を最小にすることで得られる．すなわち，

$$\frac{d}{dE}\{E - TS(E)\} = 0$$

より，

$$\frac{dS(E)}{dE} \equiv \frac{1}{T(E)} = \frac{1}{T} \tag{3.21}$$

ここで，T は熱浴の温度として導入されたものであった．式(3.21)は，式(1.44)で定義される系の温度が熱浴の温度 T に等しい，というものである．

さて，式(3.21)によって定まるエネルギーを E_0 としよう．そして $E=E_0+\epsilon$ とおき，式(3.20)の｛　｝の中を ϵ で展開すると，ϵ の2次までで

$$E - TS(E) = E_0 - TS(E_0) - \frac{1}{2}T\left(\frac{d^2S}{dE^2}\right)_0 \epsilon^2$$

となる．添字の0は$E=E_0$における値をとることを示す．条件(3.21)により，ϵの1次の項は現われない．ここで，

$$\left(\frac{d^2S}{dE^2}\right)_0 = \left(\frac{d}{dE}\frac{1}{T(E)}\right)_0 = -\left(\frac{1}{T(E)^2}\frac{dT(E)}{dE}\right)_0 = -\frac{1}{T^2}\left(\frac{dE}{dT}\right)_0^{-1}$$

であり，$C=dE/dT$ は系の比熱だから

$$E - TS(E) \cong E_0 - TS(E_0) + \frac{\epsilon^2}{2TC} \tag{3.22}$$

となる．これを式(3.20)に代入して，エネルギー分布の確率として

$$P(E) \propto \exp\left(-\frac{\epsilon^2}{2k_B T^2 C}\right) \tag{3.23}$$

が得られる．

エネルギーのゆらぎ

式(3.23)から，エネルギーのゆらぎ，すなわちエネルギー分布の広がりを与える量として，ϵの2乗平均を求めると，積分公式(A.2)，(A.3)を使って

$$\begin{aligned}\overline{\epsilon^2} &= \frac{\int_{-\infty}^{\infty}\epsilon^2 \exp(-\epsilon^2/2k_B T^2 C)d\epsilon}{\int_{-\infty}^{\infty}\exp(-\epsilon^2/2k_B T^2 C)d\epsilon} \\ &= k_B T^2 C\end{aligned} \tag{3.24}$$

となる．TCはおよそEのオーダーと考えられる*．エネルギーEは粒子数Nに比例する量，$k_B T$は1粒子当りのエネルギーのオーダーだから，

$$\frac{\sqrt{\overline{\epsilon^2}}}{E} = O\left(\sqrt{\frac{k_B T}{E}}\right) = O\left(\frac{1}{\sqrt{N}}\right) \ll 1 \tag{3.25}$$

である．このように，マクロな系ではエネルギーのゆらぎは小さい．

上の議論で，E_0はエネルギーの確率分布が最大になるエネルギーとして，式(3.21)によって定まるとした．しかし，確率は式(3.23)により与えられる

---

* $E=AT^\alpha$ とすれば，$TC=\alpha AT^\alpha=\alpha E$．

から，これが平均値 $\bar{E}$ に一致することは明らかであろう．

平均値からのゆらぎは，次のようにして直接求めることもできる．$E-\bar{E}=\epsilon$ とおけば，

$$\overline{\epsilon^2} = \overline{(E-\bar{E})^2} = \overline{E^2-2E\bar{E}+\bar{E}^2}$$
$$= \overline{E^2}-\bar{E}^2$$

カノニカル分布の式(3.7)により，$1/k_{\mathrm{B}}T=\beta$ とおいて

$$\bar{E} = \frac{\sum_n E_n e^{-\beta E_n}}{\sum_n e^{-\beta E_n}}, \qquad \overline{E^2} = \frac{\sum_n {E_n}^2 e^{-\beta E_n}}{\sum_n e^{-\beta E_n}}$$

ここで $d\bar{E}/d\beta$ を計算すると

$$\frac{d\bar{E}}{d\beta} = \frac{-\sum_n {E_n}^2 e^{-\beta E_n} \sum_n e^{-\beta E_n} + (\sum_n E_n e^{-\beta E_n})^2}{(\sum_n e^{-\beta E_n})^2}$$
$$= -\overline{E^2}+\bar{E}^2$$

これより

$$\overline{\epsilon^2} = -\frac{d\bar{E}}{d\beta} = k_{\mathrm{B}}T^2\frac{d\bar{E}}{dT} \tag{3.26}$$

となり，結果は式(3.24)と一致する．

比熱の不等式

ゆらぎ $\overline{\epsilon^2}$ は，定義から明らかなように，正でなければならない．したがって，式(3.24)は比熱 C に対して

$$C > 0 \tag{3.27}$$

の条件を課していることになる．式(3.23)の確率分布を見ると分かるように，C が負であれば $E=E_0\,(\epsilon=0)$ の点は確率が最小となる．また，比熱が負であったとすれば，熱が入ると温度が下がり，ますます熱が流れこむようになるわけで，このような系が安定な熱平衡状態になりえないことは明らかだろう．このように，系の安定性から成り立つことが要請される不等式を**熱力学不等式**(inequality in thermodynamics)という．

このように，マクロな系ではカノニカル分布でもエネルギーのゆらぎは小さい．そこで，実際にはエネルギーが一定の閉じた系でも，熱平衡における平

均値を問題にする限りでは，温度 T のカノニカル分布をしているとみなして扱うことができる．温度は式(3.21)の条件によりエネルギーから決めればよい．こうすることで，より扱いやすいカノニカル分布による計算が可能になるのである．

3-3 自由エネルギー

熱浴と接して温度が一定に保たれている系の性質をマクロな立場から論じるとき，鍵になる役割をもつ状態量が自由エネルギーである．

分配関数と自由エネルギー

分配関数からエネルギーを求める式(3.18)を見ると，分配関数 Z よりその対数 $\log Z$ が物理量の計算に便利であることがわかる．そこで，

$$F(T) = -k_{\mathrm{B}}T\log Z(T) \tag{3.28}$$

という量を導入し，これを**自由エネルギー**(free energy)，または後に出るギブスの自由エネルギーと区別して，**ヘルムホルツの自由エネルギー**(Helmholtz free energy)という．式(3.8)により Z は温度 T の関数として得られるから，ここでは T を変数としてあらわに示した．

ここで，エネルギーを微小な幅 $\varDelta E$ の領域に区切り，エネルギーが E～$E+\varDelta E$ の領域にある量子状態の数を $W(E)$ とすれば，式(3.20)を求めたときと同様にして，分配関数は

$$\begin{aligned} Z(T) &= \sum_E W(E)e^{-E/k_{\mathrm{B}}T} \\ &= \sum_E \exp\left[-\frac{1}{k_{\mathrm{B}}T}\{E-TS(E)\}\right] \end{aligned} \tag{3.29}$$

と表わされる．ただし，$\sum_E$ はすべての領域についての和を表わし，$S(E)$ は系のエントロピー

$$S(E) = k_{\mathrm{B}}\log W(E) \tag{3.30}$$

である．

前節で見たように，マクロな系ではエネルギーのゆらぎが非常に小さい．これは式(3.29)でいうと，和の中で最大値をとる項からの寄与が圧倒的に大

きいことを意味する．式(3.22)より，

$$\exp\left[-\frac{1}{k_B T}\{E-TS(E)\}\right]$$
$$\cong \exp\left[-\frac{1}{k_B T}\{E_0-TS(E_0)\}\right]\exp\left(-\frac{\epsilon^2}{2k_B T^2 C}\right)$$

であるから，ここで，式(3.21)によって定まる E_0 をあらためて E とおき，和を積分になおして

$$Z(T) = \exp\left[-\frac{1}{k_B T}\{E-TS(E)\}\right]\int_{-\infty}^{\infty}\exp\left(-\frac{\epsilon^2}{2k_B T^2 C}\right)\frac{d\epsilon}{\Delta E}$$
$$= \frac{(2\pi k_B T^2 C)^{1/2}}{\Delta E}\exp\left[-\frac{1}{k_B T}\{E-TS(E)\}\right] \tag{3.31}$$

が得られる．したがって，自由エネルギーは

$$F = E-TS-k_B T\log\frac{(2\pi k_B T^2 C)^{1/2}}{\Delta E} \tag{3.32}$$

となる．最初の2項は粒子数 N に比例するマクロな量であるのに対し，第3項は $\log N$ のオーダーにすぎないから無視してよい．すなわち，自由エネルギーの表式として

$$F = E-TS \tag{3.33}$$

が得られる．E は式(3.21)によって定まる系の平均エネルギーであり，S はそのエネルギーにおけるエントロピーである．

自由エネルギーと温度，圧力

系の(平均)エネルギー E は式(3.18)により求めることができる．自由エネルギー F を使って表わすと，

$$E = -T^2\frac{d}{dT}\left(\frac{F}{T}\right) \tag{3.34}$$

また，エントロピーは式(3.33)により

$$S = \frac{E-F}{T} = -\frac{dF}{dT} \tag{3.35}$$

となる．エントロピーは正の量だから，この関係は自由エネルギーが温度の

減少関数であることを示している．

これらの関係式では，体積などの温度以外のパラメーターはすべて一定であるとした．気体，液体などの等方的な系を考え，その体積が変化する場合を考えよう．体積 V が変わると量子状態のエネルギー E_n も変化する．V が微小量 ΔV だけ増したとき，E_n が ΔE_n だけ増したとすれば*,

$$\Delta E_n = \frac{dE_n}{dV}\Delta V$$

このエネルギー変化は，系に量子状態の遷移が起きないように，ゆっくり(断熱的に)体積を変えたとき，外部がその系に対してなした仕事によって生じたと考えられる．したがって，

$$p_n = -\frac{dE_n}{dV} \tag{3.36}$$

は，系が量子状態 n にあるときの「圧力」を表わすとしてよい．マクロに測定される圧力は，これを系のとる量子状態について平均したものである．すなわち，式(3.7)により，

$$\begin{aligned} p &= \frac{1}{Z}\sum_n\left(-\frac{dE_n}{dV}\right)e^{-E_n/k_\mathrm{B}T} \\ &= \frac{k_\mathrm{B}T}{Z}\frac{d}{dV}\sum_n e^{-E_n/k_\mathrm{B}T} \\ &= k_\mathrm{B}T\frac{d}{dV}\log Z \end{aligned}$$

自由エネルギーを用いて表わすと，

$$p = -\frac{dF}{dV} \tag{3.37}$$

となる．

自由エネルギーが温度 T，体積 V の関数として $F=F(T, V)$ と求められたとすれば，これからエントロピー S と圧力 p が

---

* 通常，体積が増せば量子状態のエネルギーは減少し，$dE_n/dV<0$ である．例えば，長さ L の領域に閉じこめられた粒子の場合(2-1 節)，式(2.13)により，エネルギーは L^{-2} に比例する．

$$S = -\left(\frac{\partial F}{\partial T}\right)_V, \quad p = -\left(\frac{\partial F}{\partial V}\right)_T \tag{3.38}$$

により得られることが分かった．添字は式(2.75)と同様に，一定に保つもう1つの変数を示す．これより，温度，体積がそれぞれ微小量 dT, dV だけ変化するとき，自由エネルギーに生じる微小変化 dF の全微分式として

$$\begin{aligned} dF &= \left(\frac{\partial F}{\partial T}\right)_V dT + \left(\frac{\partial F}{\partial V}\right)_T dV \\ &= -SdT - pdV \end{aligned} \tag{3.39}$$

が導かれる．

この関係は，式(2.81)を導いたときと同様に，式(3.33)から直接導くこともできる．すなわち，微小変化について

$$dF = dE - d(TS)$$

であり，dE は式(2.73)，$d(TS)$ は

$$\begin{aligned} d(TS) &= (T+dT)(S+dS) - TS \\ &= TdS + SdT \end{aligned}$$

となるから，これを上式に代入して式(3.39)が得られる．

弱く結合した部分系の集りの自由エネルギー

3-1節で，系が弱く相互作用しているいくつかの部分系からなるとき，全系の分配関数は部分系の分配関数の積で表わされることを知った(式(3.12))．このとき

$$\log Z = \log Z_a + \log Z_b + \log Z_c + \cdots$$

であるから，自由エネルギーは

$$F = F_a + F_b + F_c + \cdots \tag{3.40}$$

のように，各部分系の自由エネルギー

$$F_a = -k_B T \log Z_a, \quad F_b = -k_B T \log Z_b, \quad \cdots \tag{3.41}$$

の和になる．

部分系 a, b, c, … がマクロな系のときは，「カノニカル分布の成り立つ条件」の項(71ページ)で述べたと同じ理由で，部分系の間の相互作用のエネルギーは無視できるから，式(3.40)の関係はつねに成り立つ．部分系がミク

ロな場合も，相互作用が弱く無視できるときは，成り立つと考えられる．

振動子系では，1振動子の分配関数 z がエネルギーの式(2. 93)より

$$z = \sum_{n=0}^{\infty} \exp\left[-\frac{\hbar\omega}{k_{\mathrm{B}}T}\left(n+\frac{1}{2}\right)\right] = \frac{e^{-\hbar\omega/2k_{\mathrm{B}}T}}{1-e^{-\hbar\omega/k_{\mathrm{B}}T}} \tag{3.42}$$

となるから，1振動子の自由エネルギー ϕ は

$$\phi = -k_{\mathrm{B}}T \log z = \frac{1}{2}\hbar\omega + k_{\mathrm{B}}T \log(1-e^{-\hbar\omega/k_{\mathrm{B}}T}) \tag{3.43}$$

となる．したがって，同じ固有振動数をもつ N 個の振動子の系の自由エネルギーは

$$F = N\left[\frac{1}{2}\hbar\omega + k_{\mathrm{B}}T \log(1-e^{-\hbar\omega/k_{\mathrm{B}}T})\right] \tag{3.44}$$

である．振動子がそれぞれ異なる固有振動数をもつ振動子系の自由エネルギーも式(3. 40)，(3. 43)から求めることができて，i 番目の振動子の固有振動数を ω_i とすれば

$$F = \sum_i \left[\frac{1}{2}\hbar\omega_i + k_{\mathrm{B}}T \log(1-e^{-\hbar\omega_i/k_{\mathrm{B}}T})\right] \tag{3.45}$$

振動子系のエネルギーは式(3. 34)を用いて計算できる．固有振動数がすべて同じときは，式(3. 44)から

$$E = N\left(\frac{1}{2}\hbar\omega + \frac{\hbar\omega}{e^{\hbar\omega/k_{\mathrm{B}}T}-1}\right) \tag{3.46}$$

となり，前に得た式(2. 95)に一致する．固有振動数が異なる場合は式(3. 45)から

$$E = \sum_i \left(\frac{1}{2}\hbar\omega_i + \frac{\hbar\omega_i}{e^{\hbar\omega_i/k_{\mathrm{B}}T}-1}\right) \tag{3.47}$$

となる．

理想気体の自由エネルギーは，式(3. 33)とエネルギーの式(2. 31)，エント

ロピーの式(2.57)により

$$F = -Nk_{\mathrm{B}}T\left\{\frac{3}{2}\log\left(\frac{mk_{\mathrm{B}}T}{2\pi\hbar^2}\right)+\log\left(\frac{V}{N}\right)+1\right\} \tag{3.48}$$

と得られる．理想気体では，エネルギーは各分子のエネルギーの和になるが，分子が区別できないことから，自由エネルギーは単純に $F=N\phi(T, V)$ の形には表わされない．

問 3-1 振動子系の自由エネルギー(3.45)から，式(3.34)の関係によりエネルギーの式(3.47)を導け．

問 3-2 理想気体の自由エネルギー(3.48)から，式(3.38)の関係により理想気体の状態方程式を導け．

3-4 自由エネルギーの最小原理

エネルギーが一定に保たれている孤立系の熱平衡状態を求めるとき，まず部分平衡状態のエントロピーを求め，そのエントロピーを最大にする状態として真の熱平衡状態を定める，という手法がとられる．外部と接触し温度が定まっている系では，熱平衡状態はどのようにして求めればよいだろうか．

部分平衡の自由エネルギー

系が部分平衡にある場合として，たとえば化学反応する物質の混合気体がある(24 ページ)．この例では，気体の成分比が部分平衡の状態を表わすマクロなパラメーターになっている．

このような，部分平衡を定めるパラメーターを，まとめて x と書こう．ここで，系のとる量子状態 n をパラメーターの値によって分類したとすると，パラメーターの値が $x=x_1$ となる確率 $P(x_1)$ は

$$P(x_1) = \sum_{n(x=x_1)} P_n \tag{3.49}$$

と与えられる．和はパラメーターの値が x_1 となる量子状態についてとる．式(3.7)により

$$P(x_1) = \frac{1}{Z} \sum_{n(x=x_1)} e^{-E_n/k_{\rm B}T}$$
$$= \frac{Z(x_1)}{Z} \tag{3.50}$$

ただし,

$$Z(x_1) = \sum_{n(x=x_1)} e^{-E_n/k_{\rm B}T} \tag{3.51}$$

である.ここで,部分平衡状態の自由エネルギー

$$F(x) = -k_{\rm B}T \log Z(x) \tag{3.52}$$

を導入しよう.真の平衡状態は確率 $P(x)$ が最大の状態として定まる.式(3.50),(3.52)から分かるように,それは自由エネルギー $F(x)$ を最小にする状態である.すなわち,熱平衡を定めるには,まず部分平衡における自由エネルギーを求め,それを最小にすればよい.

表面吸着

この手法を用いる例として,表面吸着の問題を考えよう.固体が気体と接していて,固体の表面には気体分子が吸着する場所(吸着中心)が M 個存在するとする.各中心には分子が1個だけ吸着することができ,吸着した分子のエネルギーは気体中より ϵ だけ低くなる.ここに分子が n 個吸着したとすれば,M 個の中心から分子の吸着する中心 n 個を選び出す組合せの数として

$$W = \binom{M}{n} = \frac{M!}{n!(M-n)!}$$

が得られる.したがって,吸着分子の配置にかかわるエントロピーは

$$S = k_{\rm B} \log W$$
$$= -Mk_{\rm B}\left\{\frac{n}{M}\log\left(\frac{n}{M}\right)+\left(1-\frac{n}{M}\right)\log\left(1-\frac{n}{M}\right)\right\}$$

となる.また,エネルギーは

$$E = -n\epsilon$$

だから,吸着分子の自由エネルギーは

$$
\begin{aligned}
F_{\mathrm{a}} &= E-TS \\
&= -n\epsilon+Mk_{\mathrm{B}}T\left\{\frac{n}{M}\log\left(\frac{n}{M}\right)+\left(1-\frac{n}{M}\right)\log\left(1-\frac{n}{M}\right)\right\} \qquad (3.53)
\end{aligned}
$$

となる．

気体は理想気体とすれば，その自由エネルギーは式(3.48)により与えられる．全分子数を N とすれば，そのうち n 個は吸着しているので，気体として残っている分子は $N-n$ 個である．したがって，この系全体の自由エネルギーは

$$
\begin{aligned}
F = &-n\epsilon+Mk_{\mathrm{B}}T\left\{\frac{n}{M}\log\left(\frac{n}{M}\right)+\left(1-\frac{n}{M}\right)\log\left(1-\frac{n}{M}\right)\right\} \\
&-(N-n)k_{\mathrm{B}}T\left\{\frac{3}{2}\log\left(\frac{mk_{\mathrm{B}}T}{2\pi\hbar^2}\right)+\log\left(\frac{V}{N-n}\right)+1\right\} \qquad (3.54)
\end{aligned}
$$

となる．これが吸着分子数が n の部分平衡状態における自由エネルギーである．

熱平衡における吸着分子数を求めるには，式(3.54)の自由エネルギーを n について最小にすればよい．それは

$$
\begin{aligned}
\frac{dF}{dn} &= -\epsilon+k_{\mathrm{B}}T\left\{\log\left(\frac{n}{M}\right)-\log\left(1-\frac{n}{M}\right)\right\} \\
&\quad +k_{\mathrm{B}}T\left\{\frac{3}{2}\log\left(\frac{mk_{\mathrm{B}}T}{2\pi\hbar^2}\right)+\log\left(\frac{V}{N-n}\right)\right\} \\
&= 0
\end{aligned}
$$

より

$$
\frac{n/M}{(1-n/M)(1-n/N)} = \frac{N}{V}\left(\frac{2\pi\hbar^2}{mk_{\mathrm{B}}T}\right)^{3/2} e^{\epsilon/k_{\mathrm{B}}T}
$$

とくに，$M \ll N$ のときは

$$
\frac{n}{M} = \left[\frac{V}{N}\left(\frac{mk_{\mathrm{B}}T}{2\pi\hbar^2}\right)^{3/2} e^{-\epsilon/k_{\mathrm{B}}T}+1\right]^{-1} \qquad (3.55)
$$

となる．

エネルギーとエントロピーの競合

自由エネルギーの式

$$F = E - TS$$

を見ればわかるように，自由エネルギー F を小さくするには，エネルギー E を小さくし，エントロピー S を大きくすればよい．しかし，$dS/dE = 1/T > 0$ であって，エネルギーを小さくすればエントロピーも小さくなるから，この 2 つの要請は相反する．どちらが重要かは温度 T によるわけで，おおまかにいえば，低温ではエネルギーを小さくするように，高温ではエントロピーを大きくするように熱平衡が決まることになる．

吸着の例では，式(3.55)によると，$k_B T \ll \epsilon$ の低温では $e^{-\epsilon/k_B T} \ll 1$ であり，$n/M \cong 1$，すなわちエネルギーを低くするように，できるだけ多くの分子が吸着する．これに対し，$k_B T \gg \epsilon$ の高温では $e^{-\epsilon/k_B T} \cong 1$ であり，前の因子が効いて吸着分子は減少する．これは，分子が気体として広く動きまわっている方がエントロピーが大きいためである．

問 3-3 式(3.55)によると，気体の体積が増すと吸着分子数が減少する．このことを説明せよ．

3-5 ギブスの自由エネルギー

これまでのカノニカル分布の議論では，体積などのパラメーターは一定に保たれているとした．しかし，私たちが実際に目にする物体は，多くの場合，空気中で一定の大気圧のもとにおかれている．このような系では圧力は一定だが，体積は一定に保たれていない．

温度，圧力が一定の系の統計分布

圧力一定の条件下におかれた系を扱うには，2-4 節で論じたように，系はピストンつきの容器に入っていて，外部から一定の力が加わっているとすればよい．容器が温度一定の熱浴につかっているとすれば，この系ではエネルギーも体積も一定に保たれず，ゆらいでいる(図 3-3)．

体積が変化すると，量子状態のエネルギーも変化する．体積が V のとき

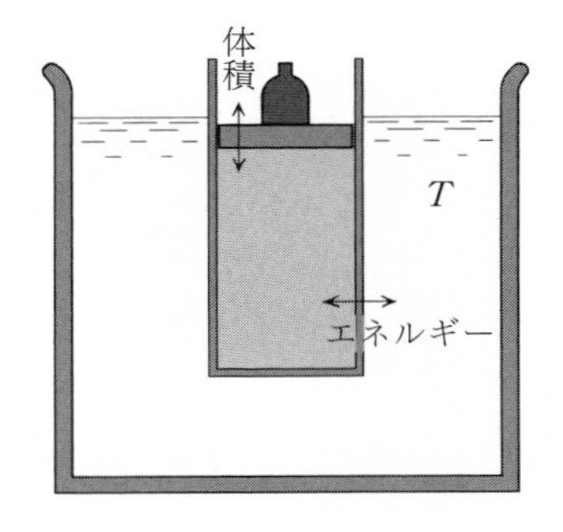

図 3-3 温度，圧力が一定に保たれている系

の量子状態 n のエネルギーを $E_n(V)$ としよう．おもりを含めた系のエネルギーは，これにおもりの位置エネルギー pV を加えて $E_n(V)+pV$ であるから，注目する系が体積 V で量子状態 n にある確率 $P_n(V)$ は，

$$P_n(V) \propto \exp\left[-\frac{1}{k_B T}\{E_n(V)+pV\}\right] \tag{3.56}$$

となる．したがって，系が体積 V をもつ確率 $P(V)$ は，n について和をとり，

$$P(V) \propto Z(V)e^{-pV/k_B T} \tag{3.57}$$

$$Z(V) = \sum_n e^{-E_n(V)/k_B T} \tag{3.58}$$

となる．ここに，$Z(V)$ は系が体積 V をもつときの分配関数である．さらに，体積 V における自由エネルギーを

$$F(V) = -k_B T \log Z(V) \tag{3.59}$$

によって導入すれば，

$$P(V) \propto \exp\left[-\frac{1}{k_B T}\{F(V)+pV\}\right] \tag{3.60}$$

である．

式(3.60)から分かるように，体積 V がゆらいでいる中で，実現確率が最大の体積は $F(V)+pV$ を最小にするものとして求めることができる．すなわち，

$$\frac{\partial}{\partial V}[F(V)+pV] = \frac{\partial F}{\partial V}+p = 0$$

から

$$-\left(\frac{\partial F}{\partial V}\right)_T = p \tag{3.61}$$

左辺は式(3.37)により系の圧力を表わしているから，式(3.61)は系の圧力がおもりにより加わっている外圧とつり合うという条件にほかならない．

式(3.61)により定まる実現確率最大の体積をあらためて V とし，ゆらいでいる体積を $\tilde{V}=V+v$ とおく．$F(\tilde{V})+p\tilde{V}$ を v について展開すると，式(3.61)により v の1次の項は消えて

$$F(V+v)+p(V+v) \cong F(V)+pV+\frac{1}{2}\left(\frac{\partial^2 F}{\partial V^2}\right)_T v^2$$

となる．式(3.60)により，ゆらぎ v の実現する確率 $P(v)$ は

$$P(v) \propto \exp\left(-\frac{v^2}{2k_B T\kappa_T V}\right) \tag{3.62}$$

ただし，

$$\kappa_T = -\frac{1}{V}\left(\frac{\partial V}{\partial p}\right)_T \tag{3.63}$$

とおいた．κ_T は温度を一定に保って圧力を増したとき体積が減少する割合，すなわち**等温圧縮率**(isothermal compressibility)である．

式(3.63)から，エネルギーのゆらぎの式(3.24)を得たときと同様にして，体積のゆらぎが

$$\overline{v^2} = k_B T\kappa_T V \tag{3.64}$$

と得られる．理想気体では，$pV=Nk_B T$ より

$$\kappa_T = \frac{1}{p} \tag{3.65}$$

となるから，体積のゆらぎは

$$\frac{\sqrt{\overline{v^2}}}{V} = \frac{1}{\sqrt{N}} \tag{3.66}$$

となり，マクロな系では非常に小さい．理想気体でなくても，大きさのオーダーは変わらない．

式(3.64)からは，左辺が正の量であることから，

$$\kappa_T > 0 \tag{3.67}$$

となることもわかる．これも比熱についての不等式(3.27)と同様の熱力学不等式のひとつである，$\kappa_T<0$ であれば，ゆらぎにより体積が減少すると圧力が減り，外力とのつり合いがくずれて体積がさらに減少することになる．このような系は安定に存在しえない．

ギブスの自由エネルギー

マクロな系では体積のゆらぎが小さいので，系の体積はマクロには式(3.61)によって定まる値をとるとしてよい．ここで，

$$G = F + pV \tag{3.68}$$

という量を導入しよう．G を**ギブスの自由エネルギー**(Gibbs free energy)という．いま，系は温度 T，圧力 p が一定という条件のもとにおかれているとした．この T と p がそれぞれ微小量 dT, dp だけ変化したときのギブスの自由エネルギー G の変化を dG とすれば，式(3.39)と $d(pV)=pdV+Vdp$ の関係から

$$\begin{aligned} dG &= dF + d(pV) \\ &= -SdT + Vdp \end{aligned} \tag{3.69}$$

となる．一方，G が T, p の関数として $G=G(T, p)$ と与えられたとすれば，式(3.39)と同様に

$$G = \left(\frac{\partial G}{\partial T}\right)_p dT + \left(\frac{\partial G}{\partial p}\right)_T dp \tag{3.70}$$

だから，

$$S = -\left(\frac{\partial G}{\partial T}\right)_p, \qquad V = \left(\frac{\partial G}{\partial p}\right)_T \tag{3.71}$$

の関係がある．

温度，圧力が一定という条件のもとで実現する熱平衡状態を求めるときは，ギブスの自由エネルギーを用いるのが有効である．あるパラメーター x，化学平衡の例でいえば分子数について熱平衡を求める場合，x が定まった値をもつ部分平衡状態についてギブスの自由エネルギー $G(T, p; x)$ が求

まったとしよう．このとき，パラメーターが x という値をとる確率は，

$$P(x) \propto \exp\left[-\frac{1}{k_{\mathrm{B}}T}G(T,p;x)\right] \tag{3.72}$$

である．したがって，熱平衡，すなわち実現確率最大の x は

$$G(T,p;x) = \text{最小} \tag{3.73}$$

により得られる．

問 3-4 理想気体のギブスの自由エネルギーが次式で与えられることを示せ．

$$G(T,p) = -Nk_{\mathrm{B}}T\log\left[\left(\frac{mk_{\mathrm{B}}T}{2\pi\hbar^2}\right)^{3/2}\frac{k_{\mathrm{B}}T}{p}\right] \tag{3.74}$$

3-6 熱力学の諸関係

これまで，熱平衡にある系の性質を調べるために，いろいろな量を導入した．それをここでまとめておこう．

内部エネルギー

私たちの対象は物質じたいの性質であるから，取り扱う物体はマクロには静止していると考えている．したがって，エネルギー E は物体を構成するミクロな粒子のエネルギーであって，物体全体のマクロな力学的エネルギーは含んでいない．このような意味で，熱力学では E を**内部エネルギー**(internal energy)という*．以下，等方的な気体や液体(まとめて流体という)について考える．

エネルギー E がエントロピー S と体積 V の関数として，$E=E(S, V)$ と与えられたとすれば，S, V の微小変化 dS, dV に伴う E の微小変化 dE は

* 本書では E を引き続き単にエネルギーとよぶことにする．なお，物体の変形や体積変化に伴う弾性エネルギーはマクロなエネルギーであるが，原子・分子の相互作用に由来するものであって，E に含まれる．

$$dE = \left(\frac{\partial E}{\partial S}\right)_V dS + \left(\frac{\partial E}{\partial V}\right)_S dV$$
$$= TdS - pdV \qquad (3.75)$$

であり，

$$T = \left(\frac{\partial E}{\partial S}\right)_V, \quad p = -\left(\frac{\partial E}{\partial V}\right)_S \qquad (3.76)$$

の関係がある．

その他の熱力学関数

同様に，エンタルピー H，自由エネルギー F，ギブスの自由エネルギー G についても，全微分式として次の関係が成り立つ．

$$H = E + pV = H(S, p) \qquad (3.77)$$

$$dH = TdS + Vdp \qquad (3.78)$$

$$T = \left(\frac{\partial H}{\partial S}\right)_p, \quad V = \left(\frac{\partial H}{\partial p}\right)_S \qquad (3.79)$$

$$F = E - TS = F(T, V) \qquad (3.80)$$

$$dF = -SdT - pdV \qquad (3.81)$$

$$S = -\left(\frac{\partial F}{\partial T}\right)_V, \quad p = -\left(\frac{\partial F}{\partial V}\right)_T \qquad (3.82)$$

$$G = F + pV = G(T, p) \qquad (3.83)$$

$$dG = -SdT + Vdp \qquad (3.84)$$

$$S = -\left(\frac{\partial G}{\partial T}\right)_p, \quad V = \left(\frac{\partial G}{\partial p}\right)_T \qquad (3.85)$$

流体では，2 つの変数，例えば温度 T と体積 V が決まれば，圧力 p などの他の変数はその関数として定まる．一般に，物質のマクロな状態を定める変数の間の関係式を**状態方程式**(equation of state)という．状態方程式は物質の種類によって異なり，理想気体については，T, V, p の関係式として式(2.77)，E, S, V 間の関係式として式(2.30)などを得ている．したがって，原理的にいえば，変数は状態方程式によって変換できるから，物質のマクロな状態を定める 2 変数として何を選んでもよい．しかし，実際上は断熱(熱の出入りがない)，等温，定積，定圧などの条件ごとに，外部から与えられた量を変数として選ぶのが最も適切である．上の諸関係は，その変数の組ごとにどの熱力学関数を選べばよいかを示している．

マクスウェルの関係

一般に，2 変数の関数

$$u = u(x, y)$$

があるとき，関数が微分可能な滑らかな関数であれば，微分の順序を入れかえることができて，

$$\frac{\partial^2 u}{\partial x \partial y} = \frac{\partial^2 u}{\partial y \partial x}$$

である．関数 $E = E(S, V)$ にこの関係を用いると，式(3.76)より

$$\frac{\partial^2 E}{\partial V \partial S} = \left(\frac{\partial T}{\partial V}\right)_S, \quad \frac{\partial^2 E}{\partial S \partial V} = -\left(\frac{\partial p}{\partial S}\right)_V$$

であるから，

$$\left(\frac{\partial T}{\partial V}\right)_S = -\left(\frac{\partial p}{\partial S}\right)_V \tag{3.86}$$

が成り立つことがわかる．同様にして，式(3.79)，(3.82)，(3.85)から

$$\left(\frac{\partial T}{\partial p}\right)_S = \left(\frac{\partial V}{\partial S}\right)_p \tag{3.87}$$

$$\left(\frac{\partial S}{\partial V}\right)_T = \left(\frac{\partial p}{\partial T}\right)_V \tag{3.88}$$

$$\left(\frac{\partial S}{\partial p}\right)_T = -\left(\frac{\partial V}{\partial T}\right)_p \tag{3.89}$$

を導くことができる．これらの関係は物質の種類によらず，すなわち状態方程式の具体的な形とは無関係に，一般的に成り立つものである．これらの関係を総称して**マクスウェルの関係**(Maxwell relations)という．

熱力学的関係

これらの関係から，種々の物理量の間に成り立つ一般的な関係を導くことができる．式(3.75)ではエネルギー E をエントロピー S，体積 V の関数とし

た．ここで S が温度 T と V の関数として与えられるとすれば，E が T と V の関数として表わされることになる．そこで，温度を一定としたときのエネルギーの体積依存性，すなわち $(\partial E/\partial V)_T$ を求めると，$E=E(S(T, V), V)$ として

$$\left(\frac{\partial E}{\partial V}\right)_T = \left(\frac{\partial E}{\partial S}\right)_V \left(\frac{\partial S}{\partial V}\right)_T + \left(\frac{\partial E}{\partial V}\right)_S$$

ここで式(3.76), (3.88)を用いると，右辺の各項は圧力と温度で表わすことができて，

$$\left(\frac{\partial E}{\partial V}\right)_T = T\left(\frac{\partial p}{\partial T}\right)_V - p \tag{3.90}$$

の関係が得られる．右辺はすべて測定可能な量である．この関係式によって，直接には測定できない，エネルギーの体積依存性を知ることができる．

問 3-5 理想気体の状態方程式 $pV=Nk_BT$ より，理想気体では

$$\left(\frac{\partial E}{\partial V}\right)_T = 0$$

となることを示せ．

つぎに，比熱について考えてみよう．式(3.75)で TdS は系に加える熱を表わすから，これを δQ とおくと

$$\delta Q = dE + pdV$$

である．ここで，エネルギー E が温度 T，体積 V の関数として与えられたとすれば，

$$dE = \left(\frac{\partial E}{\partial T}\right)_V dT + \left(\frac{\partial E}{\partial V}\right)_T dV$$

であり，式(3.90)により

$$\delta Q = \left(\frac{\partial E}{\partial T}\right)_V dT + T\left(\frac{\partial p}{\partial T}\right)_V dV \tag{3.91}$$

となる．

定積比熱は，ここで $dV=0$ とおき，両辺を dT でわることにより，式(2.

87)が得られる．これに対し，定圧比熱は，式(3.91)を p=一定 のもとでの変化とみなして両辺を dT でわり，

$$C_p = \left(\frac{\partial E}{\partial T}\right)_V + T\left(\frac{\partial p}{\partial T}\right)_V\left(\frac{dV}{dT}\right)_{p=\text{一定}}$$

となる．したがって，

$$C_p - C_V = T\left(\frac{\partial p}{\partial T}\right)_V\left(\frac{\partial V}{\partial T}\right)_p \tag{3.92}$$

の関係が得られる．

体積 V を温度 T，圧力 p の関数とみると，微小な変化量の間の関係は，

$$dV = \left(\frac{\partial V}{\partial T}\right)_p dT + \left(\frac{\partial V}{\partial p}\right)_T dp$$

と書かれる．ここで V=一定 として $dV=0$ とおき，dp/dT の比をつくると，

$$\left(\frac{dp}{dT}\right)_{V=\text{一定}} = -\frac{(\partial V/\partial T)_p}{(\partial V/\partial p)_T}$$

となる．これは $(\partial p/\partial T)_V$ にほかならない．この式を式(3.92)に代入し，さらに，等温圧縮率 κ_T（式(3.63)）と体積膨張率

$$\alpha = \frac{1}{V}\left(\frac{\partial V}{\partial T}\right)_p \tag{3.93}$$

を用いて表わせば

$$C_p - C_V = \frac{\alpha^2 VT}{\kappa_T} \tag{3.94}$$

となる．$\kappa_T > 0$（式(3.67)）だから，右辺は正で，一般に $C_p > C_V$ となることがわかる．

問 3-6 理想気体では，

$$C_p - C_V = R \tag{3.95}$$

（R は 気体定数）となることを示せ．（これを**マイヤーの関係** (Mayer's relation) という．）

熱力学の法則

統計力学は，構成粒子のミクロな性質から出発して，物質のマクロな性質を明らかにすることを目的としている．しかし，この節の議論のように，マクロな物質の一般的な性質のみに注目する場合には，構成粒子のミクロな性質にまでさかのぼって考える必要はない．内部エネルギー，エントロピー，自由エネルギーなどの状態量を導入しさえすれば，それらの関数の一般的な性質として論じることができる．そのような方法が**熱力学**(thermodynamics)である．

熱力学の基礎となるものは，式(3.75)の関係である．この式は2つの内容を含んでいる．第1は外から加えた熱と仕事が内部エネルギーの増加になる，というエネルギーの保存則である．熱力学ではこれを**熱力学の第1法則**(the first law of thermodynamics)という．第2は，加える熱 δQ がエントロピー S の変化量 dS と温度によって，TdS と表わされるということである．すなわち

$$dS = \frac{\delta Q}{T} \tag{3.96}$$

エントロピーは力学にはない，マクロな物質の性質に固有な物理量である．本書では，統計力学の立場から，ミクロな量子状態の数の対数として定義した(式(1.33))が，その重要な性質は，不可逆な変化により増大するというものであった．熱力学では，熱のかかわる現象が不可逆であるという経験的な事実から出発し，式(3.96)の性質をもつ状態量としてエントロピー S と絶対温度 T を導入する．熱力学では，熱現象の不可逆性を，**熱力学の第2法則**(the second law of thermodynamics)という．熱力学は熱平衡状態の存在を大前提としているので，これを**熱力学の第0法則**(the zeroth law of thermodynamics)という．熱力学はこの3つの基本法則の上に構築された熱現象の一般論である．

熱力学の強みは，一般論であるために，個々の物質の性質と無関係に，一般的に適用できるところにある．例えば，熱力学の方法によって得られた式(3.94)の関係は，どのような物質でも成り立つ．しかし，個々の物質の性

質，例えばその状態方程式がどうで，比熱がどうなるかについては，何もいうことができない．それを知るには，統計力学により，物質のミクロな構造から出発して，例えば自由エネルギーを計算する必要がある．

第3章 演習問題

1. N 個の分子からなる1原子分子の理想気体が温度一定の熱平衡にあるとき，エネルギーのゆらぎについて次式が成り立つことを示せ．

$$\frac{\overline{(E-\overline{E})^2}}{\overline{E}^2}=\frac{2}{3N},\quad \frac{\overline{(E-\overline{E})^3}}{\overline{E}^3}=\frac{8}{9N^2}$$

ここで，$\overline{}$ は平均値を表わす．

2. 第2章演習問題6で扱った3準位系の自由エネルギー，エネルギーを温度の関数として求めよ．

3. 図のように，N 個の要素からなる鎖が1次元的に連なっている．要素の長さを a，鎖の両端の距離を l とし，鎖の関節は自由に折れ曲がるものとする．(ゴム弾性のモデル．)

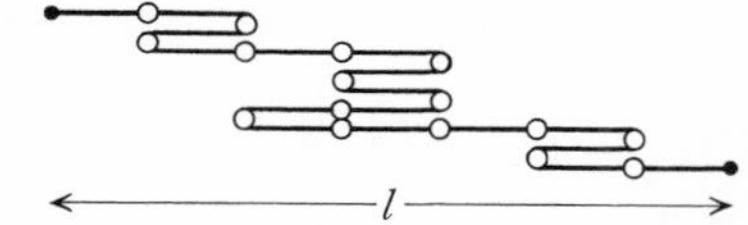

(1) 鎖のエントロピーを l の関数として求めよ．

(2) 鎖の長さ l を一定に保つためには，両端にどれだけの力を加えなければならないか．

4. 次の関係を証明せよ．

(1) $$\left(\frac{\partial H}{\partial p}\right)_T=-T\left(\frac{\partial V}{\partial T}\right)_p+V$$

(2) $$\left(\frac{\partial C_V}{\partial V}\right)_T=T\left(\frac{\partial^2 p}{\partial T^2}\right)_V,\quad \left(\frac{\partial C_p}{\partial p}\right)_T=-T\left(\frac{\partial^2 V}{\partial T^2}\right)_p$$

5. 気体が熱の出入りなしに自由膨張する過程は不可逆であることを示せ．

6. ゴム糸の張力 f を，長さ l を一定に保ち温度を変えて測定したところ，$f=AT$ (A は正で l によって決まる定数)の結果を得た．このゴム糸のエネルギーは温度だけの関数であり，エントロピーは長さ l とともに減少することを示せ．

Coffee Break

メゾスコピック系

メゾスコピック mesoscopic というよび名は，マクロ(macroscopic, 巨視的)とミクロ(microscopic, 微視的)の中間を表わす語として，最近使われだしたものだ．メゾは，メゾソプラノ，メソポタミア，メソン(meson, 中間子)などのメゾ(メソ)と同じで，中間を意味する．

原子・分子の世界がミクロで，私たちが日常見たり触れたりする物体がマクロな系だが，その間にはっきりした境界があるわけではない．小さな系と大きな系は，その両極端を比べれば性質の違いが歴然としている．しかし，その中間，たとえば原子が1000個集まった超微粒子がどちらに属するかは，見方によってくる．

だが，その中間領域がどちらとも異なる特別なものでない限り，こと新しく名前をつける必要はないはずだ．最近こういうよび名が使われ出したのは，それが特別なものだと分かってきたからである．計算機に使う集積回路は，計算機を小型にし，かつ計算速度を上げるために，年ごとに集積度が高められている．このため微細加工の技術が進歩し，幅 0.1 μm，長さ 1 μm といった小さな試料の作成が可能になり，同時にそのように小さな系の電気的な性質はどうなるか，という問題が新たに生じた．

直径 0.1 μm，長さ 1 μm という試料でも，原子の数は 10^{10} 個にもなるから，性質はマクロな系とあまり違わないだろう，と思われる．実際，こうした大きさの金属細線に電流を流す実験をすると，電流は電圧に比例し，マクロな系と同じようにオームの法則が成り立つ．ところが，電気抵抗の値をくわしく測ってみて，予想外のことが分かった．次ページの図は金パラジウム合金の細線(幅 0.04 μm，長さ 0.8 μm)の低温(0.1 K)の電気抵抗が磁場を加えたときにどう変化するかを見たもので，わずかながら非常に不規則な変化をする．同じ試料で実験すると，何度測っても同じ変化のパターンが見られるのだが，同じ物質で同じ大きさの試料をいくつか作って実験すると，試料ごとに異なる変化のパタ

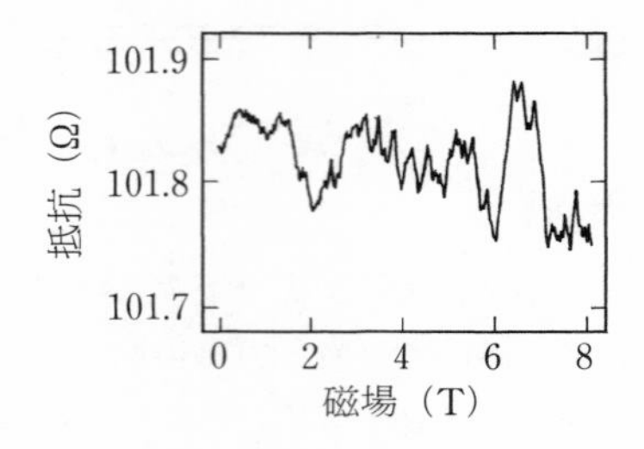

ーンを示す．

低温での金属の電気抵抗は，電子の流れが金属に含まれている不純物によって散乱されることにより生じる．含まれる不純物の量は同じでも，不純物が金属内にどう配置しているかは試料ごとに異なるはずだ．マクロな系では，その配置が異なっても，抵抗は平均の濃度だけで決まり，試料による違いはない．図の実験結果は，メゾスコピック系がマクロな系とは異なり，不純物配置の違いによってもその性質が変わることを示している．

メゾスコピック系は，この例のほかにもいろいろ独特な性質をもつことが分かってきており，ここに新しい研究領域が広がり始めている．

4 古典統計力学の近似

マクロな物質は原子・分子などのミクロな粒子が多数集まって構成されており，ミクロな粒子は量子力学に従って運動する．したがって，原理的にいえば，統計力学はこれまでの取扱いのように量子力学に基づいていなければならない．しかし，ミクロな粒子の運動でも，条件しだいでは古典力学に従うと考えてよい場合もある．そのような場合には，古典力学に基づく統計力学，**古典統計力学**(classical statistical mechanics)を近似として用いることができる．これによって，量子力学では解けない複雑な問題も扱うことができるようになる．

4-1 量子論と古典論

ミクロな粒子の運動は，原理的には量子力学に従うが，条件しだいでは古典力学に従うとしてよい．それはどんな場合かをまず考えてみよう．

古典力学と位相空間

古典力学では，粒子の運動状態は位置座標と運動量によって表わされ，それが時間とともにどのように変化するかを知れば，粒子の運動が完全に分かったことになる．3 次元空間を運動する 1 粒子の場合であれば，位置座標 $\boldsymbol{q}$ について 3 次元，運動量 $\boldsymbol{p}$ について 3 次元の合計 6 次元の $(\boldsymbol{p}, \boldsymbol{q})$ 空間の点が各瞬間の粒子の運動状態を示し，この点が描く軌道が粒子の運動を表わしている．この $(\boldsymbol{p}, \boldsymbol{q})$ 空間を**位相空間**(phase space)という．N 個の粒子系では，位置について $3N$ 次元，運動量について $3N$ 次元の，合計 $6N$ 次元の位相空間を考えなければならない．

運動方程式は，ハミルトン形式では

$$\dot{p}_i = -\frac{\partial H}{\partial q_i}, \quad \dot{q}_i = \frac{\partial H}{\partial p_i} \tag{4.1}$$

である．ただし，q_i は i 番目の位置座標，p_i はそれと共役な運動量，H はハミルトニアンで，粒子の力学的エネルギーを運動量と位置座標で表わしたものにほかならない．

1次元の調和振動子では，粒子の質量を m，固有振動数を ω とすると，$q=x$ とおいて

$$H = \frac{p^2}{2m} + \frac{1}{2}m\omega^2 x^2 \tag{4.2}$$

である．粒子の運動でエネルギーは保存されるから，$H=E$ (＝一定) より，軌道は (p, x) 空間に半径が

$$p_0 = \sqrt{2mE}, \quad x_0 = \sqrt{\frac{2E}{m\omega^2}} \tag{4.3}$$

の楕円を描く (図 4-1)．古典力学では，エネルギーは連続的にどのような値もとりうるから，楕円の大きさに制限はない．

長さ L の領域に閉じこめられた1次元の自由粒子は，$x=0$ と $x=L$ の間

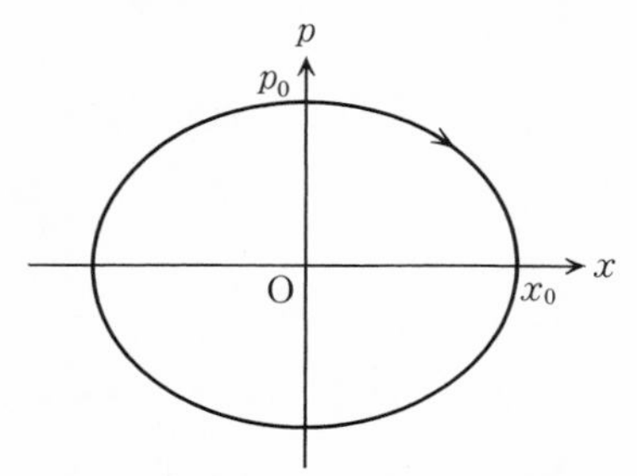

図 4-1 位相空間における振動子の軌道

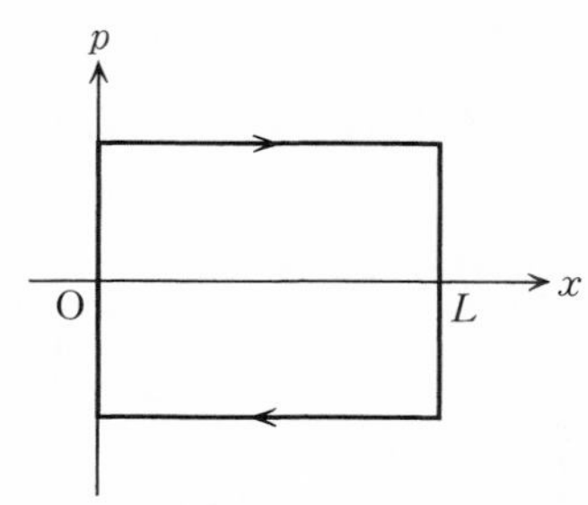

図 4-2 位相空間における $(0, L)$ の領域に閉じこめられた1次元粒子の軌道

を定まった大きさの運動量で往復運動するから，その軌道は図 4-2 のようになる．

前期量子論——軌道の量子化

量子力学では，振動子のエネルギーが式(2.93)のように量子化される．これを図 4-1 のような古典力学的な軌道の量子化によるものとする見方がある．すなわち，式(4.3)より，楕円の面積は

$$A = \pi p_0 x_0 = \frac{2\pi E}{\omega}$$

であるから，軌道の囲む面積が

$$A_n = n(2\pi\hbar) \qquad (n=0, 1, 2, \cdots) \tag{4.4}$$

のようにとびとびの値しかとりえないとすればよい* (図 4-3)．

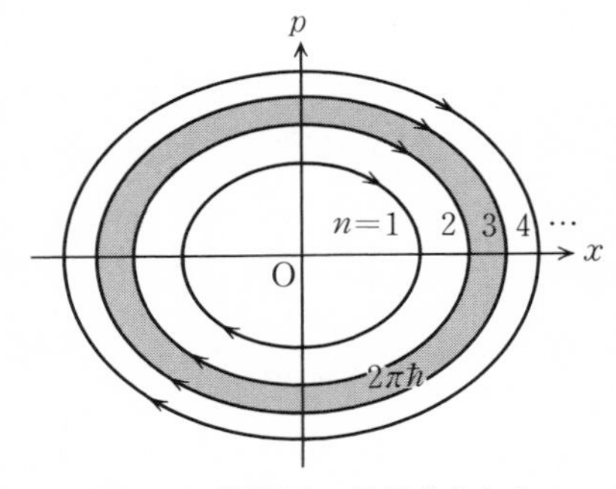

図 4-3　振動子の量子化された軌道

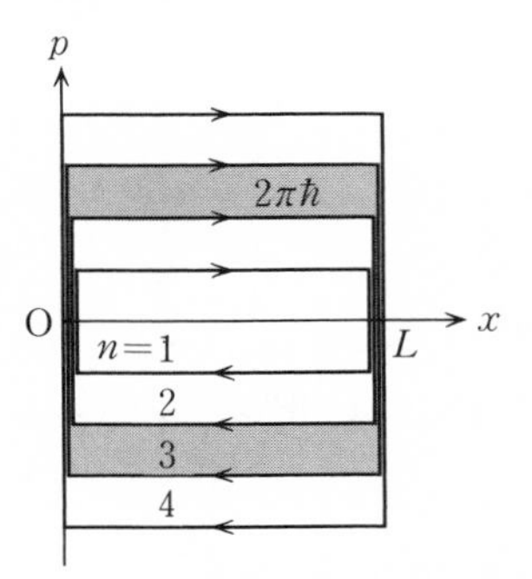

図 4-4　(0, L) の領域に閉じこめられた 1 次元粒子の量子化された軌道

有限の領域に閉じこめられた自由粒子では，軌道の囲む面積は

$$A = 2pL$$

である．したがって，面積が式(4.4)のように量子化される(図 4-4)とすれば，往復運動の運動量の大きさは

$$p_n = \frac{\pi\hbar}{L} n \tag{4.5}$$

---

*　この考えでは零点エネルギー $(1/2)\hbar\omega$ は現われない．

となり，これは量子力学から得られる式(2.8)と一致する．

このように，粒子運動の量子化を，位相空間に描かれる粒子の古典軌道に対する量子化として考えたのが前期量子論であった．式(4.4)を**ボーア-ゾンマーフェルトの量子条件**(Bohr-Sommerfeld quantum condition)という．この条件によって，量子論的にゆるされる軌道は，1つの自由度につき位相空間に面積 $2\pi\hbar$ に1個の割合で一様に分布することになる．歴史的には，このような見方から進んで，粒子の運動を波動関数で表わす量子力学が成立したのである．

ハイゼンベルクの不確定性関係

量子力学では，粒子がある定まった状態にある場合でも，物理量を測定したとき，確定した値が得られるとは限らない．粒子が波動関数 $\psi(\boldsymbol{r})$ の状態にあるとき，$\psi(\boldsymbol{r})$ によって与えられるのは種々の測定値が得られる確率である．例えば，粒子の位置の測定では，$|\psi(\boldsymbol{r})|^2$ が粒子を $\boldsymbol{r}$ の位置に見出す確率密度を与える．1次元の運動をしている粒子で，その波動関数が図4-5のようであれば，粒子は x_0 を中心におよそ Δx の幅の中に見出されることになる．Δx がこの粒子の位置の不確定さである．また，平面波の波動関数，式(2.1)では，$|\psi(x)|^2=$一定 であるから，粒子の位置はまったく不確定である．

他方，2-1節で述べたように，式(2.1)の波動関数は運動量が $p=\hbar k$ の状態を表わしている．すなわち，この状態にある粒子の運動量を測定すると，確定した p という値が得られるのである．一般の波動関数の状態，例えば

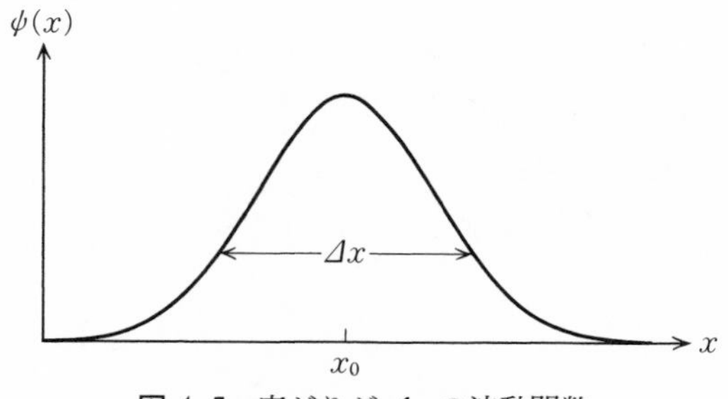

図4-5　広がりが Δx の波動関数

図 4-5 の波動関数で表わされる状態で運動量を測定すればどうなるだろうか．一般の波動関数 $\psi(x)$ は

$$\psi(x) = \sum_p \psi_p e^{ipx/\hbar} \tag{4.6}$$

のように，フーリエ級数に展開することができる．ただし，

$$\psi_p = \frac{1}{L}\int \psi(x) e^{-ipx/\hbar} dx \tag{4.7}$$

である．ここでは $\psi(x)$ には周期的境界条件 $\psi(x)=\psi(x+L)$ (式(2.9))が課せられるとし，p の和は，$p=(2\pi\hbar/L)n$ (n は整数，式(2.11))の和を表わすとする．このとき，運動量の測定値が p となる確率は $|\psi_p|^2$，すなわち波動関数 $\psi(x)$ に運動量が p の波動関数 $e^{ipx/\hbar}$ が含まれている重みに比例する．

波動関数がガウス関数

$$\psi(x) = \left(\frac{a}{\pi}\right)^{1/4} e^{-ax^2/2} \tag{4.8}$$

(a は定数)である場合を考えよう．これを式(4.6)のフーリエ級数に表わすと

$$\psi_p = \frac{1}{L}\left(\frac{4\pi}{a}\right)^{1/4} e^{-p^2/2a\hbar^2} \tag{4.9}$$

となる．式(4.8)の $\psi(x)$ における位置の不確定さは

$$\Delta x \cong 1/\sqrt{a}$$

の程度，また，式(4.9)からわかるように，$\psi(x)$ について運動量を測定したときの不確定さは

$$\Delta p \cong \sqrt{a}\,\hbar$$

の程度であるから，両者の間には

$$\Delta x \Delta p \cong \hbar$$

の関係がある．この結果はガウス関数について求めたものだが，一般の波動関数では $\Delta x\Delta p$ の積はつねにこれより大きくなる．すなわち

$$\Delta x \Delta p \gtrsim \hbar \tag{4.10}$$

これを**ハイゼンベルクの不確定性関係**(Heisenberg's uncertainty relation)という．

古典力学の近似が許される条件

古典力学では，位置と運動量は同時に確定されうる量であり，またそうすることによって粒子の運動状態が定まるのであった．式(4.10)の関係は，これと著しく異なる量子力学特有の性質である．しかし，この不確定さがいつでも物理現象にとって重要であるとは限らない．運動量の不確定さが運動量の大きさじたいに比べて十分に小さければ，運動量はほぼ確定しているとしてよい．位置についても同様である．このように量子力学的な不確定さが無視できる場合には，粒子の運動は古典力学に従うと考えてよいと思われる．

振動子の古典力学的な運動は図 4-1 のような軌道を描く．したがって，運動量の不確定さ Δp，位置の不確定さ Δx がそれぞれ

$$\Delta p \ll p_0, \quad \Delta x \ll x_0 \tag{4.11}$$

であれば，不確定さは無視できる．式(4.10)と式(4.11)の条件が同時に成り立つには

$$p_0 x_0 \gg \hbar$$

でなければならない．式(4.3)によって書きなおすと

$$E \gg \hbar\omega \tag{4.12}$$

である．

振動子のエネルギーが $\hbar\omega$ を単位に量子化されることが量子力学の示すところであった．しかし，エネルギーが不連続さの間隔に比べて十分に大きいなら，不連続であることは無視してよいと思われる．物質が原子という不連続な構造をもっていても，マクロなスケールでは連続体とみなしうることと同じである．量子力学の効果が無視しうる条件式(4.12)は，まさにこのことを示している．

理想気体では，分子の位置の不確定さが無視できるためには，それが分子間の平均間隔に比べて十分に小さくなければならない．そうでないと，気体分子を別々の粒子とみなしえないからである．また，分子の平均の運動量 $\bar{p}$ は，式(2.31)より

$$\frac{\bar{p}^2}{2m} \sim \frac{3}{2} k_\mathrm{B} T, \quad \bar{p} \sim \sqrt{m k_\mathrm{B} T}$$

である．したがって，不確定さを無視しうる条件は，分子の平均間隔を a として

$$\Delta p \ll \sqrt{mk_{\mathrm{B}}T}, \qquad \Delta x \ll a \tag{4.13}$$

である．式(4.10)と式(4.13)の条件が両立するには，

$$a\cdot\sqrt{mk_{\mathrm{B}}T} \gg \hbar$$

すなわち

$$k_{\mathrm{B}}T \gg \frac{\hbar^2}{ma^2} \tag{4.14}$$

でなければならない．これは，第2章のような理想気体の取扱いが許されるための条件(式(2.58)の逆の関係)にほかならない．

4-2 古典統計力学近似

カノニカル分布の分配関数

$$Z = \sum_n e^{-E_n/k_{\mathrm{B}}T} \tag{4.15}$$

を計算するには，この表式のままであれば，まず系の量子状態をすべて求める必要がある．しかし，前節でみたような量子力学の効果を無視できる条件のもとでは，量子状態を求めることなく，古典力学に基づいてもっと容易に計算することができる．

分配関数の古典近似

エネルギー量子化の間隔 ϵ が，$k_{\mathrm{B}}T$ に比べて十分に小さいとしよう．このとき，前期量子論の考え方を使って，式(4.15)の和を位相空間の積分に書きかえることができる．簡単のため，初め1次元の運動を考える．前期量子論では，量子状態は位相空間に面積 $2\pi\hbar$ に1つの割合で分布する，量子化された軌道とみなされた．そこで，図4-6のように，位相空間を量子化された軌道を中においた面積 $2\pi\hbar$ の領域に区分し，量子状態 n に対応する軌道，すなわち

$$H(p, q) = E_n \tag{4.16}$$

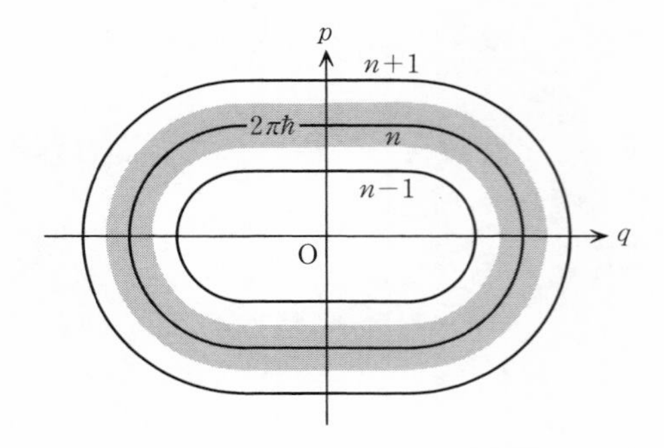

図 4-6 位相空間を，量子化された軌道を含む面積 $2\pi\hbar$ の領域に分割する．

によって定まる軌道を含む領域を，領域 n とよぶことにする．領域の幅はエネルギーにして ϵ のオーダーであり，$\epsilon \ll k_{\mathrm{B}}T$ であるから，領域 n の中では

$$e^{-H(p,q)/k_{\mathrm{B}}T} \cong e^{-E_n/k_{\mathrm{B}}T}$$

としてよい．また，領域 n での積分を積分記号に添字 n をつけて表わすと，

$$\iint_n dpdq = 2\pi\hbar$$

であるから，

$$e^{-E_n/k_{\mathrm{B}}T} \cong \frac{1}{2\pi\hbar}\iint_n e^{-H(p,q)/k_{\mathrm{B}}T}\, dpdq$$

と書くことができる．したがって，式(4.15)は

$$Z = \frac{1}{2\pi\hbar}\sum_n \iint_n e^{-H(p,q)/k_{\mathrm{B}}T}\, dpdq$$

となる．領域 n で積分し，n について和をとることは，位相空間の全領域で積分することにほかならない．したがって，分配関数について次の表式が得られる．

$$Z = \frac{1}{2\pi\hbar}\iint e^{-H(p,q)/k_{\mathrm{B}}T}\, dpdq \tag{4.17}$$

この結果は自由度が f の系にもそのまま拡張できて，分配関数は

$$Z = \frac{1}{(2\pi\hbar)^f}\iint\cdots\int e^{-H(p,q)/k_{\mathrm{B}}T}\prod_{i=1}^{f} dp_i dq_i \tag{4.18}$$

となる．これが分配関数に対する古典統計力学の近似である．

振動子系の古典近似

この結果をまず振動子系に適用しよう．同じ固有振動数 ω をもつ N 個の振動子の系のハミルトニアンは

$$H = \sum_{i=1}^{N}\left(\frac{p_i^2}{2m}+\frac{1}{2}m\omega^2 x_i^2\right) \tag{4.19}$$

である．したがって，分配関数は次のようになる．

$$\begin{aligned} Z &= \frac{1}{(2\pi\hbar)^N}\iint\cdots\int \exp\left[-\frac{1}{k_B T}\sum_{i=1}^{N}\left(\frac{p_i^2}{2m}+\frac{1}{2}m\omega^2 x_i^2\right)\right]\prod_{j=1}^{N}dp_j dx_j \\ &= z^N \end{aligned} \tag{4.20}$$

$$z = \frac{1}{2\pi\hbar}\iint_{-\infty}^{\infty}\exp\left[-\frac{1}{k_B T}\left(\frac{p^2}{2m}+\frac{1}{2}m\omega^2 x^2\right)\right]dp dx \tag{4.21}$$

ここで，z は1個の振動子の分配関数である．この積分は p と x とに分けて行なうことができて，公式(A. 2)により

$$\begin{aligned} z &= \frac{1}{2\pi\hbar}\int_{-\infty}^{\infty}\exp\left[-\frac{p^2}{2mk_B T}\right]dp\int_{-\infty}^{\infty}\exp\left[-\frac{m\omega^2}{2k_B T}x^2\right]dx \\ &= \frac{1}{2\pi\hbar}(2\pi m k_B T)^{1/2}\left(\frac{2\pi k_B T}{m\omega^2}\right)^{1/2} \\ &= \frac{k_B T}{\hbar\omega} \end{aligned} \tag{4.22}$$

となる．したがって，分配関数 Z，自由エネルギー F，エントロピー S，エネルギー E は次のように表わされる．

$$Z = \left(\frac{k_B T}{\hbar\omega}\right)^N \tag{4.23}$$

$$F = -Nk_B T\log\left(\frac{k_B T}{\hbar\omega}\right) \tag{4.24}$$

$$S = Nk_B\left\{\log\left(\frac{k_B T}{\hbar\omega}\right)+1\right\} \tag{4.25}$$

$$E = Nk_B T \tag{4.26}$$

これらの結果は，量子力学に基づいて得られた結果で，$k_B T \gg \hbar\omega$ とした近似式と一致する．

問 4-1 高温 $k_B T \gg \hbar\omega$ として，量子論による自由エネルギーの式(3.44)，エネルギーの式(3.46)を $\hbar\omega/k_B T$ で展開し，それらの式が $\hbar\omega/k_B T \to 0$ の極限で式(4.24)，(4.26)に一致することを示せ．また，補正項を求めよ．
[自由エネルギーの補正項 $N(\hbar\omega)^2/24k_B T$，エネルギーの補正項 $N(\hbar\omega)^2/12k_B T$．温度に依存しない項は零点エネルギーと打ち消しあう．]

理想気体

N 個の分子からなる理想気体のハミルトニアンは，分子を容器に閉じこめておくポテンシャルを $U(\boldsymbol{r})$ とすれば，

$$H = \sum_{i=1}^{N} \left\{ \frac{\boldsymbol{p}_i^{\,2}}{2m} + U(\boldsymbol{r}_i) \right\} \tag{4.27}$$

である．ただし，$U(\boldsymbol{r})$ は

$$U(\boldsymbol{r}) = \begin{cases} 0 & (\boldsymbol{r} \text{ が容器の中}) \\ \infty & (\boldsymbol{r} \text{ が容器の外}) \end{cases} \tag{4.28}$$

とすればよい．分配関数の計算では状態数の数え方に注意しなければならない．分子が区別できるとすれば，$3N$ 次元の位相空間における量子化された軌道の密度は $(2\pi\hbar)^{-3N}$ である．しかし，2-2 節で述べたように，分子は区別できないから，これを $N!$ で割る必要がある．したがって，分配関数は次のようになる．

$$\begin{aligned} Z &= \frac{1}{N!} \frac{1}{(2\pi\hbar)^{3N}} \iint \cdots \int \exp\left[-\frac{1}{k_B T} \sum_{i=1}^{N} \left\{ \frac{\boldsymbol{p}_i^{\,2}}{2m} + U(\boldsymbol{r}_i) \right\} \right] \\ &\quad \cdot \prod_{i=1}^{N} dp_{ix} dp_{iy} dp_{iz} dx_i dy_i dz_i \\ &= \frac{1}{N!} \frac{1}{(2\pi\hbar)^{3N}} \left[\int e^{-\boldsymbol{p}^2/2mk_B T} dp_x dp_y dp_z \right]^N \left[\int e^{-U(\boldsymbol{r})/k_B T} dx dy dz \right]^N \end{aligned} \tag{4.29}$$

第 1 の積分は，積分公式(A.2)により

$$\int e^{-\boldsymbol{p}^2/2mk_B T} dp_x dp_y dp_z = (2\pi m k_B T)^{3/2}$$

となる．第2の積分では，式(4.28)により

$$e^{-U(\boldsymbol{r})/k_{\mathrm{B}}T} = \begin{cases} 1 & (\boldsymbol{r}\text{が容器の中}) \\ 0 & (\boldsymbol{r}\text{が容器の外}) \end{cases}$$

であり，積分は容器の体積 V になる．したがって，分配関数として

$$Z = \frac{1}{N!}\frac{V^N}{(2\pi\hbar)^{3N}}(2\pi m k_{\mathrm{B}} T)^{3N/2} \tag{4.30}$$

が得られる．

問 4-2　式(4.30)の分配関数から理想気体の自由エネルギー，エネルギーを求め，式(3.48),(2.31)に一致することを示せ．

理想気体では，振動子とちがって波動関数がマクロな広がりをもつため，量子化されたエネルギーの間隔が非常に小さく，量子状態は連続的であると考えてよい．したがって，古典統計力学による計算の結果が量子力学に基づいたものと一致するのである．ただし，2-3節でも述べたように，上のような量子状態の数え方は低温では正しくない．このことは7-2節で詳しく論じる．

4-3　古典統計力学の応用

前節の例は，いずれも量子力学に基づく計算が比較的容易になしうる場合であり，古典近似のありがた味は少ない．そこで，量子状態を求めることの困難な例を古典統計力学で扱ってみよう．

非調和振動子

次のような**非調和振動子**(anharmonic oscillator)の系を考える．すなわち，ポテンシャル(図4-7)

$$v(x) = Ax^2 + Bx^4 \qquad (A>0,\ B>0) \tag{4.31}$$

の中を振動する粒子の系の分配関数を求める．この粒子の量子状態を解析的に求めることはできないが，古典統計力学であれば，分配関数は位相空間の積分になるから，計算ははるかに容易である．1粒子のハミルトニアンは

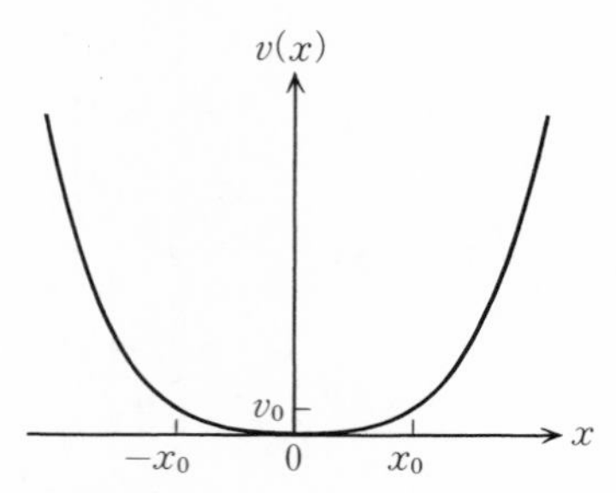

図 4-7 非調和なポテンシャル $v(x)=Ax^2+Bx^4$. $\pm x_0$ は (第1項)=(第2項) となる点, $v_0=v(x_0)$.

$$H = \frac{1}{2m}p^2+v(x) \tag{4.32}$$

であるから，1粒子の分配関数は

$$\begin{aligned} z &= \frac{1}{2\pi\hbar}\int_{-\infty}^{\infty}\int_{-\infty}^{\infty}\exp\left[-\frac{1}{k_{\mathrm{B}}T}\left\{\frac{p^2}{2m}+v(x)\right\}\right]dpdx \\ &= \frac{1}{2\pi\hbar}(2\pi mk_{\mathrm{B}}T)^{1/2}\int_{-\infty}^{\infty}e^{-v(x)/k_{\mathrm{B}}T}dx \end{aligned} \tag{4.33}$$

となる．x についての積分

$$I = \int_{-\infty}^{\infty}e^{-v(x)/k_{\mathrm{B}}T}dx \tag{4.34}$$

は初等関数では表わされないが，数値的に計算するのであれば容易である．また，温度領域を分けて極限的な場合を考えるなら，温度依存性を解析的に求めることもできる．

式(4.34)の積分に主に効くのは

$$v(x) \lesssim k_{\mathrm{B}}T$$

となる x の領域である．一方，ポテンシャル $v(x)$ は，式(4.31)の第1項が大きい領域と第2項が大きい領域に分けると，

$$v(x) \cong \begin{cases} Ax^2 & (|x| \ll x_0) \\ Bx^4 & (|x| \gg x_0) \end{cases} \tag{4.35}$$

$$x_0 = \sqrt{\frac{A}{B}}$$

と近似してよい．したがって，

$$v(x_0) = \frac{2A^2}{B} \gg k_{\rm B}T \tag{4.36}$$

のときは，積分に効く x の全領域において $v(x) \cong Ax^2$ としてよく，積分は

$$I \cong \int_{-\infty}^{\infty} e^{-Ax^2/k_{\rm B}T}\,dx = \sqrt{\frac{\pi k_{\rm B}T}{A}} \tag{4.37}$$

となる．一方，

$$v(x_0) = \frac{2A^2}{B} \ll k_{\rm B}T \tag{4.38}$$

であれば，$x=0$ の近くの狭い領域 ($|x| \lesssim x_0$) を除けば，積分に効く領域の大部分 ($x_0 \lesssim |x| \lesssim (k_{\rm B}T/B)^{1/4}$) において $v(x) \cong Bx^4$ の近似が許される．したがって，積分は

$$I \cong \int_{-\infty}^{\infty} e^{-Bx^4/k_{\rm B}T}\,dx = \alpha\left(\frac{k_{\rm B}T}{B}\right)^{1/4} \tag{4.39}$$

$$\alpha = \int_{-\infty}^{\infty} e^{-t^4} dt$$

と計算できる．

以上の結果から，1 振動子の分配関数 z，1 振動子当りの自由エネルギー ϕ，エネルギー ϵ，比熱 c は各温度領域で次のように得られる．

$$z \cong \begin{cases} \dfrac{1}{\hbar}\left(\dfrac{m}{2A}\right)^{1/2} k_{\rm B}T & (T \ll T_0) \\[2ex] \dfrac{\alpha}{\hbar}\left(\dfrac{m^2}{4\pi^2 B}\right)^{1/4} (k_{\rm B}T)^{3/4} & (T \gg T_0) \end{cases} \tag{4.40}$$

$$\phi \cong \begin{cases} -k_{\rm B}T \log\left[\dfrac{1}{\hbar}\left(\dfrac{m}{2A}\right)^{1/2} k_{\rm B}T\right] & (T \ll T_0) \\[2ex] -k_{\rm B}T \log\left[\dfrac{\alpha}{\hbar}\left(\dfrac{m^2}{4\pi^2 B}\right)^{1/4} (k_{\rm B}T)^{3/4}\right] & (T \gg T_0) \end{cases} \tag{4.41}$$

$$\epsilon \cong \begin{cases} k_B T & (T \ll T_0) \\ \dfrac{3}{4} k_B T & (T \gg T_0) \end{cases} \tag{4.42}$$

$$c \cong \begin{cases} k_B & (T \ll T_0) \\ \dfrac{3}{4} k_B & (T \gg T_0) \end{cases} \tag{4.43}$$

ここで

$$T_0 = \frac{2A^2}{k_B B}$$

である．古典近似が許されるためには，$k_B T \gg \hbar\omega$ の条件が必要であるから，低温領域($T \ll T_0$)の表式はさらに低温($T \lesssim \hbar(A/m)^{1/2}/k_B$)では成り立たない．量子力学の効果も含めて比熱の温度依存性を見ると，図 4-8 のようになる．古典近似の成り立つ温度領域でも，ポテンシャルの非線形性による温度変化があることに注意したい．

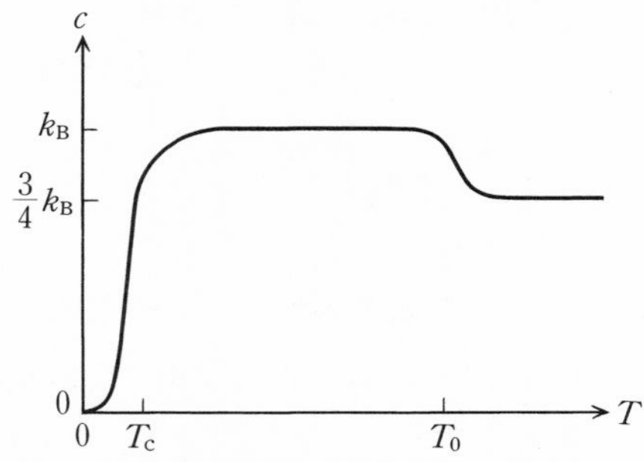

図 4-8　非調和振動子の 1 振動子当りの比熱の温度依存性(概念図)．
$T_c = \dfrac{\hbar}{k_B}\left(\dfrac{A}{m}\right)^{1/2}$，$T_0 = \dfrac{2A^2}{k_B B}$

相互作用のある 1 次元気体

理想気体では各分子が独立に運動するため，分配関数を求めることは容易であった．しかし，実在の気体では分子間に力が働いており，分子はたがいに関連しあった複雑な運動をするので，一般には古典統計力学であっても分配関数を厳密に計算することはできない．気体が希薄な場合の近似的な計算については 4-5 節で述べるが，ここでは，特殊なモデルではあるが古典近似の分配関数が厳密に計算できる例として，次のような 1 次元の気体を考える．

図 4-9 のように，N 個の粒子が長さ L の直線上を運動しており，粒子間には次のような斥力が働いている．すなわち，相互作用のポテンシャルは，粒子の中心間の距離を X として

$$v(X)=\begin{cases}\infty & (|X|<d)\\ 0 & (|X|\geqq d)\end{cases} \tag{4.44}$$

このポテンシャルは粒子が直径 d の剛体球であることを表わしており，粒子は d より近づくことができない．

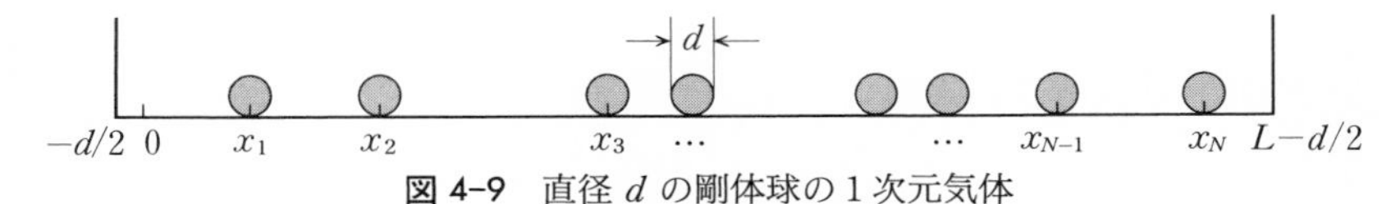

図 4-9 直径 d の剛体球の 1 次元気体

分配関数は式(4.29)と同様に運動量についての積分と位置座標についての積分に分離でき，運動量の積分はすぐにできて，次のように表わされる．

$$Z=\left(\frac{mk_{\mathrm{B}}T}{2\pi\hbar^2}\right)^{N/2}\Omega \tag{4.45}$$

$$\Omega=\iint_{x_1<x_2<\cdots<x_N}\cdots\int e^{-U/k_{\mathrm{B}}T}\prod_{i=1}^{N}dx_i \tag{4.46}$$

ここで，U は分子間に働くポテンシャル(4.44)の和を表わす．式(4.29)との違いは，1 次元であるために，運動量の積分からくる第 1 の因子の指数が $N/2$ となること，また Ω の表式では積分領域を $x_1<x_2<\cdots<x_N$ に制限していることである．積分領域の制限が，領域を制限せずに積分して $N!$ で割るのと同等であることは明らかだろう．

ポテンシャルが式(4.44)であるため，U は隣りあう 2 粒子の座標 x_i と x_{i+1} が $|x_{i+1}-x_i|<d$ のとき無限大になり，そのとき式(4.46)の被積分関数 $e^{-U/k_{\mathrm{B}}T}$ は 0 になる．したがって，Ω は次のように表わされる．

$$\Omega = \int_0^{L-Nd} dx_1 \int_{x_1+d}^{L-(N-1)d} dx_2 \cdots \int_{x_{N-2}+d}^{L-2d} dx_{N-1} \int_{x_{N-1}+d}^{L-d} dx_N \qquad (4.47)$$

ただし，計算式を簡単にするため，座標の原点を壁の位置からずらし，粒子は中心座標が $(0, L-d)$ の間を動きうるとした．

式(4.47)で x_N の積分は

$$\int_{x_{N-1}+d}^{L-d} dx_N = L-2d-x_{N-1}$$

次に x_{N-1} で積分すると，

$$\int_{x_{N-2}+d}^{L-2d} (L-2d-x_{N-1})dx_{N-1} = \left[-\frac{1}{2}(L-2d-x_{N-1})^2\right]_{x_{N-2}+d}^{L-2d}$$
$$= \frac{1}{2}(L-3d-x_{N-2})^2$$

x_{N-2} で積分すると，

$$\int_{x_{N-3}+d}^{L-3d} \frac{1}{2}(L-3d-x_{N-2})^2 dx_{N-2} = \left[-\frac{1}{2\cdot 3}(L-3d-x_{N-2})^3\right]_{x_{N-3}+d}^{L-3d}$$
$$= \frac{1}{3!}(L-4d-x_{N-3})^3$$

同様の計算を続けると，x_2 で積分したとき

$$\frac{1}{(N-1)!}(L-Nd-x_1)^{N-1}$$

になる．最後に x_1 で積分して

$$\Omega = \frac{1}{(N-1)!}\int_0^{L-Nd} (L-Nd-x_1)^{N-1} dx_1$$
$$= \frac{1}{N!}\Big[-(L-Nd-x_1)^N\Big]_0^{L-Nd}$$
$$= \frac{1}{N!}(L-Nd)^N \qquad (4.48)$$

となり，分配関数として

$$Z = \frac{1}{N!}\left(\frac{mk_{\mathrm{B}}T}{2\pi\hbar^2}\right)^{N/2}(L-Nd)^N \tag{4.49}$$

が得られる．

式(4.49)で $d=0$ とおけば，1次元の理想気体の分配関数になる．L が $L-Nd$ に置きかわったことは，気体の「体積」が分子の「体積」Nd だけ，実効的に減少したことを示している．自由エネルギーは，

$$F = -Nk_{\mathrm{B}}T\left\{\frac{1}{2}\log\left(\frac{mk_{\mathrm{B}}T}{2\pi\hbar^2}\right)+\log\left(\frac{L-Nd}{N}\right)+1\right\} \tag{4.50}$$

圧力は，

$$p = -\left(\frac{\partial F}{\partial L}\right)_T = \frac{Nk_{\mathrm{B}}T}{L-Nd} \tag{4.51}$$

となる*．$L=Nd$ で圧力は無限大になる．分子間の斥力のために気体はこれ以上圧縮できない．

ここで扱ったモデルは，分配関数の厳密な計算が可能な例として取り上げたが，実在の系にもこのモデルでかなりよく記述できるものがある．ゼオライトとよばれる一群の物質がある．アルミニウムのケイ酸塩で，結晶は3次元的な網目構造をしていて，内部に原子スケールのすき間が広がっている．中にはちょうど原子が1個入る太さの，まっすぐに伸びた管状のすき間をもつ結晶がある．この管の中にアルゴンなどの希ガス元素の気体を吸着させると，1次元の気体が実現する．原子間には強い斥力が働くから，弱い引力を無視すれば，ちょうどここで扱ったモデルになる．実験では式(4.51)に近い結果が得られている**．

4-4 エネルギー等分配の法則

すでに示したように，理想気体のエネルギーは1自由度当り $\frac{1}{2}k_{\mathrm{B}}T$ であ

---

* 1次元だから長さ L が体積に当たる．

** 実際には圧力が直接測定されるわけではなく，外部の気体との熱平衡の条件から，ゼオライト内部の気体の性質が調べられている．

る．この結果は単純な自由運動に限らず，もっと一般的に成り立つ．

回転分子系

初めに，1つの例をとり上げる．これまでの理想気体の取扱いでは，エネルギーとして分子の重心運動の運動エネルギーのみを考えた．希ガス元素のような1原子分子の気体であればそれでよいが，水素 H_2，2酸化炭素 CO_2 などの多原子が結合した分子では，分子の回転運動も考慮しなければならない．簡単のため，図 4-10 のような2原子分子を考える．分子は質量 m_1, m_2 の原子 A, B が，長さの変化しない棒で結びつけられたものとする．重心から原子 A, B までの距離を a_1, a_2 とし，分子の向きを図のように (θ, φ) で表わすと，A, B の座標 $(x_1, y_1, z_1), (x_2, y_2, z_2)$ は

$$\begin{aligned} &x_1 = a_1 \sin\theta\cos\varphi, \quad y_1 = a_1 \sin\theta\sin\varphi, \quad z_1 = a_1\cos\theta \\ &x_2 = -a_2 \sin\theta\cos\varphi, \quad y_2 = -a_2 \sin\theta\sin\varphi, \quad z_2 = -a_2\cos\theta \end{aligned} \tag{4.52}$$

である．分子の回転運動は角 (θ, φ) によって記述できるから，これを分子回転の座標とすることができる．原子 A の速度 $(\dot{x}_1, \dot{y}_1, \dot{z}_1)$ を角の時間微分 $(\dot{\theta}, \dot{\varphi})$ で表わすと，

$$\begin{aligned} \dot{x}_1 &= a_1\cos\theta\cos\varphi\cdot\dot{\theta} - a_1\sin\theta\sin\varphi\cdot\dot{\varphi} \\ \dot{y}_1 &= a_1\cos\theta\sin\varphi\cdot\dot{\theta} + a_1\sin\theta\cos\varphi\cdot\dot{\varphi} \\ \dot{z}_1 &= -a_1\sin\theta\cdot\dot{\theta} \end{aligned}$$

したがって，原子 A の運動エネルギーは

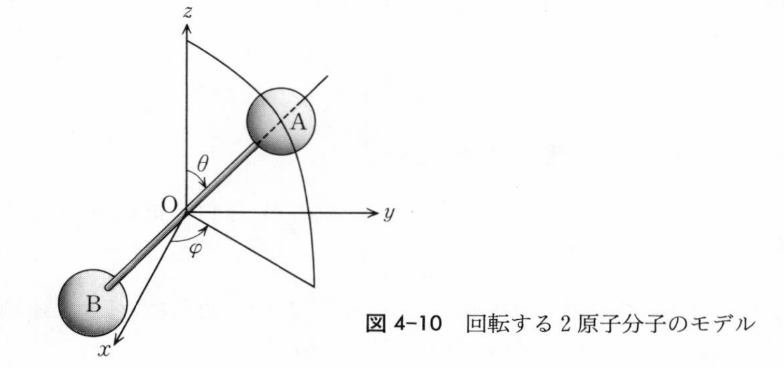

図 4-10　回転する2原子分子のモデル

$$K_1 = \frac{1}{2} m_1(\dot{x}_1{}^2 + \dot{y}_1{}^2 + \dot{z}_1{}^2)$$
$$= \frac{1}{2} m_1 a_1{}^2(\dot{\theta}^2 + \sin^2\theta \cdot \dot{\varphi}^2)$$

原子 B の運動エネルギー K_2 も同様に計算でき，分子回転の運動エネルギーとして

$$K = K_1 + K_2$$
$$= \frac{1}{2} I(\dot{\theta}^2 + \sin^2\theta \cdot \dot{\varphi}^2) \tag{4.53}$$
$$I = m_1 a_1{}^2 + m_2 a_2{}^2$$

が得られる．I は分子の慣性モーメントである．

解析力学によると，座標 (θ, φ) に共役な運動量 (p_θ, p_φ) は

$$p_\theta = \frac{\partial K}{\partial \dot{\theta}} = I\dot{\theta}, \quad p_\varphi = \frac{\partial K}{\partial \dot{\varphi}} = I \sin^2\theta \cdot \dot{\varphi} \tag{4.54}$$

と与えられる．運動エネルギーを運動量で書きなおすと

$$H = \frac{1}{2I}\left(p_\theta{}^2 + \frac{1}{\sin^2\theta} p_\varphi{}^2\right) \tag{4.55}$$

となる．これが分子の回転運動に対するハミルトニアンである．

回転分子系の分配関数は，式(4.18)と式(4.55)により計算できる．1分子について書くと，自由度は $f=2$ だから，

$$z = \frac{1}{(2\pi\hbar)^2}\int_0^{2\pi}\int_0^{\pi}\int_{-\infty}^{\infty}\int_{-\infty}^{\infty} \exp\left[-\frac{1}{2Ik_{\mathrm{B}}T}\left(p_\theta{}^2 + \frac{1}{\sin^2\theta} p_\varphi{}^2\right)\right] dp_\theta dp_\varphi d\theta d\varphi$$

となる．まず p_θ, p_φ について積分し，次に θ, φ について積分して

$$z = \frac{1}{(2\pi\hbar)^2}\int_0^{2\pi}\int_0^{\pi}\sqrt{2\pi I k_{\mathrm{B}} T}\ \sqrt{2\pi I k_{\mathrm{B}} T \sin^2\theta}\ d\theta d\varphi$$
$$= \frac{2\pi I k_{\mathrm{B}} T}{(2\pi\hbar)^2}\int_0^{2\pi}\int_0^{\pi} \sin\theta d\theta d\varphi$$
$$= \frac{2 I k_{\mathrm{B}} T}{\hbar^2} \tag{4.56}$$

が得られる．これより，1分子当りの自由エネルギーϕ，エントロピーs，エネルギーϵは次のようになる．

$$\phi = -k_B T \log z = -k_B T \log\left(\frac{2Ik_B T}{\hbar^2}\right) \tag{4.57}$$

$$s = -\frac{d\phi}{dT} = k_B\left[\log\left(\frac{2Ik_B T}{\hbar^2}\right)+1\right] \tag{4.58}$$

$$\epsilon = -T^2\frac{d}{dT}\left(\frac{\phi}{T}\right) = k_B T \tag{4.59}$$

この場合も，エネルギーは分子回転の1自由度当り$\frac{1}{2}k_B T$である．

エネルギー等分配則

一般の運動でも，運動エネルギーは運動量の2次関数であり，自由度をfとすれば

$$K = \sum_{i=1}^{f} \alpha_i p_i{}^2 \qquad (\alpha_i > 0) \tag{4.60}$$

と表わされる．直交座標では係数α_iは定数$1/2m$だが，回転運動の例のように，座標の関数となる場合もある．ポテンシャルエネルギーをUとすれば，分配関数は

$$\begin{aligned} Z &= \frac{1}{(2\pi\hbar)^f}\iint\cdots\int\exp\left[-\frac{1}{k_B T}(K+U)\right]\prod_{i=1}^{f} dp_i dq_i \\ &= \frac{1}{(2\pi\hbar)^f}\int\cdots\int\left[\prod_{i=1}^{f}\int\exp\left(-\frac{\alpha_i}{k_B T}p_i{}^2\right)dp_i\right]e^{-U/k_B T}\prod_{i=1}^{f} dq_i \\ &= \left(\frac{k_B T}{4\pi\hbar^2}\right)^{f/2}\int\cdots\int e^{-U/k_B T}\prod_{i=1}^{f}\frac{dq_i}{\alpha_i{}^{1/2}} \end{aligned}$$

したがって，自由エネルギーのうち運動エネルギーによる分は

$$F_K = -\frac{1}{2}fk_B T \log\left(\frac{k_B T}{4\pi\hbar^2}\right) \tag{4.61}$$

エネルギーは

$$E_K = \frac{1}{2}fk_B T \tag{4.62}$$

となり，エネルギーは自由度の種類とは無関係に，1自由度当り $\frac{1}{2}k_{\mathrm{B}}T$ ずつ配分されることが分かる．これを**エネルギーの等分配則**(equipartition law of energy)という．

上の計算を見ると分かるように，$\frac{1}{2}k_{\mathrm{B}}T$ のエネルギーは分配関数の $(k_{\mathrm{B}}T)^{1/2}$ の因子からきており，この因子は運動エネルギーが運動量の2乗に比例することによっている．したがって，ポテンシャルが座標の2乗に比例する場合には，ポテンシャルエネルギーからも1自由度当り $\frac{1}{2}k_{\mathrm{B}}T$ のエネルギーが生じる．ポテンシャルエネルギーに対しても，等分配則が成り立つのである．調和振動子の場合，エネルギーが1振動子当り $k_{\mathrm{B}}T$ になる(式(4.26))が，これは運動エネルギーとポテンシャルエネルギーの両者に等分配則が成り立つことによる．

ここで，運動エネルギーに対する等分配則は一般的に成り立つが，ポテンシャルエネルギーに対する等分配則は調和振動子の場合に限られることにあらためて注意したい．前節の非調和振動子の例でも分かるように，ポテンシャルの形が2次関数以外のときは，等分配則は成り立たないのである．比熱は等分配則の成り立つ温度領域では一定値であるが，成り立たなくなると温度に依存する．

等分配則は古典統計力学に基づくものであるから，量子力学の効果が現われると成り立たなくなることはいうまでもない．

4-5 不完全気体

物質を構成する粒子は，たがいに力を及ぼし，関連しあって運動しているから，その振舞いを記述することは難しい．しかし，極限的な状況では，物質の性質を知ることは比較的容易になる．

運動エネルギーとポテンシャルエネルギー

粒子の振舞いは2つの要素，運動エネルギーとポテンシャルエネルギーによって決められている．極限的な状況とは，ひとつは物質が十分に希薄で，ポテンシャルエネルギー，すなわち粒子間の相互作用が無視できる場合で，これが理想気体である．もうひとつの極限は，密度が高く，ポテンシャルエネルギーが重要になる場合である．粒子はポテンシャルエネルギーを最小にするように規則的に配列し，固体(結晶)になる．しかし，固体でも運動エネルギーの働きをまったく無視するわけにはいかない．粒子は平衡点のまわりで振動するのである．その振動がどのようなものかは，5-5 節で学ぶ．気体の場合も，相互作用の効果をまったく無視することはできない．その効果がどのようなものかを見よう，というのがこの節での**不完全気体**(imperfect gas)の議論である．

不完全気体の分配関数

4-2 節で述べたように，通常の気体は古典統計力学に従うとしてよい．簡単のため単原子分子気体に限り，分子間力はポテンシャル $v(R)$ (R は分子間距離)で表わされるとする．分子間には近くで強い斥力，遠くで弱い引力が働くから，$v(R)$ はおよそ図 4-11 のような形をしている．分子数を N とすれば，この系のハミルトニアンは次のようになる．

$$\begin{aligned} H &= \sum_{i=1}^{N}\frac{\boldsymbol{p}_i{}^2}{2m}+\sum_{(i,j)}v(R_{ij}) \qquad (R_{ij}=|\boldsymbol{r}_i-\boldsymbol{r}_j|) \\ &= K+U \end{aligned} \tag{4.63}$$

ただし，$\sum_{(i,j)}$ は分子対 (i,j) についての和を表わし，K, U はそれぞれ第 1 式の第 1 項と第 2 項，すなわち運動エネルギーとポテンシャルエネルギーである．

分配関数

$$Z = \frac{1}{(2\pi\hbar)^{3N}N!}\iint\cdots\int\exp\left[-\frac{1}{k_{\mathrm{B}}T}(K+U)\right]\prod_{i=1}^{N}d^3\boldsymbol{p}_i d^3\boldsymbol{r}_i \tag{4.64}$$

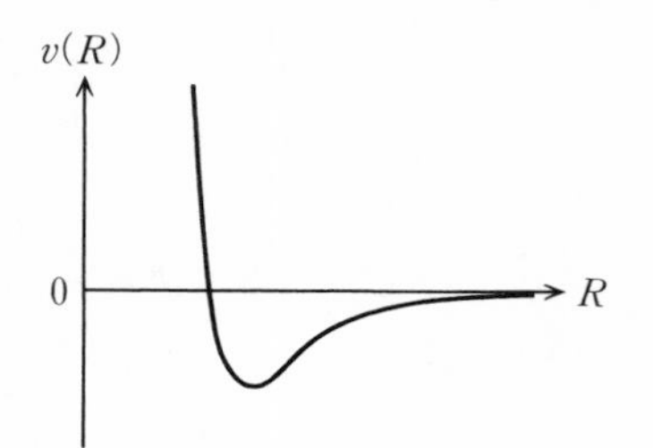

図 4-11　分子間のポテンシャル．近くで強い斥力，遠くで弱い引力が働く．

を計算しよう*．積分は運動量と位置座標について別々に行なうことができ，前者の積分は理想気体の場合と同様に遂行できて，

$$Z = \left(\frac{mk_{\mathrm{B}}T}{2\pi\hbar^2}\right)^{3N/2}\Omega \tag{4.65}$$

$$\Omega = \frac{1}{N!}\iint\cdots\int e^{-U/k_{\mathrm{B}}T}\prod_{i=1}^{N} d^3\boldsymbol{r}_i \tag{4.66}$$

となる．座標の積分は気体を入れた容器の中で行なうものとする．

Ω を求めることがこの節の課題である．しかし，Ω の計算を一般的な場合について厳密に行なうことはできない．近年，電子計算機の発達によって，分子数の有限な系について数値的に計算することが可能になった．解析的な方法として可能なことは，気体が希薄であるとして，微小なパラメーターによる展開式を求めることである．

密度による展開

そのような展開を行なうため，まず

$$f(R) \equiv e^{-v(R)/k_{\mathrm{B}}T} - 1 \tag{4.67}$$

とおく．$R\to 0$ のとき $v(R)\to\infty$ となるから，式(4.67)の第1項は0に近づき，$R\to\infty$ のとき $v(R)\to 0$ となるから，第1項は1に近づく．したがって，$f(R)$ は図 4-12 のような関数である．さらに

$$f(R_{ij}) = f_{ij}$$

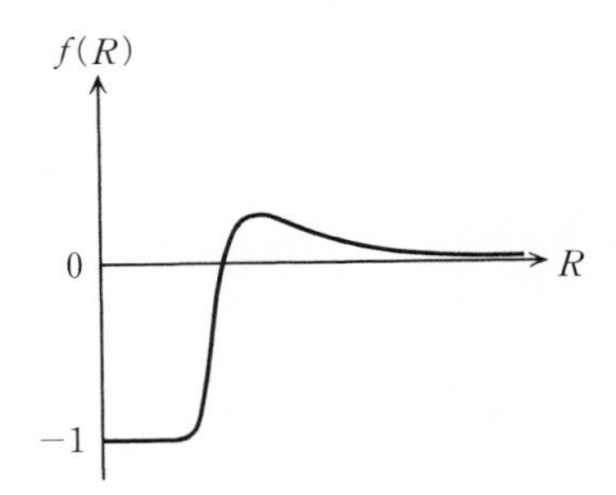

図 4-12　関数 $f(R)=e^{-v(R)/k_{\mathrm{B}}T}-1$

＊　簡単のため $dp_{ix}dp_{iy}dp_{iz}=d^3\boldsymbol{p}_i$，$dx_idy_idz_i=d^3\boldsymbol{r}_i$ と書いた．

と書けば，

$$\exp\left[-\frac{1}{k_{\mathrm{B}}T}\sum_{(i,j)}v(R_{ij})\right]=\prod_{(i,j)}(1+f_{ij})$$
$$=1+\sum_{(i,j)}f_{ij}+\sum_{(i,j)\neq(k,l)}\sum f_{ij}f_{kl}+\cdots \qquad (4.68)$$

となる．第3項の和には(i,j)と(k,l)が同じ分子対となる項は含まれない．第4項以下も同様である．

式(4.68)を式(4.66)に代入し，項ごとに積分しよう．第1項は

$$\iint\cdots\int\prod_{i=1}^{N}d^3\boldsymbol{r}_i = V^N \qquad (4.69)$$

第2項は，すべてのf_{ij}について積分は同じ値であり，項の総数は$\binom{N}{2}=N(N-1)/2\cong N^2/2$だから

$$\iint\cdots\int\sum_{(i,j)}f_{ij}\prod_{i=1}^{N}d^3\boldsymbol{r}_i=\frac{1}{2}N^2\iint\cdots\int f_{12}d^3\boldsymbol{r}_1d^3\boldsymbol{r}_2d^3\boldsymbol{r}_3\cdots d^3\boldsymbol{r}_N$$
$$=\frac{1}{2}N^2V^{N-2}\iint f(R_{12})d^3\boldsymbol{r}_1d^3\boldsymbol{r}_2$$
$$=\frac{1}{2}N^2V^{N-1}\int f(R)d^3\boldsymbol{R}$$

となる．2行目から3行目への変形では，積分変数を$\boldsymbol{r}_1$と$\boldsymbol{R}=\boldsymbol{r}_2-\boldsymbol{r}_1$に変え，$\boldsymbol{r}_1$の積分が$V$になることを使った．ここで，

$$B=-\frac{1}{2}\int f(R)d^3\boldsymbol{R} \qquad (4.70)$$

とおけば，図4-12からわかるように，$|B|$は分子間力の到達する範囲の体積のオーダーである．また，分子数密度を

$$n=\frac{N}{V} \qquad (4.71)$$

とすれば，第2項の積分は

$$\iint\cdots\int\sum_{(i,j)}f_{ij}\prod_{i=1}^{N}d^3\boldsymbol{r}_i=-NV^N\cdot nB \qquad (4.72)$$

となる．

ここで，気体が希薄だということの意味を明確にしておきたい．それは，分子間力の働く機会が少なく，その効果が小さいことである．そのためには，分子間の平均距離が分子間力の到達距離に比べて十分に大きければよい．式に表わせば，上で導入したパラメーターを使って

$$n|B| \ll 1 \tag{4.73}$$

となる．最初に述べた小さなパラメーターとは $n|B|$ のことで，以下では式(4.73)の条件のもとで計算を進める．

第3項には，(a)2組の分子対 $(i, j), (k, l)$ がすべて異なる分子からなる項と，(b)1個の分子が2組の分子対に含まれる項(例えば $i=k$)とがある．項の数は

$$\text{(a)}\quad \frac{1}{2}\binom{N}{2}\binom{N-2}{2} = \frac{1}{2}\cdot\frac{1}{2^2}N(N-1)(N-2)(N-3) \cong \frac{1}{2}\cdot\frac{1}{2^2}N^4$$

$$\text{(b)}\quad \binom{N}{1}\binom{N-1}{2} = \frac{1}{2}N(N-1)(N-2) \cong \frac{1}{2}N^3$$

積分の値は

$$\text{(a)}\quad \iint\cdots\int f_{12}f_{34}\prod_{i=1}^{N} d^3\boldsymbol{r}_i = V^{N-4}\left[\int f_{12}d^3\boldsymbol{r}_1 d^3\boldsymbol{r}_2\right]^2 = 4V^{N-2}B^2$$

$$\begin{aligned}\text{(b)}\quad \iint\cdots\int f_{12}f_{13}\prod_{i=1}^{N} d^3\boldsymbol{r}_i &= V^{N-3}\iiint f_{12}f_{13}d^3\boldsymbol{r}_1 d^3\boldsymbol{r}_2 d^3\boldsymbol{r}_3 \\ &= V^{N-2}\iint f(R)f(R')d^3\boldsymbol{R}d^3\boldsymbol{R}' \\ &= 4V^{N-2}B^2\end{aligned}$$

である．したがって，(b)の項は(a)の項に比べて無視してよい．第3項の積分は，最も大きな寄与のみを残して

$$\frac{1}{2}N^2V^N(nB)^2 \tag{4.74}$$

となる．

同様に，第4項以下の各項でも，すべての分子対が異なる分子からなる項

が最大の寄与を与える．f_{ij} について p 次の項(式(4.68)の $p+1$ 番目の項)は，項の数が

$$\frac{1}{p!}\binom{N}{2}\binom{N-2}{2}\binom{N-4}{2}\cdots\binom{N-2p+2}{2} \cong \frac{1}{p!}\frac{1}{2^p}N^{2p}$$

1項の積分の値が $V^{N-p}(-2B)^p$ となり，式(4.68)の積分への寄与は

$$\frac{1}{p!}N^p V^N(-nB)^p$$

となる．

これらの項を加えあわせることにより，Ω として次式が得られる．

$$\begin{aligned}\Omega &\cong \frac{V^N}{N!}\left\{1-NnB+\frac{1}{2!}(NnB)^2-\frac{1}{3!}(NnB)^3+\cdots\right\} \\ &= \frac{V^N}{N!}e^{-NnB}\end{aligned} \tag{4.75}$$

分配関数と自由エネルギーは次のようになる．

$$Z = \frac{V^N}{N!}\left(\frac{mk_B T}{2\pi\hbar^2}\right)^{3N/2}e^{-NnB} \tag{4.76}$$

$$F = F_0+\frac{N^2k_B T}{V}B \tag{4.77}$$

ただし，F_0 は理想気体の自由エネルギー(式(3.48))である．ここで，式(4.75)の級数をみると，NnB は非常に大きな数であって，この式は決して小さなパラメーターによる展開にはなっていないことに注意したい．しかし，自由エネルギーにすると，ここで求めた第2項は F_0 に比べて $n|B|$ のオーダーだけ小さく，小さなパラメーター $n|B|$ による展開の最初の項を求めたことになっているのである．

ビリアル展開

B を計算しよう．分子間力のポテンシャル $v(R)$ は図4-11のような形をしているから，$v(R)=0$ となる距離を d とすれば，十分に高温ではおよそ

$$\begin{aligned} &R < d \quad \text{のとき} \quad v(R) \gg k_B T \\ &R > d \quad \text{のとき} \quad v(R) \ll k_B T \end{aligned} \tag{4.78}$$

としてよい．したがって，

$$f(R) \cong \begin{cases} -1 & (R<d) \\ -\dfrac{v(R)}{k_B T} & (R>d) \end{cases} \tag{4.79}$$

と近似することができ，積分は

$$B = -\frac{1}{2}\int_0^d (-1) 4\pi R^2 dR - \frac{1}{2}\int_d^\infty \left[-\frac{v(R)}{k_B T}\right] 4\pi R^2 dR$$

$$= b - \frac{a}{k_B T} \tag{4.80}$$

ただし

$$\begin{aligned} b &= \frac{2\pi}{3} d^3 \equiv 4v_0 \\ a &= -\frac{1}{2}\int_d^\infty v(R) 4\pi R^2 dR \end{aligned} \tag{4.81}$$

となる．d は分子の直径とみてよいから，v_0 は分子の体積に当たる．b は分子が強い斥力でたがいに排除しあっている効果を，a は弱い引力で引きあっている効果を表わしている．積分領域 (d, ∞) で $v(R)<0$ だから，a は正の量である．

自由エネルギーから，式(3.82)により状態方程式は次のように得られる．

$$p = -\left(\frac{\partial F}{\partial V}\right)_T$$

$$= \frac{Nk_B T}{V}\left(1 + \frac{N}{V}B\right) \tag{4.82}$$

一般に，希薄な気体の状態方程式は，密度が 0 の極限，すなわち 1 分子当りの体積 v が無限大の極限で，理想気体の状態方程式に近づくはずである．したがって，次のように v^{-1} についての展開の形に表わすことができる．

$$\frac{pV}{Nk_B T} = 1 + \frac{B}{v} + \frac{C}{v^2} + \cdots \tag{4.83}$$

これを**ビリアル展開**(virial expansion)といい，係数 $B, C, \cdots$ をそれぞれ第

2ビリアル係数，第3ビリアル係数，…という．式(4.82)はその第2項までの近似式にほかならない．

不完全気体の自由膨張

希薄な気体のエネルギーは，式(3.34)，(4.77)，(4.80)により

$$E = -T^2\frac{\partial}{\partial T}\left(\frac{F}{T}\right)_V$$
$$= E_0 - \frac{N^2 a}{V} \tag{4.84}$$

となる．ここで，E_0 は理想気体のエネルギー(式(2.31))で，温度のみの関数であって体積には依存しない．これに対し，分子間に引力が働く場合は，分子間距離が小さいほどポテンシャルエネルギーが減少するから，気体のエネルギーも体積が減るほど減少する．

中に仕切りをつけた容器の一方に気体を満たし，他方を真空にする．ここで仕切りを急にとり除くと，気体は自由に膨張して容器全体に広がる．外部との熱の出入りがないとすれば，この過程で気体のエネルギーは一定に保たれる．初めの温度と体積を T_1, V_1，膨張後の温度と体積を T_2, V_2 とすれば，気体を単原子分子気体として

$$\frac{3}{2}Nk_B T_1 - \frac{N^2 a}{V_1} = \frac{3}{2}Nk_B T_2 - \frac{N^2 a}{V_2}$$

したがって

$$T_1 - T_2 = \frac{2Na}{3k_B}\left(\frac{1}{V_1} - \frac{1}{V_2}\right) > 0 \tag{4.85}$$

であり，温度が下がる．理想気体では自由膨張しても温度は変化しない．

ジュール-トムソン効果

図4-13のように，細孔のあるつめもので仕切った管の一方(左側)に気体を入れ，その圧力を一定値 p_1 に保つ．気体は細孔を通して流れるが，管の右側に出た気体の圧力は $p_2(<p_1)$ に保つようにする．このようにして，初め圧力 p_1，体積 V_1 の気体を，細孔を通して圧力 p_2，体積 V_2 の状態に変化させる．この過程では，左側で気体に外部から $p_1 V_1$ の仕事がなされ，右側で気

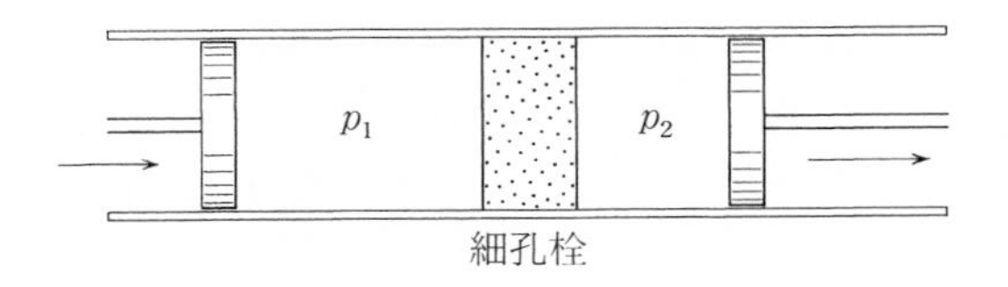

図 4-13 ジュール-トムソンの実験

体から外部に p_2V_2 の仕事がなされる．したがって，過程の前後における気体のエネルギーを E_1, E_2 とすれば，エネルギーの保存則から

$$E_1+p_1V_1 = E_2+p_2V_2 \tag{4.86}$$

が成り立つ．すなわち，この過程ではエンタルピー $H=E+pV$ が一定に保たれる．

式(4.82),(4.84)から，希薄な気体のエンタルピーは

$$H = \frac{5}{2}Nk_BT+\frac{N^2k_BT}{V}\left(b-\frac{2a}{k_BT}\right) \tag{4.87}$$

となる．したがって，過程前後の気体の温度を T_1, T_2 とすれば，

$$\frac{5}{2}Nk_BT_1+\frac{N^2k_BT_1}{V_1}\left(b-\frac{2a}{k_BT_1}\right) = \frac{5}{2}Nk_BT_2+\frac{N^2k_BT_2}{V_2}\left(b-\frac{2a}{k_BT_2}\right) \tag{4.88}$$

が成り立ち，温度変化

$$\varDelta T = T_2-T_1 \tag{4.89}$$

が小さいとすれば，

$$\frac{\varDelta T}{T} = \frac{2}{5}N\left(b-\frac{2a}{k_BT}\right)\left(\frac{1}{V_1}-\frac{1}{V_2}\right) \tag{4.90}$$

が得られる．ただし $T_1=T(\cong T_2)$ とおいた．この過程で気体は膨張するから $V_1<V_2$ である．そのとき，高温

$$T > \frac{2a}{k_Bb} \tag{4.91}$$

では温度が上昇 $(\varDelta T>0)$ し，低温

$$T < \frac{2a}{k_Bb} \tag{4.92}$$

では温度が下がる $(\varDelta T<0)$．エンタルピー一定の気体拡散過程で温度が変

化するこの現象を，**ジュール-トムソン効果**(Joule-Thomson effect)といい，$T_{\mathrm{r}}=2a/k_{\mathrm{B}}b$ を逆転温度という．酸素，窒素，2酸化炭素などでは常温で温度が下がる．水素の逆転温度は 193 K，ヘリウムでは 100 K である．

第4章 演習問題

1. たがいに独立な N 個の粒子があり，各粒子はそれぞれの位置で図のようなポテンシャル中を1次元的に運動している．この系を古典統計力学によって扱いうるための条件を吟味せよ．

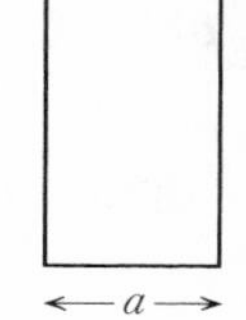

2. ヘリウムを理想気体とみなし，0°C，1気圧における $1\,\mathrm{m}^3$ のヘリウム気体の自由エネルギー，エネルギー，エントロピー，熱容量を求めよ．ヘリウムの原子量は 4.00 である．

3. 質量 m の粒子 N 個からなる理想気体が，一様な重力場(重力の加速度 g)中に立てられた無限に高い筒状の容器に入れられ，熱平衡状態にある．気体は古典統計力学に従うものとする．

(1) 自由エネルギー，エネルギー，比熱を求めよ．

(2) 比熱が通常の定積比熱 $(3/2)Nk_{\mathrm{B}}$ より大きな値になる理由を説明せよ．

4. 大きさ p の電気双極子モーメントをもつ分子 N 個からなる理想気体がある．この気体に電場 E をかけたとき，気体に生じる電気分極は

$$P = Np\left\{\coth\left(\frac{pE}{k_{\mathrm{B}}T}\right)-\frac{k_{\mathrm{B}}T}{pE}\right\}$$

となることを示せ．ただし，気体の分極によって生じる電場は無視できるものとする．

[ヒント：双極子モーメントと電場のなす角を θ とすれば，電場中の双極子モーメントのエネルギーは $-pE\cos\theta$ となる．]

5. 右図のように，質量 m の2個のおもりがばね定数 κ の3本のばねでつながれ，ばねの両端は固定されている．おもりはばねに沿った方向にのみ運動するものとし，おもり1,2の平衡点からの変位を x_1, x_2 とする．

(1) 基準振動の座標と振動数を求めよ．

(2) この装置が温度 T の熱平衡にあるとき，おもりの平衡点からの変位の2乗平均 $\overline{x_1{}^2}, \overline{x_2{}^2}$，および積の平均 $\overline{x_1x_2}$ を求めよ．

6. 下図(a)のようなポテンシャル

$$u(x)=\begin{cases}\dfrac{1}{2}\kappa x^2 & (|x|<a)\\ \infty & (|x|>a)\end{cases}$$

の中を運動する質量 m の粒子(非調和振動子)の系がある．この系の比熱の温度変化は，おおよそ図(b)のようになるという．振舞いが変わる境目の温度 T_0，および低温 $T\ll T_0$，高温 $T\gg T_0$ における比熱の近似的な表式を求めよ．粒子系は古典統計力学に従うものとする．

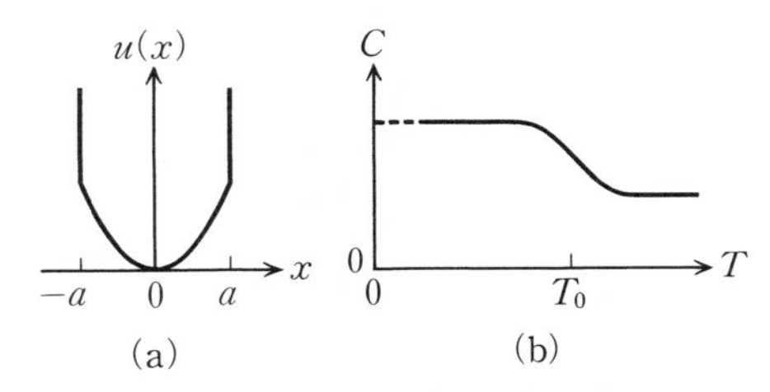

(a) (b)

7. 気体分子間のポテンシャルが分子間距離 R の関数として

$$v(R)=\begin{cases}\infty & (R<\sigma)\\ -\epsilon\left(\dfrac{\sigma}{R}\right)^6 & (R>\sigma)\end{cases}$$

と与えられるとき，十分高温で第2ビリアル係数を

$$B(T)=b-\frac{a}{k_{\mathrm{B}}T}$$

と表わしたときの定数 a, b を求めよ．また，ジュール-トムソン効果が温度上昇から温度下降に転じる温度を求めよ．

星の終焉

太陽は熱いガス球である．内部では原子核反応が進み，そこで生じたエネルギーを周囲の空間に光として放射し続けている．高温の気体が四散

しないのは，自分自身の重力によって気体分子を中心に引きつけているからだ．あるいは，大きなガス球が重力で収縮しようとするのを，高温の気体の圧力で内部から支えているといってもよい．

宇宙に輝く星の多くは，この太陽とほぼ同じ状態にあると考えられる．しかし，星の輝きも永遠に続くものではない．やがて原子核反応のための燃料が尽きると，エネルギーの供給が終わる．星が「死」を迎えるのだ．

星の死は単純ではない．エネルギー源はなくなっても，星はしばらくの間光を保ち，エネルギーを失い続ける．それに伴い内部から支える圧力が減り，星は重力による収縮を始める．星が小さくなると重力のポテンシャルエネルギーが減少するから，そこで解放されたエネルギーによって，星の温度は再び上昇するのである．この段階の星には熱を失うと温度が上がるという性質があり，負の熱容量をもつといってもよい．こうして，小さな高温の星ができる．これが青白く輝く白色矮星だと考えられる．白色矮星で重力を内部から支えている力は，フェルミ縮退した電子の圧力(第7章)である．

比較的小さな星(太陽の1.4倍まで)はこのように比較的静かな死を迎えるのだが，大きな星では重力が大きいため収縮も急で，解放される重力エネルギーも大きい．このため，星は急速に高温になって爆発する．これが超新星爆発で，1987年大マゼラン星雲で観測され，話題になった．さらに大きな星は，大きな重力を支えきるものがなく，ブラックホールになる．

負の熱容量など，星がふつうの物体とは異なる振舞いをするもとは，重力である．重力のポテンシャルエネルギーは距離に反比例し，影響が遠くまで及んでしまう．電荷の間のクーロン相互作用も距離に反比例するが，電荷には正負があり，物質はふつう電気的に中性であるため，引力と斥力が打ち消しあい，残りの力は遠くまで及ばない．重力が大事な働きをする質量の大きな系には，たとえばエネルギーが物質の量に比例するという，ふつうの物体のもつ性質がないのである．

5 低温と量子効果

高温で成り立つ古典統計力学の近似は，低温では成り立たない．温度が下がるにともない，物質は量子力学の効果をさまざまな形で示すようになる．高温では原子・分子の激しい熱運動によって覆いかくされていた物質の個性が，低温で姿を現わすのである．どのような低温で何がどのように見えてくるか．これがこの章の主題である．

絶対零度で物質はエネルギーの最も低い状態になり，ミクロな熱運動は完全に停止し，ミクロな状態の乱雑さを表わすエントロピーは0になる．その絶対零度の近くでは，熱運動はわずかにしか起きていない．微小な運動にともなう物質の性質の解明は，固体の格子振動の取扱いに最も典型的な例を見ることができる．

5-1 熱力学の第3法則

低温になると，すべての物質はひとつの共通な性質を示すようになる．それは，絶対零度でエントロピーが0になるというもので，熱力学の第3法則とよばれる．

低温の振動子系

一般論に入る前に，振動子系について得た結果をまとめておこう．固有振動数 ω の振動子 N 個からなる系の自由エネルギーは式(3.44)のように得られ

た．エントロピーを温度の関数として求めるには，式(3.82)を用いればよい*．すなわち，

$$S = -\left(\frac{\partial F}{\partial T}\right)_{\omega}$$
$$= Nk_{\mathrm{B}}\left[\frac{\hbar\omega}{k_{\mathrm{B}}T}\frac{1}{e^{\hbar\omega/k_{\mathrm{B}}T}-1}-\log\left(1-e^{-\hbar\omega/k_{\mathrm{B}}T}\right)\right] \tag{5.1}$$

また，比熱は式(2.86)により

$$C = T\left(\frac{\partial S}{\partial T}\right)_{\omega}$$
$$= Nk_{\mathrm{B}}\left(\frac{\hbar\omega}{k_{\mathrm{B}}T}\right)^{2}\frac{e^{\hbar\omega/k_{\mathrm{B}}T}}{\left(e^{\hbar\omega/k_{\mathrm{B}}T}-1\right)^{2}} \tag{5.2}$$

となる**．高温 $k_{\mathrm{B}}T \gg \hbar\omega$ では，$e^{\hbar\omega/k_{\mathrm{B}}T} \cong 1+\hbar\omega/k_{\mathrm{B}}T$ と近似することにより

$$S \cong Nk_{\mathrm{B}}\left[\log\left(\frac{k_{\mathrm{B}}T}{\hbar\omega}\right)+1\right] \tag{5.3}$$

$$C \cong Nk_{\mathrm{B}} \tag{5.4}$$

となる．これらの結果は，4-2 節で示したように，古典統計力学により得られるものと一致する．

古典統計力学の近似は，$k_{\mathrm{B}}T \lesssim \hbar\omega$ の低温では成り立たない．とくに $k_{\mathrm{B}}T \ll \hbar\omega$ の低温では

$$S \cong \frac{N\hbar\omega}{T}e^{-\hbar\omega/k_{\mathrm{B}}T} \tag{5.5}$$

$$C \cong \frac{N(\hbar\omega)^{2}}{k_{\mathrm{B}}T^{2}}e^{-\hbar\omega/k_{\mathrm{B}}T} \tag{5.6}$$

となり，絶対零度では 0 になる．

$$\lim_{T\to 0} S = 0 \tag{5.7}$$
$$\lim_{T\to 0} C = 0 \tag{5.8}$$

---

*　V=一定 は，ここでは ω=一定 に当たる．

**　この式は $C=dE/dT$ により，式(2.96)にも得られている．

熱力学の第3法則

じつは，式(5.7),(5.8)は振動子系に限らず，そのほかの系でも一般的に成り立つ性質である．基底状態のエネルギーを E_0，その上の量子状態(エネルギーの最も低い励起状態)のエネルギーを E_1，それぞれの縮重度(同じエネルギーをもつ量子状態の数)を g_0, g_1 とすれば，

$$\Delta E \equiv E_1 - E_0 \gg k_B T \tag{5.9}$$

の低温では，分配関数は

$$Z \cong g_0 e^{-E_0/k_B T} + g_1 e^{-E_1/k_B T} \tag{5.10}$$

としてよい．したがって自由エネルギーは

$$F \cong E_0 - k_B T \log g_0 - \frac{g_1}{g_0} k_B T e^{-\Delta E/k_B T} \tag{5.11}$$

エントロピーと比熱は

$$S \cong k_B \log g_0 + \frac{g_1}{g_0} \frac{\Delta E}{T} e^{-\Delta E/k_B T} \tag{5.12}$$

$$C \cong \frac{g_1}{g_0} k_B \left(\frac{\Delta E}{k_B T} \right)^2 e^{-\Delta E/k_B T} \tag{5.13}$$

となる．

エントロピーの式(5.12)の第2項は，$T \to 0$ のとき因子 $\Delta E/T$ は無限大になるが，指数関数 $e^{-\hbar\omega/k_B T}$ はそれよりはるかに速く0に近づくので，0になる．比熱の式(5.13)も同様である．したがって，比熱について一般に式(5.8)が成り立ち，エントロピーについても，基底状態がひとつに決まっている場合($g_0=1$)には，式(5.7)が成り立つことがわかる．基底状態に縮退がある場合($g_0 \neq 1$)でも，g_0 の大きさがたとえば N の程度であっても，$\log N$ は1のオーダーにすぎないから，$T \to 0$ におけるエントロピーの大きさは，有限温度におけるエントロピーが Nk_B の程度であるのに比べて十分に小さい．マクロなスケールで見れば0としてよい．実在の物質では少数の例外を除いて*,

* 原子配列が乱れたまま固定しているガラスでは，絶対零度でも有限の大きさのエントロピーが残る．しかし，ガラスはほんとうの熱平衡状態ではないと考えられている．

絶対零度でエントロピーは0になる．これを**熱力学の第3法則**(the third law of thermodynamics)，または**ネルンストの熱定理**(Nernst's heat theorem)という．エントロピーは物質のミクロな状態の乱雑さを表わす指標であった．絶対零度で物質はひとつの基底状態におさまり，いわば完全な秩序が実現することによって，エントロピーは0になるのだということができる．

比熱は $C=T(\partial S/\partial T)$ と表わされるから，例えば $S\propto T^{\alpha}$ とすれば $C\propto T^{\alpha}$ となり，比熱もまた絶対零度で0になる．

低温の回転分子系

第3法則のもうひとつの例として，回転する分子の系を考えよう．回転分子系は4-4節で古典統計力学の例題として考えた．そこで得たエントロピーの式(4.58)は

$$k_{\mathrm{B}}T \lesssim \frac{\hbar^2}{2I} \equiv k_{\mathrm{B}}T_{\mathrm{R}} \tag{5.14}$$

となる低温で負になり，このような低温では古典近似が正しくないことを示している．

古典力学では，分子の回転のハミルトニアンは方位角 (θ, φ) に共役な運動量 (p_θ, p_φ) によって式(4.55)のように表わされた．ここで

$$L^2 = p_\theta{}^2 + \frac{1}{\sin^2\theta}p_\varphi{}^2 \tag{5.15}$$

は回転の角運動量の2乗である．量子力学によると，その値は

$$L^2 = l(l+1)\hbar^2 \qquad (l=0,1,2,\cdots) \tag{5.16}$$

と量子化される．したがって，回転分子の量子状態のエネルギーは

$$\epsilon_l = \frac{\hbar^2}{2I}l(l+1) \tag{5.17}$$

となる．また，同じエネルギーをもつ量子状態が $2l+1$ 個ずつ存在することが分かっている*．このことを用いて，1個の回転分子の分配関数が

*　これは，古典力学との対応でいえば，同じ速さの回転でも回転軸の向きがいろいろあることに相当している．

$$z = \sum_{l=0}^{\infty}(2l+1)\exp\left[-\frac{\hbar^2}{2Ik_B T}l(l+1)\right] \tag{5.18}$$

と得られる*.

はじめ,

$$k_B T \gg \frac{\hbar^2}{2I} \tag{5.19}$$

となる高温の場合を考えよう. このとき, 式(5.18)で l が1ずつ増すときの項の値の変化は小さい. したがって, 和を積分におきかえることができて, 分配関数は

$$\begin{aligned} z &= \int_0^{\infty}(2x+1)\exp\left[-\frac{\hbar^2}{2Ik_B T}(x^2+x)\right]dx \\ &= \int_0^{\infty}\exp\left[-\frac{\hbar^2}{2Ik_B T}t\right]dt \\ &= \frac{2Ik_B T}{\hbar^2} \end{aligned} \tag{5.20}$$

となる. 1行目から2行目に移るときには, $x^2+x=t$ の積分変数の変換を行なった. 結果は古典統計力学で得た式(4.56)と一致する.

次に,

$$k_B T \ll \frac{\hbar^2}{2I} \tag{5.21}$$

となる低温では, 式(5.18)は最初の2項だけ残せばよく,

$$z \cong 1+3e^{-\hbar^2/Ik_B T} \tag{5.22}$$

となる. このとき, 回転子1個当りの自由エネルギー ϕ, エントロピー s, 比熱 c はそれぞれ次のようになる.

$$\phi \cong -3k_B T\, e^{-\hbar^2/Ik_B T} \tag{5.23}$$

---

* この取扱いは CO, HD (D は重水素)のような異なる原子核の分子の場合にのみ正しい. H_2 のように分子を構成する2つの原子核が同じものである場合は, 原子核の位置が入れかわったとき, 原子核の波動関数に要請される対称性(7-1節参照)のために, 回転運動の状態に対して制限が加わることになる.

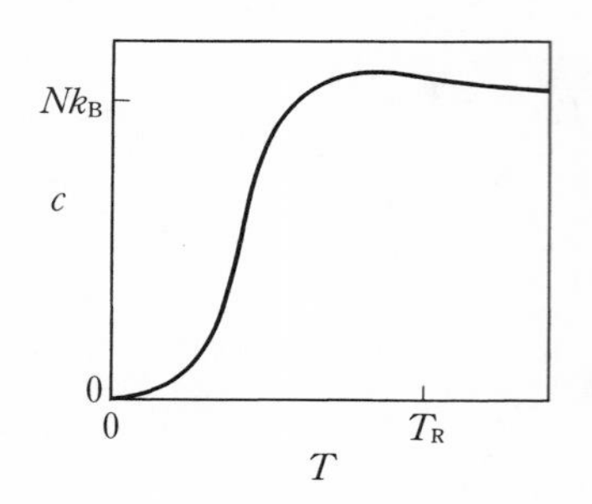

図 5-1 低温における回転分子系の比熱．$T_R = \hbar^2/2Ik_B$

$$s \cong \frac{3\hbar^2}{IT} e^{-\hbar^2/Ik_BT} \tag{5.24}$$

$$c \cong 3k_B \left(\frac{\hbar^2}{Ik_BT}\right)^2 e^{-\hbar^2/Ik_BT} \tag{5.25}$$

ここでも，熱力学の第 3 法則，式(5.7)，(5.8)が成り立っている．

一般の温度における比熱は数値的に計算しなければならない．結果は図 5-1 のようになり，$k_BT = 0.81(\hbar^2/2I)$ に最大値 $c = 1.1k_B$ をもち，高温では古典統計の値 k_B に近づく．

回転分子のエネルギーが式(5.17)のように量子化されることは，おおまかには次のように理解できる．図 4-10 のような分子の回転は，換算質量 $\mu(= m_1m_2/(m_1+m_2))$ をもつ粒子の半径 $a(=a_1+a_2)$ の円運動とみてよい．そのエネルギーは，周期的境界条件のもとでの 1 次元の粒子のエネルギー，式(2.13)で与えられるだろう．ここで，$m=\mu$，$L=2\pi a$ とおいて，

$$\epsilon_n = \frac{\hbar^2}{2I} n^2 \qquad (I = \mu a^2)$$

となり，式(5.17)に近い結果が得られる．また，$2l+1$ の縮退は，回転運動の軸の向き(角運動量の向き)がいろいろあることに対応する．角運動量の大きさだけではなく，その向きも量子化されるのである．

第 3 法則の意義

マクロな系の状態を定める変数には，温度のほかにも体積，圧力，磁場などいろいろある．この節で温度を 0 に近づけるときのエントロピーの振舞いを論じたが，ここでは温度以外の変数，例えば体積を一定に保つとしている．

第3法則はその変数の値によらず成り立つのである．そのことをあらわに書くと，エントロピーが温度 T，圧力 V の関数として $S(T, V)$ と与えられたとすれば，V の値によらず，

$$\lim_{T\to 0} S(T, V) = 0 \tag{5.26}$$

となる．また，極限値が V によらないから

$$\lim_{T\to 0}\left(\frac{\partial S}{\partial V}\right)_T = 0 \tag{5.27}$$

でなければならない．マクスウェルの関係，式(3.88)より，

$$\lim_{T\to 0}\left(\frac{\partial p}{\partial T}\right)_V = 0 \tag{5.28}$$

も結論される．

定積比熱 C_V はエントロピー $S(T, V)$ から式(2.86)によって得られる．この式を積分して，エントロピーは

$$S = \int_0^T \frac{C_V}{T}dT \tag{5.29}$$

と表わされる．C_V は実験によって求めることができるから，エントロピーもこの式で得られる．かりに，$T=0$ におけるエントロピーが0でないとすれば，それは一般に体積によるはずである．その場合には，C_V だけからエントロピーを求めることも，その体積依存性を知ることもできない．

一定に保つ変数は圧力でもよい．そのときは

$$\lim_{T\to 0} S(T, p) = 0 \tag{5.30}$$

$$\lim_{T\to 0}\left(\frac{\partial S}{\partial p}\right)_T = 0 \tag{5.31}$$

であり，マクスウェルの関係，式(3.89)より

$$\lim_{T\to 0}\left(\frac{\partial V}{\partial T}\right)_p = 0 \tag{5.32}$$

である．体積膨張率(式(3.93))も絶対零度で0になる．また，一般の温度，

圧力におけるエントロピーは，定圧比熱 C_p を用いて

$$S = \int_0^T \frac{C_p}{T} dT \tag{5.33}$$

により定めることができる.

物質の構造は温度や圧力によっていろいろに変化する．気体，液体，あるいは種々の結晶構造の固体など，定まった構造をもつ均一な物質状態を**相**(phase)という．相の平衡，すなわち物質の異なる相があい接して熱平衡にある場合の問題は第6章で論じるが，そこでは異なる相の熱力学量を比較しなければならない．第3法則はすべての相で成り立つから，絶対零度における相の平衡では，すべての相が同じエントロピー0をもつことになる．また，各相における比熱がわかれば，有限温度のエントロピーは式(5.33)によって与えられるから，これによって有限温度における相の平衡も論じることができる．このように熱力学の第3法則は異なる相間の熱平衡の問題でも重要な役割を果たすことになる.

5-2 磁性体のエントロピー

2-5節で論じた常磁性体の問題をもういちど考えてみよう．そのことによって，熱力学の第3法則が前節とは別の角度から，見なおされることになる.

簡単な常磁性体

固体を構成する原子が磁気モーメント(スピン)をもち，その向きが上下2方向しかとりえない場合には，固体を磁場 B の中におくと，各原子がエネルギー $\pm\mu B$ の2つの量子状態をもつ2準位系になる．2準位系の問題はすでに2-5節で取り上げたが，もういちどカノニカル分布によって扱う．1原子の分配関数は

$$z = e^{\mu B/k_{\mathrm{B}}T} + e^{-\mu B/k_{\mathrm{B}}T} \tag{5.34}$$

であるから，原子数を N とすれば，この系の自由エネルギー F，エントロピー S は次のように表わされる.

$$F = -Nk_{\mathrm{B}}T\log z$$
$$= -Nk_{\mathrm{B}}T\log(e^{\mu B/k_{\mathrm{B}}T}+e^{-\mu B/k_{\mathrm{B}}T}) \tag{5.35}$$

$$S = -\left(\frac{\partial F}{\partial T}\right)_{\mathrm{B}}$$
$$= Nk_{\mathrm{B}}\left\{\log(e^{\mu B/k_{\mathrm{B}}T}+e^{-\mu B/k_{\mathrm{B}}T})-\frac{\mu B}{k_{\mathrm{B}}T}\tanh\left(\frac{\mu B}{k_{\mathrm{B}}T}\right)\right\} \tag{5.36}$$

とくに，$k_{\mathrm{B}}T \ll \mu B$ の低温でエントロピーは

$$S \cong \frac{2N\mu B}{T}e^{-2\mu B/k_{\mathrm{B}}T} \tag{5.37}$$

となり，$T \to 0$ で 0 となって，この系でも熱力学の第 3 法則が成り立つことがわかる(図 5-2)．

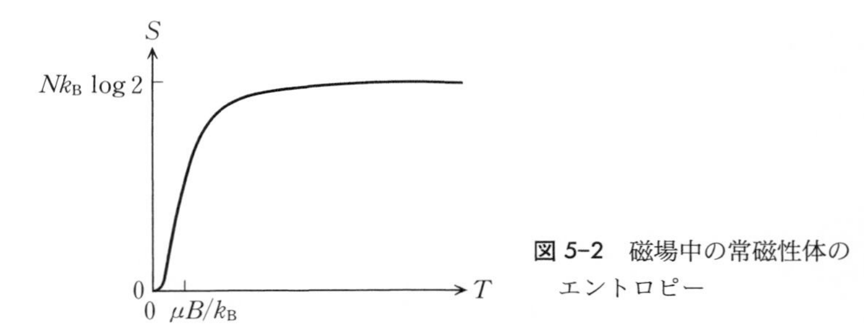

図 5-2 磁場中の常磁性体のエントロピー

しかし，磁場がかかっていないときは，式(5.36)で $B=0$ とおき，

$$S = Nk_{\mathrm{B}}\log 2 \tag{5.38}$$

となる．エントロピーは温度によらず一定値となり，第 3 法則は成り立たない．磁場がないときは各原子のエネルギーは磁気モーメントの向きに依存せず，各原子の量子状態は 2 重に縮退する．したがって，全系としては 2^N 個の状態がすべて同じエネルギーをもつことになり，式(5.38)のエントロピーが生じるのである．

スピン間の相互作用

この系で第 3 法則が成り立たないことは何を意味するだろうか．第 3 法則の中味は，じつは，実在の系では式(5.7)が成り立つということである．上で扱った常磁性体は，磁性モーメントをつくるスピンの間に相互作用がまった

くないとした，理想化されたモデルである．実在の磁性体では，スピンの間になんらかの相互作用が働いている．古典論で考えても，磁気モーメントの間には磁気的相互作用が働くし，物質中ではそのほか交換相互作用とよばれる量子力学の効果によるスピン間の相互作用もある*.

図 5-3 のような，スピンをもつ 4 個の原子からなる系を考えよう．各スピンは上下 2 方向のみを向きうるとする．スピン間にまったく相互作用が働かないとすれば，この系の $2^4=16$ 個の状態はすべて同じエネルギーをもち，縮重している．これに対し，隣接した原子間にスピンを逆向きに揃える相互作用が働いていると，図の(b)のようにスピンの配列した状態が残り 14 個の状態より低いエネルギーをもち，基底状態の縮重は 16 から 2 に減少する．このように，相互作用は基底状態の縮重を減らす働きをもつのである．

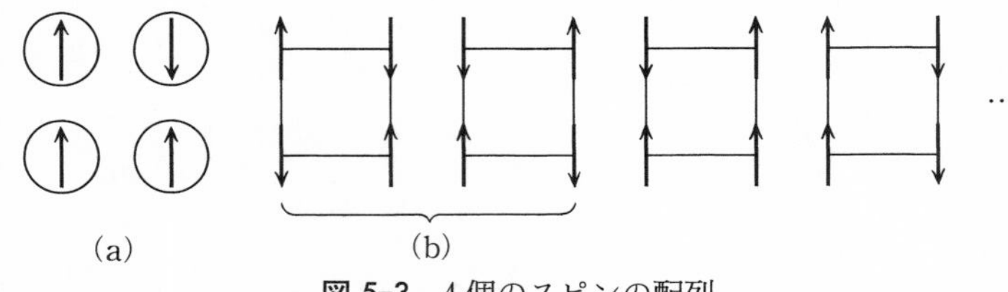

図 5-3　4 個のスピンの配列

一般に，スピン間に働く相互作用は，1 個の原子に注目すると，その原子に加わる磁場に似た働きをもつと見ることができ，これを**内部磁場**(internal magnetic field)という．実在の磁性体のエントロピーは，外から磁場が加わっていない場合でも，この内部磁場の効果によって，温度が絶対零度に近づくとともに 0 になると考えられる(図 5-5)．

1 次元イジング模型

スピン間に相互作用が働いている系の熱力学量を求めることは，一般には難しい．ここでは，厳密な計算が比較的容易になしうる例として，次のような簡単な系を考える．

図 5-4 のように，1 次元的に並んだ N 個の原子の系があり，各原子は上

---

* 多くの場合，磁気的な相互作用より交換相互作用の方がはるかに強い．

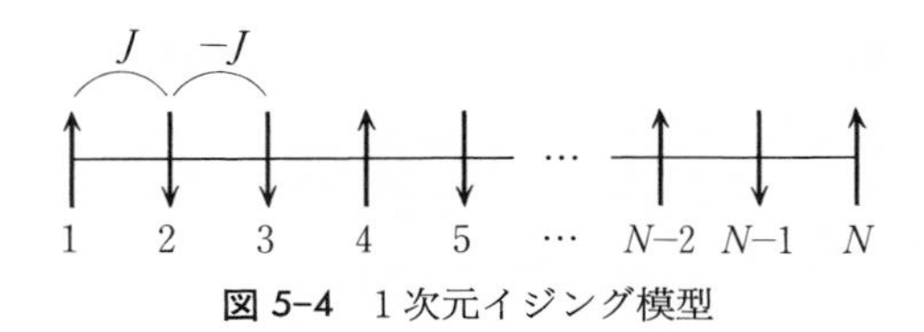

図 5-4 1次元イジング模型

下2方向のみを向きうるスピンをもっている．そして，隣接するスピン間には，スピンを同じ向きに揃える相互作用が働いている．i 番目のスピンを s_i で表わし，スピンの上向き，下向きの状態をそれぞれ $s_i=1$, $s_i=-1$ に対応させると，i 番目と $i+1$ 番目のスピン間の相互作用は，

$$-Js_is_{i+1} \qquad (J>0)$$

と表わすことができる．系全体のエネルギーは

$$E = -J\sum_{i=1}^{N-1} s_is_{i+1} \tag{5.39}$$

となる．これを**1次元イジング模型**(one-dimensional Ising model)という．

この系の分配関数は

$$Z = \sum \exp\left[\frac{J}{k_B T}\sum_{i=1}^{N-1} s_is_{i+1}\right] \tag{5.40}$$

である．ここで，和はすべてのスピンについて $s_i=\pm 1$ とした 2^N 個の項の和を表わす．s_1 から順次に和を計算しよう．$J/k_BT=j$ とおくと，

$$Z = \sum e^{js_1s_2}e^{js_2s_3}\cdots e^{js_{N-1}s_N}$$

であるから，s_1 の和は，関係する部分だけを書いて，

$$\sum_{s_1=\pm 1} e^{js_1s_2} = e^{js_2}+e^{-js_2}$$

となる．s_2 の和は

$$\begin{aligned}\sum_{s_2=\pm 1}(e^{js_2}+e^{-js_2})e^{js_2s_3} &= (e^j+e^{-j})e^{js_3}+(e^{-j}+e^j)e^{-js_3} \\ &= (e^j+e^{-j})(e^{js_3}+e^{-js_3})\end{aligned}$$

同様の計算をくり返すことにより，s_3 の和が

$$(e^j+e^{-j})^2(e^{js_4}+e^{-js_4})$$

となることは明らかだろう．このような計算を続け，s_{N-1} の和は

$$(e^j+e^{-j})^{N-2}(e^{js_N}+e^{-js_N})$$

となり，最後に s_N について和をとって

$$Z = 2(e^{J/k_BT}+e^{-J/k_BT})^{N-1} \tag{5.41}$$

が得られる．

式(5.41)より，マクロな系($N\gg1$)では自由エネルギー F，エントロピー S は次のようになる．

$$\begin{aligned} F &= -k_BT\log Z \\ &= -Nk_BT\log(e^{J/k_BT}+e^{-J/k_BT}) \end{aligned} \tag{5.42}$$

$$\begin{aligned} S &= -\frac{\partial F}{\partial T} \\ &= Nk_B\left[\log(e^{J/k_BT}+e^{-J/k_BT})-\frac{J}{k_BT}\tanh\left(\frac{J}{k_BT}\right)\right] \end{aligned} \tag{5.43}$$

とくに，$k_BT\ll J$ となる低温でエントロピーは

$$S \cong \frac{2NJ}{T}k_Be^{-2J/k_BT} \tag{5.44}$$

となり，熱力学の第3法則が成り立っている．また，$k_BT\gg J$ の高温では

$$S \cong Nk_B\log 2 \tag{5.45}$$

となり，相互作用がない場合の値に近づく．これらの結果は，磁場中の相互作用のないスピン系の場合とまったく同じ形で，そこで μB を J におきかえることにより得られる．このことは，相互作用が内部磁場と見なしうるという考えを支持している．

分配関数(5.41)から自由エネルギー，エントロピーを求めるとき1のオーダーの量を無視せずに書くと，絶対零度のエントロピーとして，式(5.41)の因子2に起因する $k_B\log 2$ が残る．これは，最もエネルギーの低い状態として，すべてのモーメントが上を向いた状態とすべてのモーメントが下を向いた状態とがあり，基底状態が2重に縮重していることによるものである．もちろん，マクロな系では無視し，$T\to0$ で $S\to0$ としてよい．

ここで，この系の熱力学量が温度の連続関数であることに注意したい．同じモデルの2次元，3次元の場合には，これと質的に異なる振舞いが見られ

るが，そのことは第8章で論じる．

問 5-1 1次元イジング模型のエネルギーと温度の関係は，すでに第2章演習問題8で得ている．ここで得た自由エネルギー(5.42)からエネルギーを求め，前に得た結果と一致することを示せ．

断熱消磁

磁性体を磁場 B_1 中におき，次に外から熱が入らないようにして，磁場を B_2 $(< B_1)$ まで減少させる．断熱の条件ではエントロピーが一定に保たれるから，始めの温度を T_1，終りの温度を T_2 とすれば，

$$S(T_1, B_1) = S(T_2, B_2) \tag{5.46}$$

が成り立つ．スピン間に相互作用のない常磁性体では，エントロピーは式(5.36)のように B/T の関数であるから，

$$\frac{B_1}{T_1} = \frac{B_2}{T_2} \qquad \therefore \quad T_2 = \frac{B_2}{B_1} T_1 \tag{5.47}$$

となる．$B_1 > B_2$ だから，$T_1 > T_2$ であり，温度は T_2 まで下がることになる．

もしも式(5.47)が $B \to 0$ まで成り立つとすれば，磁場を0にすることにより，磁性体の温度は絶対零度に到達する．しかし，実在の磁性体のエントロピーは図5-5のようだから，到達温度は T_0 であって0ではない．内部磁場の大きさを $B_{\rm int}$ とすれば，おおよそ

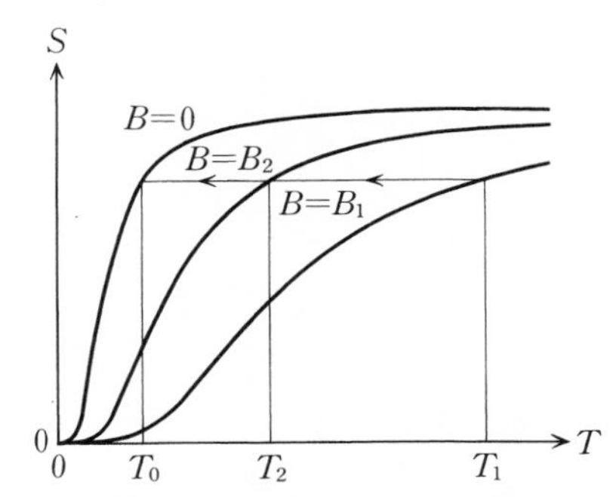

図 5-5 断熱消磁．温度 T_1，磁場 B_1 の状態から，磁場を断熱的に B_2 まで減らすと温度は T_2 に，0まで減らすと T_0 に下がる．

$$T_0 = \frac{B_{\text{int}}}{B_1} T_1 \tag{5.48}$$

である．

ここで述べた方法は**断熱消磁**(adiabatic demagnetization)とよばれ，実際に低温生成に用いられる．到達温度を低くするには，内部磁場，すなわちスピン間の相互作用の小さな磁性体を用い，始めの磁場 B_1 を強く，温度 T_1 を低くすればよい．原子のもつ磁気モーメントには電子によるものと原子核によるものがある．モーメントの大きさは後者の方がずっと小さく，したがって磁気的相互作用も弱い．また，量子力学的な交換相互作用も，質量の大きい粒子ほど小さい．したがって，原子核による磁気モーメントの方が内部磁場が弱く，断熱消磁による低温生成に有利である．

断熱消磁は，エントロピーを一定に保ちながら温度以外の変数を変えることによって温度を下げる，という点で気体の断熱膨張と原理的に同じ方法である*．しかし，具体的にはどのような方法をとるにせよ，エントロピーを減少させることはできない．エントロピーを一定に保つとすれば，始めの温度が有限である限り，エントロピーも有限であり，磁場や体積などのもう1つの変数をどのように変化させても，第3法則により終りの温度も有限である．原理的には，断熱消磁のような方法をくり返すことによって，いくらでも絶対零度に近づくことができる．しかし，第3法則は有限回の過程によっては絶対零度に到達しえないことを示している．

5-3 2原子分子気体

これまで例としてとり上げた系は，実在の物質の，ある自由度のみに注目したモデルであった．一般に，実在の物質は，例えば前節の磁性体でも原子はスピンのほか原子自身の重心運動の自由度ももつというように，性質の異な

---

* ジュール-トムソン効果による低温生成(126ページ)は，エントロピーが一定に保たれていないので，原理的に異なる．

る自由度をいくつか合わせもっている．そのような例として2原子分子の気体を考えよう．

分子の振動

2原子分子の運動は，重心の運動と2原子の相対運動に分けることができる．そのうち重心運動については単原子分子の場合と変わらない．相対運動はさらに原子間距離の変化する運動と回転運動に分けて考えればよい．

まず，原子間距離の変化する運動に注目する．2原子を結合させている力のポテンシャルは，およそ図5-6のような形をしている．aは原子間の平均距離，ϵは分子を解離する(2原子を無限遠まで引き離す)ために必要なおよそのエネルギーである．分子はこのポテンシャルが最小の点の近くで振動していると考えられる．振動の固有振動数を求めるには，ポテンシャルを最小点の近くで展開し，2次の係数を求めればよい．すなわち，原子間距離をRとすれば，$R \cong a$において

$$V(R) \cong V(a)+\frac{1}{2}\kappa(R-a)^2+\cdots \tag{5.49}$$

振動の振幅が十分に小さければ，3次以上の項は無視することができて，振動は調和振動になる．その固有振動数ωは，分子の換算質量をμとして

$$\omega=\sqrt{\frac{\kappa}{\mu}} \tag{5.50}$$

である．

分子振動の固有振動数は，実験的には分子の赤外線吸収から求めることが

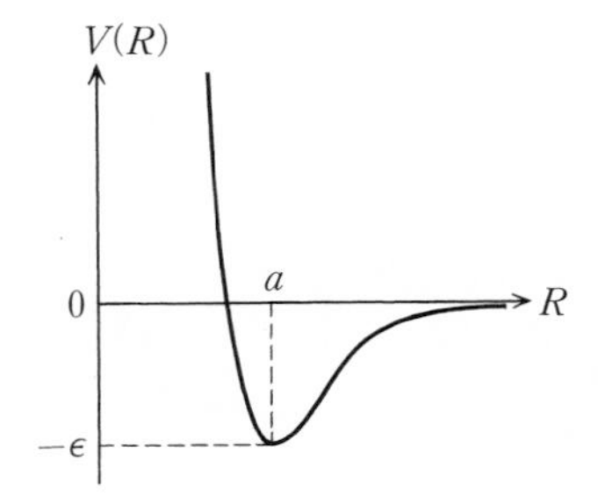

図5-6 2原子分子の原子間力のポテンシャル

できる．実験値は水素分子が 13.2×10^{13} Hz，酸素分子が 4.7×10^{13} Hz である*．

この分子振動の固有振動数から見積ると，酸素分子の場合

$$\frac{\hbar\omega}{k_B} \cong 2.2\times10^3 \quad \mathrm{K} \tag{5.51}$$

である．したがって，常温でも

$$k_B T \ll \hbar\omega$$

の条件は十分に成り立っている．振動の量子状態はいつも基底状態にあるとみてよい．

分子の回転

分子の回転に量子効果が重要になる境目の温度は式(5.14)で与えられ，軽い分子ほど高い．しかし，最も軽い水素分子の場合で

$$T_R \cong 88\,\mathrm{K} \tag{5.52}$$

であり，他の分子ではこれよりもさらに低くなる．したがって，常温では分子の回転は古典統計力学で扱ってよい．水素の場合は低温で比熱に図 5-1 のような温度変化がみられる．2 原子分子では，図 5-7 のように 2 つの軸 a, b のまわりの回転があるから，エネルギーの等分配則により，1 分子当りのエネルギーは

$$\frac{1}{2}k_B T\times 2 = k_B T$$

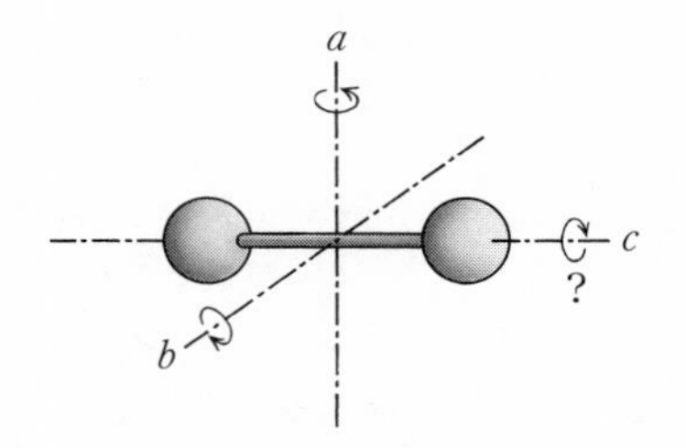

図 5-7 2 原子分子の回転

* 角振動数ではなく，毎秒の振動数．

となる*.

問 5-2 水素分子 H_2 について T_R(式(5.14))を見積もれ．また酸素分子 O_2 の場合はどうか．水素分子，酸素分子の原子核間距離はそれぞれ 0.74×10^{-10} m，1.21×10^{-10} m である．［酸素分子では $T_R\cong2.1$ K.］

ここで，次のような疑問が生じるかも知れない．2原子を結ぶ軸 c のまわりの回転を考えないのはなぜだろうか．さらにいえば，1原子分子でも有限な大きさがあるのに，回転の自由度を無視してよいのだろうか．

この疑問に答えるには，原子の大きさは電子の広がりによるもので，質量は大半を小さな原子核が担っている，という事実に注目すればよい．原子が図5-8のような構造をもつとみて，その回転を考える．大きさは原子・分子を1として原子核は 10^{-5} の程度，質量は原子核を1として電子は 10^{-3} の程度である．したがって，分子回転の慣性モーメントを1として，電子および原子核の慣性モーメントは

$$[\text{分子}]:[\text{電子}]:[\text{原子核}] = 1:10^{-3}:10^{-10}$$

と見積もられる．回転運動の量子化のエネルギーは $\hbar^2/2I$ であるから，その比は

$$[\text{分子}]:[\text{電子}]:[\text{原子核}] = 1:10^{3}:10^{10}$$

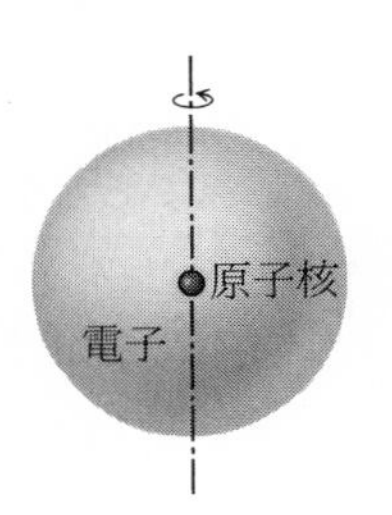

図 5-8 原子の構造

* このように，分子の振動と回転を分けて別々に扱うことは，厳密にいうと正しくない．分子が振動すると原子間距離が変わるから回転が影響を受け，回転すると原子間に遠心力が働くから振動が影響を受け，2つの運動は関連しあう．しかし，振動のエネルギー間隔 $\hbar\omega$ が回転のエネルギー間隔 $\hbar^2/I$ に比べて非常に大きいときは，分子は剛体のように見なしてよく，回転を振動とは独立な運動として扱うことが許される．(本シリーズ第6巻『物質の量子力学』参照.)

である．このように，分子全体の回転に比べて，2原子分子の軸のまわりの回転や単原子分子の回転のような，電子や原子核自身の回転運動は量子化のエネルギーがはるかに大きく，通常の温度ではすべて基底状態にある．したがって，比熱などにはまったく寄与しないのである．

凍結した自由度，有効な自由度

分子は原子からなり，原子は電子と原子核で構成され，原子核は陽子と中性子でできている．さらに，最近の研究では中性子や陽子にも内部構造があると考えられている．このように，原子・分子は多数の内部自由度をもち，上に述べた回転に限らず，さまざまな内部運動が可能である．しかし，それらの大部分は大きな量子化エネルギーをもつため，比熱に寄与することはない．それはいわば凍結した自由度である．その結果，2原子分子では重心運動の3，回転の2，合計5つの自由度だけが熱的に励起され，比熱に寄与する有効な自由度として残る．

3個以上の原子が結合した分子では3軸のまわりの回転があるので，比熱に効く回転の自由度は3である*.

これらの考察とマイヤーの関係(3.95)から，種々の気体の常温における定圧モル比熱 C_p と比熱比 $\gamma=C_p/C_V$ が表5-1のように得られる．これらの結果は実験ともよく一致している．

表 5-1 気体の定圧モル比熱 C_p と比熱比 $\gamma(\equiv C_p/C_V)$ の理論値と実験値．R は気体定数，$R=8.3145\,\mathrm{J/(mol\cdot K)}$

	理論値		実験値	
	C_p(J/(mol·K))	γ	C_p(J/(mol·K))	γ
A	$(5/2)R=20.79$	5/3	20.9	1.67
H_2	$(7/2)R=29.10$	7/5	28.6	1.41
O_2			29.5	1.40
NH_3	$4R=33.26$	4/3	36.6	1.34

* 原子が直線上に並んでいるときは回転の自由度は2になるが，実際の分子は曲がっている．

5-4 空洞放射

物体は高温に熱すると光を出し，色は赤みをおびたものから温度が上るにつれて青白くなる．光を波長に分解して強度分布(スペクトル)を調べると，物体の温度によって定まったスペクトルをもち，強度の強い領域は高温ほど短波長へ移行する．この現象が，古典統計力学では理解しえないことから，プランクの理論を生み，量子論誕生の発端となったものである．

空洞内の電磁場

光は電磁波の一種で，電磁波は電磁場の振動である．電磁場は物質ではないがエネルギーをもち，その振舞いは，例えば固体原子の振動と同じように，統計力学の対象になる．しかし，普通に物体を熱したのでは，物体から放射された光はそのまま遠方へ伝播してしまうので，電磁場は熱平衡状態にあるとはいいがたい．熱平衡の電磁場を扱うには，図5-9のような空洞を考えればよい．空洞の内部には壁から放射された電磁波が充満する．これを**空洞放射**という．電磁場と壁の間では電磁波の放射と吸収が絶えずくり返されているから，壁を一定の温度 T に保つと，空洞内の電磁場も同じ温度 T の熱平衡になると考えられる．その電磁場の様子を知るには，壁に小さな孔を開け，そこからもれてくる光を観測すればよい．孔が小さければ，それによる電磁場の熱平衡状態の乱れは無視することができる．

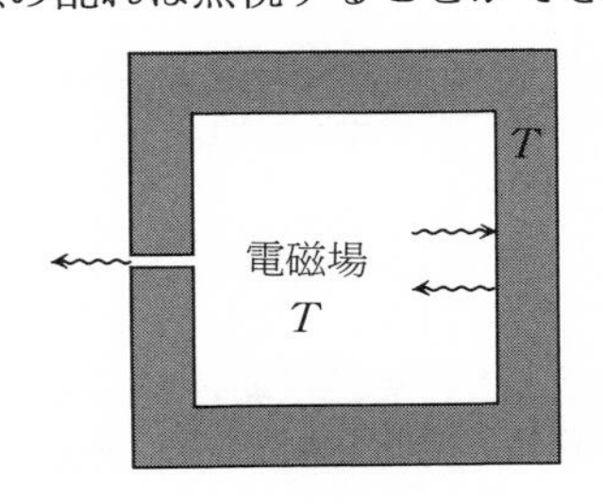

図 5-9 空洞内の電磁場

電磁場の振動子

電磁場の振動は次のように考えればよい．電磁場の時間変化はマクスウェルの方程式に従う．マクスウェルの方程式は線形だから重ね合わせの原理が成り立ち，一般の電磁場は，それぞれがマクスウェルの方程式をみたし，一定の振動数で振動する成分(基準振動)の和として表わすことができる．空洞内の電磁場の場合には，まず空洞の壁での境界条件を満たす基準振動を求めなければならない．しかし，2-1 節で自由粒子に関して述べたように，マクロな系の性質を考える場合には，境界条件のとり方の違いは結果に影響しない．そこで，ここでも最も便利な周期的境界条件(式(2.15))をとることにする．そうすると，基準振動は定まった波数ベクトル $\boldsymbol{k}$ をもつ進行波とすることができる．電磁場の振動は電場と磁場がたすけあって変動するものであるが，そのうち電場 $\boldsymbol{E}(\boldsymbol{r}, t)$ について書けば，基準振動の重ね合わせとして次のように表わされる．

$$\boldsymbol{E}(\boldsymbol{r}, t) = \sum_{\boldsymbol{k}} \boldsymbol{E}_{\boldsymbol{k}} \exp\left[i(\boldsymbol{k}\cdot\boldsymbol{r} - \omega_{\boldsymbol{k}} t)\right] \tag{5.53}$$

ここで，振動数 $\omega_{\boldsymbol{k}}$ は，光速を c として

$$\omega_{\boldsymbol{k}} = ck \qquad (k=|\boldsymbol{k}|) \tag{5.54}$$

で与えられる．また，振幅 $\boldsymbol{E}_{\boldsymbol{k}}$ は電磁波が横波であることから，$\boldsymbol{k}\cdot\boldsymbol{E}_{\boldsymbol{k}}=0$ でなければならない．したがって，1 つの波動ベクトル $\boldsymbol{k}$ の基準振動には，$\boldsymbol{E}_{\boldsymbol{k}}$ の向き(偏り)について 2 つの独立な成分がある．

電場のエネルギーは

$$E_{\mathrm{el}} = \frac{1}{2}\varepsilon_0 \int |\boldsymbol{E}(\boldsymbol{r}, t)|^2 d^3\boldsymbol{r} \tag{5.55}$$

により与えられる．ε_0 は真空の誘電率である．式(5.53)を代入すると，空洞の体積を V として

$$E_{\mathrm{el}} = \frac{1}{2}\varepsilon_0 V \sum_{\boldsymbol{k}\alpha} |E_{\boldsymbol{k}\alpha}|^2 \tag{5.56}$$

となる．ただし，$\alpha(=1, 2)$ は偏りを表わし，$E_{\boldsymbol{k}\alpha}$ は偏りが α の基準振動の振幅である．磁場のエネルギーも同様に表わされる*．このように，電磁場

* 電場と磁場はマクスウェルの方程式で関連づけられており，別々に変動する独立なモードを与えるものではない．

を基準振動に分けると，各基準振動はそれぞれに固有な振動数で振動し，振幅の2乗に比例するエネルギーをもつ独立な振動子と見ることができる．

空洞を1辺 L の立方体とすれば，周期的境界条件のもとで，波数ベクトル $\boldsymbol{k}$ は各成分が，自由粒子の場合の式(2.17)と同様に，$2\pi/L$ の整数倍の値をとる．したがって，1つの $\boldsymbol{k}$ に偏りの異なる2つの基準振動が属することに注意すれば，基準振動は波数ベクトル $\boldsymbol{k}$ の空間に密度 $2V/(2\pi)^3$ で一様に分布することが分かる．波数ベクトルの大きさが $k \sim k+dk$ の球殻にある基準振動の数は

$$\frac{2V}{(2\pi)^3}\cdot 4\pi k^2 dk$$

であるから，固有振動数が $\omega \sim \omega+d\omega$ の振動子の数を $D(\omega)d\omega$ とすれば，式(5.54)の関係から，分布密度として

$$D(\omega) = \frac{V}{\pi^2 c^3}\omega^2 \tag{5.57}$$

が得られる．

プランクの放射公式

このような振動子系の問題は，すでに2-5節などで扱ってきた．ただし，この系が固体原子の振動などの場合と大きく異なる点は，振動子が振動数の高いものまで無限にあることである．したがって，かりにすべての振動子について古典統計力学が成り立つとすれば，比熱はエネルギー等分配則によって1振動子当り k_B になるから，全系の熱容量は無限大になる．これでは壁からいくらエネルギーを供給しても，空洞内の電磁場は熱平衡になりえない．これが，プランクの量子論誕生以前の古典論が直面した大きな困難であった．

私たちはすでに振動子は量子力学に従うこと，それを古典統計力学で近似できるのは $\hbar\omega \ll k_B T$ の場合に限られることを知っている．とくに $\hbar\omega \gg k_B T$ の振動子は比熱に寄与しないから，振動子の数は無限大であっても比熱は有限であり，上記の困難は解決する．ごくおおまかにいえば，$\hbar\omega < k_B T$ の振動子には古典統計力学(エネルギー等分配則)が成り立ち，$\hbar\omega >$

$k_B T$ の振動子は完全に凍結しているとして，電磁場のエネルギーは，零点エネルギーを別にして

$$E \cong k_B T \int_0^{k_B T/\hbar} D(\omega) d\omega \sim \frac{V k_B{}^4}{c^3 \hbar^3} T^4 \tag{5.58}$$

と見積もられる．したがって，T^3 に比例する有限な熱容量が得られる．

種々の固有振動数をもつ振動子の系のエネルギーは式(3.47)で与えられる．これを分布密度 $D(\omega)$ を使って書きなおすことにより，零点エネルギーから測ったエネルギーの表式として

$$\begin{aligned} E &= \int_0^\infty \frac{\hbar\omega}{e^{\hbar\omega/k_B T}-1} D(\omega) d\omega \\ &= \frac{V\hbar}{\pi^2 c^3} \int_0^\infty \frac{\omega^3 d\omega}{e^{\hbar\omega/k_B T}-1} \end{aligned} \tag{5.59}$$

が得られる．積分変数を $x=\hbar\omega/k_B T$ に変え，単位体積当りのエネルギーは，積分公式(A.11)を使って

$$\frac{E}{V} = \frac{(k_B T)^4}{\pi^2 c^3 \hbar^3} \int_0^\infty \frac{x^3 dx}{e^x - 1} = \frac{\pi^2 k_B{}^4}{15 c^3 \hbar^3} T^4 \tag{5.60}$$

となる．結果は数係数を除いて式(5.58)と一致する．熱容量は T^3 に比例し，ここでも熱力学の第3法則が成り立っている．

エネルギーの振動数分布は，振動数が $\omega \sim \omega + d\omega$ の領域にある電磁波の成分のエネルギー密度を $\epsilon(\omega) d\omega$ として，式(5.59)より

$$\epsilon(\omega) = \frac{\hbar}{\pi^2 c^3} \frac{\omega^3}{e^{\hbar\omega/k_B T}-1} \tag{5.61}$$

となる．これを**プランクの放射公式**(Planck's radiation formula)という．分布は波長について書かれる場合が多い．波長 λ は

$$\lambda = \frac{2\pi}{k} = \frac{2\pi c}{\omega}$$

であるから，波長が $\lambda \sim \lambda + d\lambda$ の領域にある成分のエネルギー密度を $u(\lambda) d\lambda$ として

$$u(\lambda) = \frac{16\pi^2\hbar c}{\lambda^5}\frac{1}{e^{2\pi\hbar c/k_B T\lambda}-1} \tag{5.62}$$

となる．とくに，長波長 $\lambda \gg \hbar c/k_B T$ の極限では

$$u(\lambda) \cong \frac{8\pi k_B T}{\lambda^4} \tag{5.63}$$

となる．これが古典統計で得られる結果で，**レイリー-ジーンズの放射公式** (Rayleigh-Jeans' radiation formula) という．全波長領域での分布は図 5-10 のようになる．短波長での $u(\lambda)$ の急な減少が量子効果である．

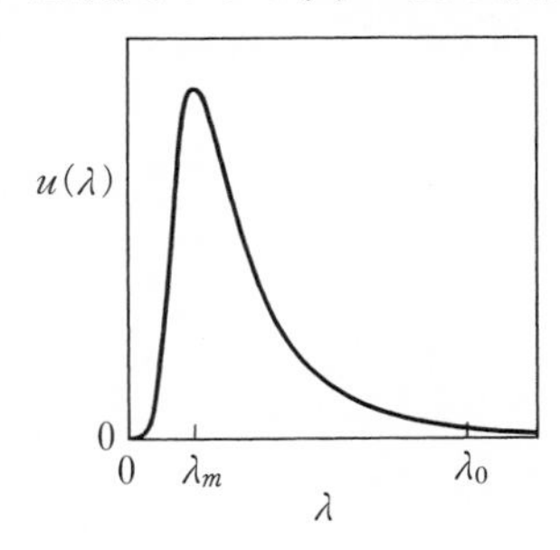

図 5-10 プランクの放射公式

上では，エネルギーはすべて零点エネルギーを原点として表わした．じつは，空洞放射の場合，固有モードが無限にあるため，零点エネルギー

$$E_0 = \int \frac{1}{2}\hbar\omega D(\omega)d\omega$$

は無限大になる．しかし，この無限大は物理的には意味のないものである．なぜなら，すべての固有モードが $n=0$ の状態にあるときが，電磁場が 0 の真空であるはずで，私たちが測定する電磁場のエネルギーは，その状態のエネルギーを原点として測ったものだからである．零点エネルギー E_0 は電磁場というものがこの世に存在しないとした，物理的には無意味な状態を基準にして測ったものにすぎない．

問 5-3 エネルギー分布密度が最大となる波長を λ_m とすれば，

$$\lambda_m T = 一定$$

が成り立つことを示せ．

電磁場の熱平衡

1-2 節で述べたように，振動子系が熱平衡状態になるには，振動子間に弱い相互作用があって，振動子の間でエネルギーのやりとりが起きている必要がある．そうでないと，各振動子は初めあるエネルギーをもったとすると，いつまでもそのエネルギーをもちつづけ，エネルギー分布が熱平衡に近づくことはありえない．ところが，真空中の電磁場の従うマクスウェル方程式は厳密に線形であって，電磁場を振動子に分解すると，振動子はまったく独立になり，振動子間の相互作用は存在しない．それにもかかわらず空洞内の電磁場が熱平衡にあるのは，温度 T に保たれた壁が各振動子に対する熱浴の役割を果たしているからである．

5-5 固体の格子振動

固体は，原子がその間に働く力によって規則正しく配列したものである．固体における原子の規則的な配列を**格子**(lattice)といい，その振動を**格子振動**(lattice vibration)という．1-2 節で述べたように，固体における格子振動も振動子系とみなすことができる．

原子間力と格子振動

固体は N 個の同種原子からなり，原子配列は空間の 3 方向に同等であるとしよう．この固体で，原子がおのおのの力学平衡の位置のまわりで独立に振動するとすれば，N 個の原子のそれぞれ 3 方向の振動はすべて同等になる．このとき，固体は $3N$ 個の同じ固有振動数をもつ振動子の系とみなすことができて，固体の性質はすべて 1-2 節で与えられたものになる．これを格子振動の**アインシュタイン模型**(Einstein model)という．

アインシュタイン模型は，固体の比熱が絶対零度で 0 になるという実験事実を説明することができる．しかし，定量的に実験と比べてみると，理論の結果は明らかに実験と合わない．

他方，この模型が固体原子の振舞いを正しく記述していないことは，次のように考えると明らかである．もともと原子の平衡位置を決めているものは原子間に働く力である．したがって，1つの原子が平衡位置から移動すると，その原子が隣りの原子に及ぼしている力が変化するから，隣りの原子も動き出す．このようにして，原子の動きはつぎつぎと固体の中を伝わっていく．個々の原子が独立に振動することはありえない．

固体はマクロなスケールでは連続体とみなされ，弾性体としてその変形や振動が扱われる．弾性体の振動は，ミクロに見れば，原子が互いに関連しあった格子振動にほかならない．このような運動をミクロな立場から扱ってみよう．

1次元固体の格子振動

話を簡単にするため，まず1次元の固体を考える．ここでも周期的境界条件が成り立つように，原子は図5-11のように輪になっているとし，原子は輪に沿った方向にのみ運動するものとする．原子に番号をつけ，n番目の原子の座標をx_nとすれば，原子間力のポテンシャルは

$$U = \sum_{n=1}^{N} v(x_{n+1}-x_n) \tag{5.64}$$

と表わされる．ただし，原子数をNとし，$v(X)$(Xは原子間距離)は2原子間の力のポテンシャルで，力は遠くまで及ばず，隣りあう原子間の力のみを考えればよいとした．また，原子は輪になっているから，$N+1$番目の原子は1番目の原子と同じものであり，周期的境界条件

$$x_{N+1} = x_1 \tag{5.65}$$

が成り立つ．

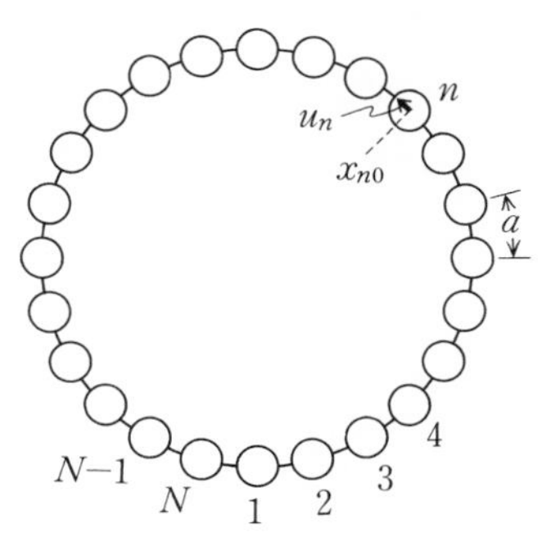

図 5-11　輪になった1次元固体

ポテンシャル $v(X)$ は図 5-6 のような形をしている．ポテンシャル最小の距離 a は力学平衡における原子間距離である．力学平衡における原子の位置を x_{n0}，それからのはずれを u_n とし，

$$x_n = x_{n0} + u_n \tag{5.66}$$

とおく．原子の運動による原子間隔の変化が力学平衡の値 a に比べて十分小さければ，ポテンシャルは展開して

$$\begin{aligned} v(x_{n+1}-x_n) &= v(a+u_{n+1}-u_n) \\ &= v(a)+\frac{1}{2}\kappa(u_{n+1}-u_n)^2 \\ \kappa &= \left(\frac{d^2v}{dX^2}\right)_{X=a} \end{aligned} \tag{5.67}$$

とすることができる．この展開を式(5.64)に用いると，全体のポテンシャルは

$$U = Nv(a)+\frac{1}{2}\kappa\sum_{n=1}^{N}(u_{n+1}-u_n)^2 \tag{5.68}$$

となる．

式(5.68)は変数 $u_1, u_2, \cdots, u_N$ の 2 次形式といわれるものである．このような式は変数の 1 次変換によって対角化することができる．対角化とは，変換された新しい変数を $q_1, q_2, \cdots, q_N$ として，

$$U = U_0+\sum_{n=1}^{N}\alpha_n {q_n}^2 \tag{5.69}$$

の形にすることである．このように書きかえると，各変数はそれぞれ独立に振動することになり，固体原子の運動は独立な振動子の系となる．しかし，ここでは一般的な対角化の手続きをとるのではなく，運動方程式から独立な振動(基準振動)を導く．

原子の質量を m とすれば，ポテンシャル(5.68)から n 番目の原子の運動方程式は次のようになる．

$$m\frac{d^2u_n}{dt^2} = -\frac{\partial U}{\partial u_n}$$
$$= -\kappa(2u_n - u_{n+1} - u_{n-1}) \tag{5.70}$$

ただし，周期的境界条件(5.65)から

$$u_0 = u_N, \quad u_1 = u_{N+1} \tag{5.71}$$

である．

式(5.70)を連続体の場合の式，例えば電磁場のマクスウェル方程式と比較すると，原子の番号 n が空間の位置を，u_n がその位置における状態の変化量，例えば電磁場に当たる．そのように考えて，u_n を $x=na$ の関数とみなし，関数 $u(x)$ を導入して $u_n=u(na)$ とおけば，

$$u_{n+1} - u_n = a\cdot\frac{u(na+a)-u(na)}{a}$$

となる．$u(x)$ が十分にゆるやかに変化する関数の場合には，これを $u(x)$ の微分とみることができる．さらに，

$$2u_n - u_{n+1} - u_{n-1} = -a^2\cdot\frac{1}{a}\left[\frac{u(na+a)-u(na)}{a} - \frac{u(na)-u(na-a)}{a}\right]$$

であり，これは $u(x)$ の2階微分に相当する．したがって，$u(x)$ がゆるやかに変化する関数の場合には，式(5.70)は

$$m\frac{\partial^2 u}{\partial t^2} = \kappa a^2\frac{\partial^2 u}{\partial x^2} \tag{5.72}$$

とすることができる．これは連続体の波動方程式にほかならない．周期的境界条件のもとでは，進行波*

$$u(x, t) = u_0 e^{i(kx-\omega t)} \tag{5.73}$$

$$\omega = sk, \quad s = \sqrt{\frac{\kappa}{m}}a \tag{5.74}$$

がその解になる．

---

* 式(5.72)は係数が実数の線形微分方程式だから，式(5.73)が解であれば，その実数部 $u' = |u_0|\cos(kx-\omega t+\alpha)$ $(u_0 = |u_0|e^{i\alpha})$ も式(5.73)の解になる．変位は実数だから，物理的に意味があるのは u' である．

以上のような考察から，式(5.70)も同じ形の解をもつと予想し，

$$u_n(t) = q_k(t)e^{ikan} \tag{5.75}$$

とおいてみよう．これを式(5.70)に代入すると

$$\begin{aligned} m\frac{d^2q_k}{dt^2} &= -\kappa(2-e^{ika}-e^{-ika})q_k \\ &= -4\kappa\sin^2\left(\frac{ka}{2}\right)q_k \end{aligned} \tag{5.76}$$

となる．この式は固有振動数が

$$\omega_k = 2\sqrt{\frac{\varkappa}{m}}\left|\sin\left(\frac{ka}{2}\right)\right| \tag{5.77}$$

の調和振動の運動方程式にほかならない．すなわち，q_k は固有振動数 ω_k の振動子の座標になっている．

解は式(5.71)の周期的境界条件をみたさなければならない．式(5.75)を式(5.71)に代入すると，

$$e^{ikL} = 1 \qquad (L=Na)$$

となり，

$$k = \frac{2\pi}{L}l \qquad (l \text{ は整数}) \tag{5.78}$$

が得られる．

電磁場の振動と格子振動はともに波であって，周期的境界条件による波数の「量子化」は2つの場合に同じように起こる．しかし，格子振動では位置座標が $x=na$ と不連続な点のみであることから，違いが生じる．式(5.75)で $k=(2\pi/L)l$ を $k'=(2\pi/L)(l\pm N)$ におきかえると，

$$\begin{aligned} u_n &= q_{k'}e^{i(2\pi a/L)(l\pm N)n} \\ &= q_{k'}e^{i(2\pi a/L)ln}e^{\pm i2\pi n} \\ &= q_{k'}e^{ikan} \end{aligned}$$

となり，これはもとの $k=(2\pi/L)l$ と同じ振動である．このように，式(5.78)で整数 l が N だけずれたものは同一の振動を与えるので，独立な基準振動は

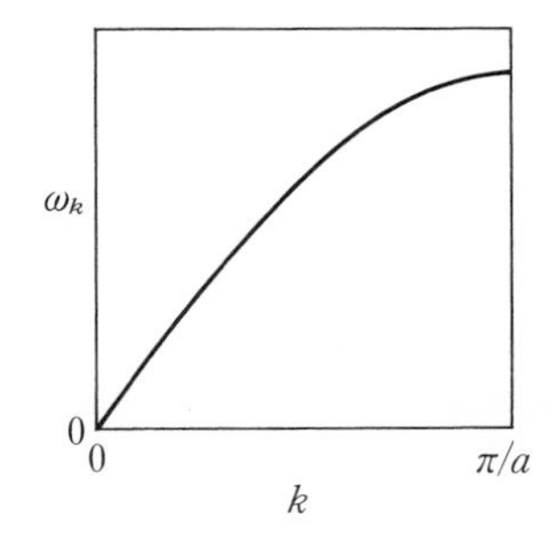

図 5-12　1次元固体の基準振動の波数と振動数の関係

$$-N/2 < l \leqq N/2 \tag{5.79}$$

の N 個に限られるとしてよい*．N 個の変数 $u_1, u_2, \cdots, u_N$ を変換したのだから，得られる独立な変数が N 個であるのは当然であろう．

図 5-12 に固有振動数を k の関数として示す．波数 k の小さな領域($ka \ll 1$)では，式(5.77)は運動方程式を連続体の波動方程式(5.72)で近似したときの式(5.74)に一致し，図でも比例関係が見られる．波数が大きく $ka \sim 1$ となる領域では，比例関係は成り立たない．固体が原子の配列した不連続な構造をもつことがここに反映している．

3 次元固体の格子振動

3 次元の固体でも，原子の振動はほぼ同様なものと考えてよい．異なる点は，基準振動の空間的な変化を示す波数が 3 次元的な波数ベクトル $\boldsymbol{k}$ になること，原子の運動が 3 方向に起こりうることである．後者の事情からひとつの波数ベクトル $\boldsymbol{k}$ について 3 種の振動が可能になる．これを**分枝**(branch)とよび，$\alpha = 1, 2, 3$ で区別する．ひとつの分枝 α には波数ベクトル $\boldsymbol{k}$ の異なる N(＝原子数)個の振動子があり，振動子の総数はアインシュタイン模型と同じ $3N$ 個である．すなわち，振動子の分布密度 $D(\omega)$ は，

$$\int_0^\infty D(\omega) d\omega = 3N \tag{5.80}$$

である．

* 式(5.79)は N が偶数のとき．N が奇数であれば，$-N/2 < l < N/2$.

固有振動数 $\omega_{k\alpha}$ は小さな波数ベクトル，すなわち $ka\ll 1$ となる波数ベクトルの振動に関しては，1 次元の場合と同様に，連続体の振動と同じになる．等方的な固体では，3 つの分枝は 1 つの縦波と 2 つの横波になる．縦波，横波の伝播速度(音速)を $s_l, s_{\rm t}$ とすれば，振動数は

$$\omega_{kl}=s_l k, \qquad \omega_{k{\rm t}}=s_{\rm t} k \tag{5.81}$$

となる．この領域では，波数ベクトルと振動数の関係が電磁波の場合と同じだから，振動子の分布密度も式(5.57)と同じになる．すなわち，式(5.57)が横波ふたつ分の分布密度であったことに注意し，縦波，横波に対してそれぞれ

$$D_l(\omega)=\frac{V}{2\pi^2 {s_l}^3}\omega^2, \qquad D_{\rm t}(\omega)=\frac{V}{\pi^2 {s_{\rm t}}^3}\omega^2 \tag{5.82}$$

が得られる．全体では

$$D(\omega)=\frac{3V}{2\pi^2\bar{s}^3}\omega^2, \qquad \frac{1}{\bar{s}^3}=\frac{1}{3}\left(\frac{1}{{s_l}^3}+\frac{2}{{s_{\rm t}}^3}\right) \tag{5.83}$$

となる．

固体の比熱——低温と高温

振動子の分布密度 $D(\omega)$ が分かったとすれば，零点エネルギーから測った固体のエネルギーは

$$E=\int_0^\infty \frac{\hbar\omega}{e^{\hbar\omega/k_{\rm B}T}-1}D(\omega)d\omega \tag{5.84}$$

と表わされる．これを一般の温度について計算するには，振動数の全領域にわたって $D(\omega)$ を知る必要がある．しかし，1 次元の場合の図 5-12 からも予想されるように，振動数の高い領域での $D(\omega)$ の振舞いは単純ではない．一例を図 5-13 に示す．だが，低温と高温の極限については，上で得た知識だけから，式(5.84)を計算することができる．

まず，低温の場合を考えよう．式(5.84)の被積分関数のうち，$(e^{\hbar\omega/k_{\rm B}T}-1)^{-1}$ の因子は $\hbar\omega\gg k_{\rm B}T$ の領域では急速に小さくなるから，積分に効くのは主として $\hbar\omega\lesssim k_{\rm B}T$ の領域である．他方，式(5.81)の近似が成り立つ条件は，波数について $ka\ll 1$ であるから，振動数について書くと $\omega\ll s/a$ ($s=s_l$,

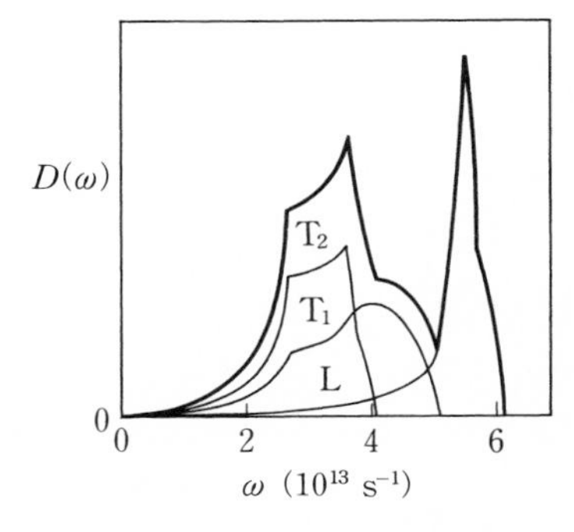

図 5-13 アルミニウムの格子振動における振動子の分布密度．L は縦波，T_1, T_2 は 2 つの横波分枝によるもの．

s_t) である．したがって，温度が

$$k_B T \ll \frac{\hbar s}{a} \tag{5.85}$$

であれば，式(5.84)の積分に効く $\hbar\omega \lesssim k_B T$ の領域で式(5.81)の近似が成り立ち，$D(\omega)$ に式(5.83)を用いることができる．あとの計算は空洞放射の場合と同じで，エネルギーは式(5.60)で c を $\bar{s}$ におきかえ，3/2 倍して

$$E = \frac{\pi^2 V k_B{}^4}{10\bar{s}^3\hbar^3} T^4 \tag{5.86}$$

と得られ，比熱は

$$C = \frac{2\pi^2 V k_B{}^4}{5\bar{s}^3\hbar^3} T^3 \tag{5.87}$$

となる．比熱は $T \to 0$ のとき T^3 に比例して 0 になり，ここでも熱力学の第 3 法則が成り立つ．

次に高温の場合を考える．逆の極限 $\hbar\omega \ll k_B T$ では

$$\frac{1}{e^{\hbar\omega/k_B T} - 1} \cong \frac{k_B T}{\hbar\omega} \tag{5.88}$$

と近似できる．振動数の分布には図 5-13 のように上限があるから，その最大値を ω_M とすれば

$$k_B T \gg \hbar\omega_M \tag{5.89}$$

では，式(5.84)の積分の全領域で式(5.88)の近似が成り立つ．したがって，エネルギーは式(5.80)を用いて

$$E \cong k_B T \int_0^\infty D(\omega) d\omega = 3Nk_B T \tag{5.90}$$

比熱は

$$C \cong 3Nk_B \tag{5.91}$$

となる．式(5.89)の温度領域では，すべての振動子についてエネルギーの等分配則が成り立ち，エネルギーは振動数とかかわりなく1振動子当り $k_B T$ となり，式(5.90)の結果が得られるのである．固体の比熱が高温では固体の種類によらず一定値 $3Nk_B$ となることを**デュロン-プティの法則**(Dulong-Petit's law)という．これは実験的にもよく成り立っている．

固体の比熱――デバイ模型

中間の温度領域でエネルギーを正しく計算するには，分布密度 $D(\omega)$ を正確に知る必要がある．しかし，おおまかなことでよければ，両極限で得た結果を適当に内挿すればよい．そのような結果を得るには，分布密度 $D(\omega)$ を，低振動数で式(5.83)になり，しかも式(5.80)を満たすようにすればよい．その最も簡単な形は

$$D(\omega) = \begin{cases} \dfrac{3V}{2\pi^2 \bar{s}^3} \omega^2 & (\omega < \omega_D) \\ 0 & (\omega > \omega_D) \end{cases} \tag{5.92}$$

である．ただし，ω_D は式(5.80)の要請から

$$\int_0^{\omega_D} \frac{3V}{2\pi^2 \bar{s}^3} \omega^2 d\omega = 3N$$

より

$$\omega_D = \bar{s} \left(\frac{6\pi^2 N}{V} \right)^{1/3} \tag{5.93}$$

とする．この模型を**デバイ模型**(Debye model)，ω_D を**デバイ振動数**(Debye frequency)という．

デバイ模型では，式(5.92)を式(5.84)に代入し，エネルギーは

$$E = \frac{3V}{2\pi^2 \bar{s}^3} \int_0^{\omega_D} \frac{\hbar \omega^3}{e^{\hbar\omega/k_B T} - 1} d\omega \tag{5.94}$$

となり，比熱は

$$C=\frac{3V}{2\pi^2\bar{s}^3}\frac{\hbar^2}{k_{\rm B}T^2}\int_0^{\omega_{\rm D}}\frac{\omega^4 e^{\hbar\omega/k_{\rm B}T}}{(e^{\hbar\omega/k_{\rm B}T}-1)^2}d\omega$$

$$=9Nk_{\rm B}\left(\frac{T}{\theta_{\rm D}}\right)^3\int_0^{\theta_{\rm D}/T}\frac{x^4e^x}{(e^x-1)^2}dx \tag{5.95}$$

となる．第1式から第2式へは $\hbar\omega/k_{\rm B}T=x$ と積分変数の変換を行ない，

$$\theta_{\rm D}=\frac{\hbar\omega_{\rm D}}{k_{\rm B}} \tag{5.96}$$

とおいた．$\theta_{\rm D}$ を**デバイ温度**(Debye temperature)という．

式(5.95)から得られる比熱の温度依存性を図5-14に示した．理論の結果は広い温度領域にわたって実験とよく一致している．

振動数の最大値 $\omega_{\rm M}$，式(5.85)の右辺の s/a，デバイ振動数 $\omega_{\rm D}$ はすべて同程度の大きさである．したがって，デバイ温度 $\theta_{\rm D}$ が固体の格子振動について低温領域と高温領域を分ける境目の温度とみてよい．デバイ温度はアルミニウム428K，鉄467K，塩化ナトリウム321Kなど多くは数100Kのオーダーである．

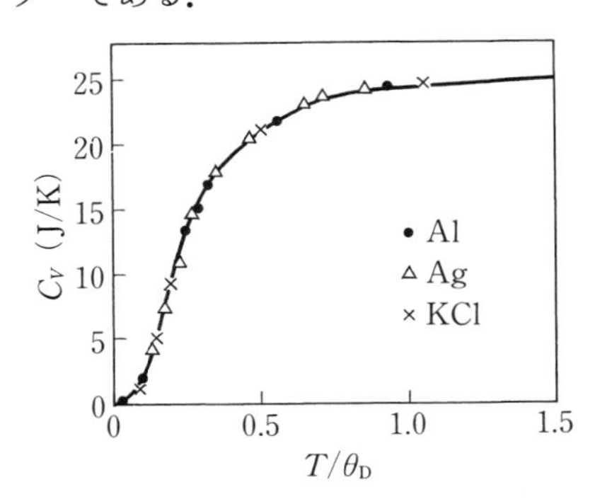

図5-14 固体の比熱．デバイ模型による理論(実線)と実験の比較．

T^p に比例する低温の比熱

固体の比熱も絶対零度で0になり，この場合も熱力学の第3法則が成り立つことがわかった．しかし，5-1節で論じたように，温度の指数関数で減少する(式(5.13))のではなく，もっとゆっくり T^3 に比例して0になる．この場合には，波長の長い振動の振動数 ω_k は非常に小さく，波長が物体の大きさ

程度の振動子では，励起エネルギー $\hbar\omega_k$ はほとんど0である．したがって，励起エネルギーは事実上連続的に分布しており，式(5.9)のように温度が最低の励起状態のエネルギーよりも低くなることはない．しかし，温度が下がると比熱に寄与する振動子の数が減るため，このような振舞いになるのである．

問 5-4 固体を伝わる弾性波の音速は 10^3 m/s の程度である．大きさ 1 cm の固体で，最も低い振動数の固有モードの $\hbar\omega_k/k_B$ を見積もれ．これが 1 K になるのは固体の大きさがいくらのときか．

低温で比熱が T^p $(p>0)$ に比例して減少するという振舞いは，固体の格子振動に限らず，いろいろな物質のさまざまな運動について見られる．物質は絶対零度でエネルギーの最も低い状態になるが，それは多くの場合，固体で原子が規則正しく配列するように，ある秩序をもつ状態である．秩序が乱れると，乱れは波になって物質を伝わる．その波も振動子と見ることができて，低温の比熱が固体に似た振舞いを示すのである．

第5章 演習問題

1. ヘリウム原子の基底状態と最もエネルギーの低い励起状態とのエネルギー間隔は 19.8 eV である．300 K の気体ヘリウムにおいて，励起状態にある原子の割合はどれほどか．10000 K ではどうか．
[eV(電子ボルト)はエネルギーの単位で，1 eV は電子を 1 V の電位差で加速したときのエネルギーに当たる．]

2. 1次元イジング模型において，隣りあうスピンの積の平均 $\langle s_i s_{i+1} \rangle$ はどのような温度変化をするか．

3. 体積 V の真空の箱があり，壁は温度 T に保たれている．箱の中の熱放射が箱の壁に及ぼす圧力は，熱放射のエネルギー密度の 1/3 に等しいことを示せ．

4. 現在の宇宙は 3 K の熱放射でみたされている．宇宙の大きさが長さにして現在の 10^{10} 分の1だった頃，宇宙の温度は何 K であったと考えられるか．宇宙の膨張にともない，熱放射は断熱的に膨張したと考えよ．

5. 直径 1 μm の非金属微粒子の比熱が，温度を下げていって T^3 則から外れるのはどのような温度領域か．また，その温度領域での比熱の温度変化はどのようになるか．微粒子の物質の音速を10^3 m/s とする．

6. 1次元，2次元の固体の低温における比熱がそれぞれ T, T^2 に比例することを示せ．

7. 液体ヘリウムの表面には表面に沿って伝わる表面張力波が存在し，その振動数 ω と波数 k の間には

$$\omega \propto k^{3/2}$$

の関係がある．低温で表面張力波による比熱はどのような温度変化をするか．

8. N 個の独立な粒子の系がある．各粒子はエネルギーが0と $\epsilon(>0)$ の2つの量子状態をとることができる．ϵ の値は粒子によって異なり，その値が $\epsilon \sim \epsilon + d\epsilon$ にある粒子の数は $D(\epsilon)d\epsilon$ である．この系の比熱の表式を求め，とくに低温の極限における振舞いを示せ．ただし，$\epsilon \to 0$ のとき $D(\epsilon) \to D_0$ とする．

宇宙の3K放射

1965年，米国ベル研究所のペンジャスとウィルソンは，マイクロ波の雑音を測定していて，宇宙から等方的にやってくるマイクロ波があることに気づいた．強さは温度が3Kのプランク分布に当たっていた．

宇宙のどの方角からも同じ強さで来ているのだから，特定の天体が出しているものではない．温度3Kの熱平衡にある熱放射が宇宙に満ちているのだ．これはたいへん不思議なことだ．真空中の電磁場は完全に線形な方程式に従うから，波長の異なる振動はまったく独立で，物質がないと熱平衡にはなりえない(154ページ)．いまの宇宙は物質の密度が薄く，電磁波に対してほとんど透明である．それは遠くの星からの光がまっすぐ地球に達していることからも明らかである．それなのに何故？

これより先，遠方にある銀河からくる光の波長が長波長側にずれている現象が見出されており，これは宇宙が膨張していることによるドップラー効果と考えられていた．いま宇宙が膨張しているとすれば，過去にさかのぼると，宇宙がいまよりはるかに小さかった時期があったことに

なる．その頃は物質も高密度であったに違いない．電磁波の波長も宇宙の膨張とともに変化してきたと考えられるから，いま3Kの熱放射もその頃はもっと短波長，したがってもっと高温であったはずだ．高温で高密度の物質から放射され，高温の熱平衡にある放射が小さな宇宙に満ちていた．それが，宇宙の膨張によって物質が希薄になると，物質との相互作用が切れ，熱平衡の分布を保ったまま冷却して現在に至った，と考えられる．

宇宙の3K放射は，高温で高密度であった宇宙の初期の記憶をいまに伝えている．

6 開いた系と化学ポテンシャル

これまでは，容器に入った気体のように，構成粒子の数が一定に保たれた均一な系のみを対象としてきた．これに対し，例えば閉じた容器に水と水蒸気が入っていて熱平衡にある場合は，系は不均一である．また，均一な水の部分のみに注目すると，水分子は水蒸気との境界を出入りしているから，分子数は一定に保たれていない．このような場合を扱うには，エネルギーの平衡における温度に対応するものとして，分子数の平衡を司どる新しい物理量を導入しなければならない．それが化学ポテンシャルである．

6-1 化学ポテンシャル

まず，この章の主役である**化学ポテンシャル**(chemical potential)を導入する．そのためには，粒子数が変わる系の熱平衡がどのようにして定まるかを考えなければならない．

粒子数が変わる系の熱平衡

閉じた容器に1種類の粒子からなる物質が入っていて，容器は体積 V_1, V_2 の2つの領域1,2に分かれているとしよう．粒子は領域1,2間を行き来することができる．例えば1-1節で扱った例のように，小さな孔のあいた壁で仕切られた箱に気体が入っている場合を考えればよい(図6-1)．全体の温度 T は一定に保たれているとする．このとき，領域1,2にある粒子の数を N_1, N_2

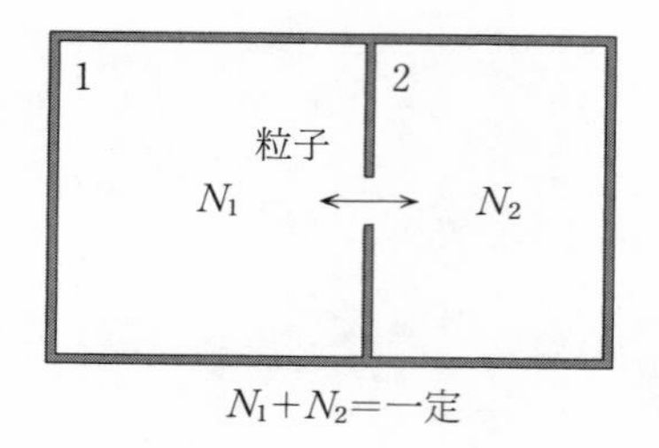

図 6-1 粒子数が変わる系

とすれば，全粒子数

$$N = N_1+N_2 \tag{6.1}$$

は一定であるが，N_1 と N_2 は変化する．では，熱平衡ではどのような粒子配分が実現するだろうか．

3-4 節で見たように，温度一定のもとの熱平衡は自由エネルギー最小の条件で定まる．ある粒子配分 (N_1, N_2) のもとで各領域はそれぞれ熱平衡にあるとすれば，各領域にある物質の自由エネルギーは，粒子数，温度，体積の関数として，それぞれ

$$F_1(N_1, T, V_1), \quad F_2(N_2, T, V_2)$$

と与えられ，全系の自由エネルギーは

$$F = F_1(N_1, T, V_1)+F_2(N_2, T, V_2) \tag{6.2}$$

となる．式(6.1)より $N_2=N-N_1$ であるから，熱平衡を定めるには N_1 を変数として F の最小を求めればよい．すなわち，熱平衡の条件は

$$\begin{aligned}\frac{\partial F}{\partial N_1} &= \frac{\partial F_1(N_1, T, V_1)}{\partial N_1}+\frac{\partial F_2(N-N_1, T, V_2)}{\partial N_1} \\ &= \left(\frac{\partial F_1}{\partial N_1}\right)_{T,V}-\left(\frac{\partial F_2}{\partial N_2}\right)_{T,V} \\ &= 0\end{aligned}$$

したがって

$$\left(\frac{\partial F_1}{\partial N_1}\right)_{T,V} = \left(\frac{\partial F_2}{\partial N_2}\right)_{T,V} \tag{6.3}$$

となる．厳密にいえば粒子数は整数であって連続変数ではないから，粒子数で微分することはできない．しかし，マクロな系では粒子数が 1 だけ変わる

ことによる自由エネルギーの変化は小さいので，粒子数を連続変数とみなしてよいのである．

化学ポテンシャル

ここで，粒子数，温度，体積の関数として与えられた自由エネルギーから，その微分として化学ポテンシャル

$$\mu = \left(\frac{\partial F}{\partial N}\right)_{T,V} \tag{6.4}$$

を導入する．化学ポテンシャルを使うと，粒子数についての熱平衡の条件(6.3)は

$$\mu_1(N_1,\ T,\ V_1) = \mu_2(N_2,\ T,\ V_2) \tag{6.5}$$

となる．これは，エネルギーについての平衡条件として温度が等しいこと，体積についての平衡条件として圧力が等しいことと並ぶ，粒子数に関する熱平衡の条件である．

温度と圧力が一定に保たれている場合には，ギブスの自由エネルギー最小が熱平衡の条件である．領域 1, 2 に含まれる物質のギブスの自由エネルギーを，粒子数，温度，圧力の関数としてそれぞれ

$$G_1(N_1,\ T,\ p), \quad G_2(N_2,\ T,\ p)$$

とすれば，全系のギブスの自由エネルギーは

$$G = G_1(N_1,\ T,\ p)+G_2(N_2,\ T,\ p) \tag{6.6}$$

である．これを粒子数の分配について最小とする条件は，式(6.3)と同様にして

$$\left(\frac{\partial G_1}{\partial N_1}\right)_{T,p} = \left(\frac{\partial G_2}{\partial N_2}\right)_{T,p} \tag{6.7}$$

となる．

ギブスの自由エネルギーは，$G=F+pV$ である．F が$N,\ T,\ V$ の関数として与えられたとき，G を $N,\ T,\ p$ の関数として得るには，右辺の V を $N,\ T,\ p$ の関数として表わせばよい．すなわち

$$G(N,\ T,\ p) = F(N,\ T,\ V)+pV$$
$$V = V(N,\ T,\ p)$$

ここで，T, p を一定とする G の N による偏微分を求めると

$$\left(\frac{\partial G}{\partial N}\right)_{T,p} = \left(\frac{\partial F}{\partial N}\right)_{T,V} + \left(\frac{\partial F}{\partial V}\right)_{N,T}\left(\frac{\partial V}{\partial N}\right)_{T,p} + p\left(\frac{\partial V}{\partial N}\right)_{T,p}$$

$p=-(\partial F/\partial V)_{N,T}$ の関係により，右辺の第 2 項，第 3 項は打ち消しあい，第 1 項は化学ポテンシャル μ なので

$$\mu = \left(\frac{\partial G}{\partial N}\right)_{T,p} \tag{6.8}$$

が得られる．したがって，熱平衡の条件(6. 7)は

$$\mu_1(N_1, T, p) = \mu_2(N_2, T, p) \tag{6.9}$$

となる．

化学ポテンシャルの性質

例として，理想気体の化学ポテンシャルを求める．理想気体の自由エネルギーの分子の重心運動による分は，式(3. 48)により与えられる．これに回転運動による自由エネルギーをつけ加えると，式(6. 4)により化学ポテンシャルとして

$$\mu = -k_B T \log\left[\left(\frac{mk_B T}{2\pi\hbar^2}\right)^{3/2}\frac{V}{N}\right] + \phi_r(T) \tag{6.10}$$

が得られる．ここで，$\phi_r(T)$ は 1 分子当りの回転運動の自由エネルギーで，単原子分子では 0, 2 原子分子では式(4. 57)により与えられる．温度と圧力の関数に書きかえると，

$$\mu = -k_B T \log\left[\left(\frac{mk_B T}{2\pi\hbar^2}\right)^{3/2}\frac{k_B T}{p}\right] + \phi_r(T) \tag{6.11}$$

となる．

ここで，式(6. 10)が粒子数 N と体積 V に関してはその比 V/N のみの関数であることに注意したい．この性質は理想気体に限らない一般的なものである．F と N はともに示量変数だから，F を N で微分した化学ポテンシャル μ は示強変数である．したがって，示量変数 V と N をともに 2 倍にしても μ は変化しないはずで，そのためには比 V/N の関数でしかありえない．

化学ポテンシャルを T, p の関数として表わした式(6.11)は粒子数には依存しない．このことも理想気体に限らない一般的な性質である．ギブスの自由エネルギー G を N, T, p の関数として表わした場合，G は示量変数だから，T, p を一定に保って N を2倍にしたとき，G も2倍にならなければならない．すなわち，G は N に比例し，一般に

$$G(N, T, p) = Ng(T, p) \tag{6.12}$$

の形に表わされる．したがって，式(6.8)より

$$\mu(T, p) = g(T, p) \tag{6.13}$$

であり，化学ポテンシャルは1粒子当りのギブスの自由エネルギーに等しい．また，1粒子当りの自由エネルギーを $\phi(=F/N)$，1粒子当りの体積を $v(=V/N)$ とすれば，

$$\mu = \phi + pv \tag{6.14}$$

と書くこともできる．

熱力学の関係

化学ポテンシャルについて微小変化の間の関係は，ギブスの自由エネルギーに対する式(3.84)を1粒子当りの量になおせばよい．すなわち，1粒子当りのエントロピーを $s(=S/N)$ として

$$d\mu = -sdT + vdp \tag{6.15}$$

$$s = -\left(\frac{\partial \mu}{\partial T}\right)_p, \quad v = \left(\frac{\partial \mu}{\partial p}\right)_T \tag{6.16}$$

となる．

化学ポテンシャルは式(6.4)のように与えられるから，自由エネルギーを温度，体積のほか粒子数の関数とみると，その微小変化について

$$dF = -SdT - pdV + \mu dN \tag{6.17}$$

の関係がある．同様にギブスの自由エネルギーについては

$$dG = -SdT + Vdp + \mu dN \tag{6.18}$$

である．

自由エネルギーからエネルギー $E=F+TS$ に戻ると，$d(TS)=TdS+SdT$ より，微小変化は

$$dE = TdS - pdV + \mu dN \tag{6.19}$$

となる．この式は化学ポテンシャルが

$$\mu = \left(\frac{\partial E}{\partial N}\right)_{S,V} \tag{6.20}$$

と表わすこともできることを示している．また，式(6.19)は

$$dS = \frac{1}{T}dE + \frac{p}{T}dV - \frac{\mu}{T}dN \tag{6.21}$$

と変形できる．この式からは，化学ポテンシャルについて，

$$\frac{\mu}{T} = -\left(\frac{\partial S}{\partial N}\right)_{E,V} \tag{6.22}$$

の関係が得られる．

問 6-1 化学ポテンシャルをエンタルピーを用いて表わせ．[$\mu=(\partial H/\partial N)_{S,p}$]

6-2 ギブスの相律

例えば，水とアルコールの混合した液体を閉じた容器に入れ，一定の温度に保つと，容器の底には液体，上には蒸気がたまって，液体と気体が共存する熱平衡状態が実現する．このような場合，液体や気体などの均一な物質が占めている領域を**相**(phase)とよぶ．この例は，水とアルコールの2成分の系が，液体と気体の2相に分かれて熱平衡にある場合である．

相平衡の条件

一定の温度 T，圧力 p のもとで，n 種類の粒子からなる n 成分系が，m 個の相に分かれて熱平衡にあるとしよう．α 番目の相にある i 番目の粒子の数を $N_i^{(\alpha)}$ とすれば，全系のギブスの自由エネルギー G は各相のギブスの自由エネルギー $G^{(\alpha)}$ の和として

$$G = \sum_{\alpha=1}^{m} G^{(\alpha)} \tag{6.23}$$

$$G^{(\alpha)} = G^{(\alpha)}(T, p, N_1^{(\alpha)}, N_2^{(\alpha)}, \cdots, N_n^{(\alpha)})$$

と与えられる．熱平衡で粒子が各相にどのように配分されるかを定めるに

は，粒子数について G の最小を求めればよい．ただし，n 種類の粒子ごとに全粒子数は一定である．

$$\sum_{\alpha=1}^{m} N_i^{(\alpha)} = N_i (= 一定) \qquad (i=1, 2, \cdots, n) \tag{6.24}$$

このような条件つきの極値問題を解くには，ラグランジュの未定係数法(49 ページ)が便利である．すなわち，$\mu_1, \mu_2, \cdots, \mu_n$ を未定係数として，G のかわりに

$$\tilde{G} = G - \sum_{i=1}^{n} \mu_i \sum_{\alpha=1}^{m} N_i^{(\alpha)} \tag{6.25}$$

の最小を求め，未定係数はその答が式(6.24)を満たすように定めればよい．最小の条件は

$$\frac{\partial \tilde{G}}{\partial N_i^{(\alpha)}} = 0$$

より

$$\frac{\partial G^{(\alpha)}}{\partial N_i^{(\alpha)}} - \mu_i = 0 \qquad (i=1, 2, \cdots, n\,;\, \alpha=1, 2, \cdots, m)$$

ここで，

$$\mu_i^{(\alpha)} = \left(\frac{\partial G^{(\alpha)}}{\partial N_i^{(\alpha)}}\right)_{T, p, N_j^{(\alpha)} (j \neq i)} \tag{6.26}$$

を α 相における粒子 i の化学ポテンシャルとすると，条件は

$$\begin{aligned} &\mu_1^{(1)} = \mu_1^{(2)} = \cdots = \mu_1^{(m)} = \mu_1 \\ &\mu_2^{(1)} = \mu_2^{(2)} = \cdots = \mu_2^{(m)} = \mu_2 \\ &\quad \cdots\cdots\cdots\cdots\cdots \\ &\mu_n^{(1)} = \mu_n^{(2)} = \cdots = \mu_n^{(m)} = \mu_n \end{aligned} \tag{6.27}$$

となる．

ギブスの相律

化学ポテンシャルは温度，圧力と粒子数の関数である．しかし，化学ポテンシャルは示強変数だから，変数も示強変数のみでなければならない．α 相の総粒子数を

$$\sum_{i=1}^{n} N_i^{(\alpha)} = N^{(\alpha)} \tag{6.28}$$

とし，α 相における粒子 i の濃度を

$$c_i^{(\alpha)} = \frac{N_i^{(\alpha)}}{N^{(\alpha)}} \tag{6.29}$$

とすれば，$\mu_i^{(\alpha)}$ は T, p と濃度 $c_1^{(\alpha)}, c_2^{(\alpha)}, \cdots, c_n^{(\alpha)}$ の関数として表わされる．ただし，濃度はその定義から

$$\sum_{i=1}^{n} c_i^{(\alpha)} = 1 \tag{6.30}$$

である．

結局，この系の熱平衡を定める変数は各相に共通な温度，圧力のほか mn 個の濃度である．ただし，濃度には m 個の条件式(6.30)がつくから，独立な変数の数は

$$2+mn-m = 2+(n-1)m$$

である．これに対し，熱平衡の条件式として式(6.27)の $n(m-1)$ 個があるから，自由に変えうる変数の数 f は

$$\begin{aligned} f &= 2+(n-1)m-n(m-1) \\ &= 2+n-m \end{aligned} \tag{6.31}$$

となる．これを**ギブスの相律**(Gibbs phase rule)という．

以下の節で，相平衡の問題をギブスの相律をひとつの指針としながら，具体的に見ていくことにしたい．

6-3 1成分系の相平衡

1種類の粒子からなる系について，その相平衡の問題をすこし詳しく考察しよう．

1成分系の相図

1成分系では，ギブスの相律は

$$f = 3-m \tag{6.32}$$

となる．全体が均一な1相($m=1$)のときは，$f=2$ で，温度と圧力の2変数を独立に変えることができる．しかし，例えば固体の氷も温度を上げると融けて水になるように，物質が1つの状態を保ちうるのは，温度，圧力のある領域内に限られる．そこで，温度と圧力を横軸，縦軸とする平面を，その物質が固体，液体，気体でいられる領域に分けると，図6-2のような図が描かれることになる．固体にも結晶構造の異なる状態が複数ありうるので，図では2種の固体の状態があるとした．このような図を**相図**(phase diagram)という．

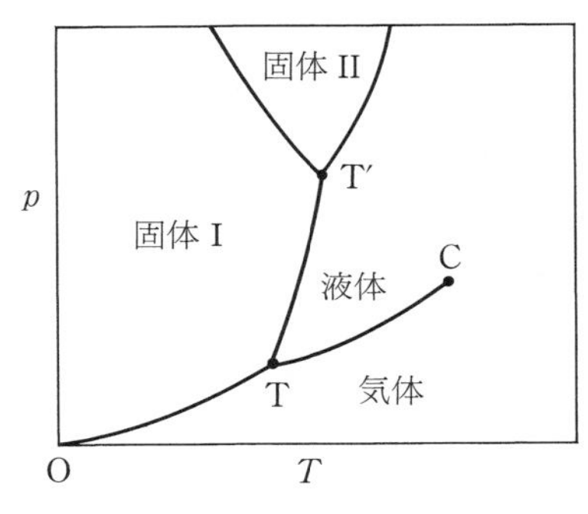

図 6-2 1成分系の相図．T, T′ は3重点，C は臨界点．

領域の境界は曲線である．この曲線上の1点で表わされる温度と圧力では，曲線の両側の2相の共存が可能である．式(6.32)でも，$m=2$ のとき $f=1$，すなわち2相が共存している場合には自由度が1で，温度と圧力の間には一方を決めれば他方が決まるという関係がある．その関係を与えるものがこの曲線にほかならない．この曲線を**2相共存曲線**という．$m=3$ のときは $f=0$，すなわち3相が共存するのは図の T, T′ のような点であって，温度と圧力はともに物質と相の種類により定まってしまう．このような点を**3重点**(triple point)という*．人為的に4相が共存するような相図を描くことはできるが，自然現象でそのような偶然は起きないと考えられる．

2相共存曲線には3重点で終わるものと，途中で途切れるものがある．固

---

* 水の3重点 $T_t=273.16$ K は，温度の単位ケルビン(kelvin，記号K)を定義する定義定点となっている．

体と液体を比べると，原子が固体では規則正しい配列をしており，液体では乱れた状態にあって，その差は歴然としている．このような場合，両相は対称性が異なるという．これに対し，液体と気体ではどちらも原子配列が乱れており，違いは対称性ではなく，密度の大小である．液体と気体の共存曲線の上で両者を比べれば，密度の違いにより液体と気体の区別は明らかであろう．しかし，共存曲線に沿って高温，高圧にすると，液体・気体間の密度差は次第に減少し，ついには差が消えてしまう．この点より高温，高圧の領域では液体と気体の区別はなく，共存曲線はそこで途切れる．この点を**臨界点**(critical point)という*．固体と液体のように対称性の異なる2相の場合は，両者の区別はつねに明らかであり，両者の間の連続的な変化はありえないから，共存曲線が臨界点で途切れることはない．

2相平衡の熱力学

化学ポテンシャルの温度依存性は式(6.16)より $(\partial\mu/\partial T)_p = -s$ であり，また，1粒子当りの定圧比熱は，式(2.88)から

$$c_p = T\left(\frac{\partial s}{\partial T}\right)_p \tag{6.33}$$

である．$s>0$, $c_p>0$ だから，化学ポテンシャルの温度変化は

$$\left(\frac{\partial\mu}{\partial T}\right)_p < 0, \quad \left(\frac{\partial^2\mu}{\partial T^2}\right)_p < 0 \tag{6.34}$$

となることが分かる．すなわち，化学ポテンシャルは圧力一定として温度の関数として見ると，上に凸の減少関数である．

2つの相A, Bの化学ポテンシャルがある圧力のもとで，温度の関数として図6-3のように得られたとしよう．熱平衡はギブスの自由エネルギーの最小として決まるから，2つの曲線の交点 T_0 より低温ではA相，高温ではB相が安定である．交点では

$$\mu_A = \mu_B \tag{6.35}$$

が成り立ち，T_0 が2相が共存する温度である．

---

* 臨界点の性質については8-5節で論じる．

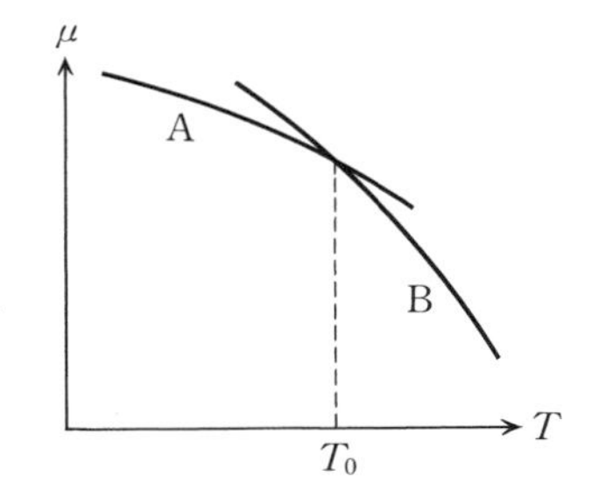

図 6-3 2相A, Bの化学ポテンシャルの温度変化($p=$ 一定). $T<T_0$ でA相, $T>T_0$ でB相が安定.

これら曲線の勾配の符号を変えたものがエントロピーである. 図から明らかなように, 交点での勾配はBがAより急である. すなわち, 2相共存の点で

$$s_A < s_B \tag{6.36}$$

である. 低温で安定な相より高温で安定な相の方がエントロピーが大きい.

低温から温度を上げていくと, 初めA相の状態にあった物質は, 温度 T_0 でB相の状態へ変化する. 相の変化を**相転移**(phase transition)という. このとき, エントロピーが1原子当り

$$\varDelta s = s_B - s_A > 0 \tag{6.37}$$

だけ増加する. これは, A相からB相への相転移の際に熱の吸収が起こることを意味する. その大きさは, 1原子当り

$$q = T_0 \varDelta s \tag{6.38}$$

である. 高温から温度を下げてB相からA相への相転移が起きるときには, 同じ大きさの熱が放出される. 相転移に伴って吸収, 放出される熱を**潜熱**(latent heat)という. また, このように潜熱の吸収, 放出を伴う相転移を, 第8章でとり上げる2次の相転移と区別して, **1次の相転移**(phase transition of the first order)という.

つぎに, 化学ポテンシャルを温度一定のもとで圧力の関数としてみると, 式(6.16)より $(\partial\mu/\partial p)_T = v$ である. ここで $v>0$ であり, また等温圧縮率が正(式(3.67))であることから

$$\left(\frac{\partial v}{\partial p}\right)_T < 0 \tag{6.39}$$

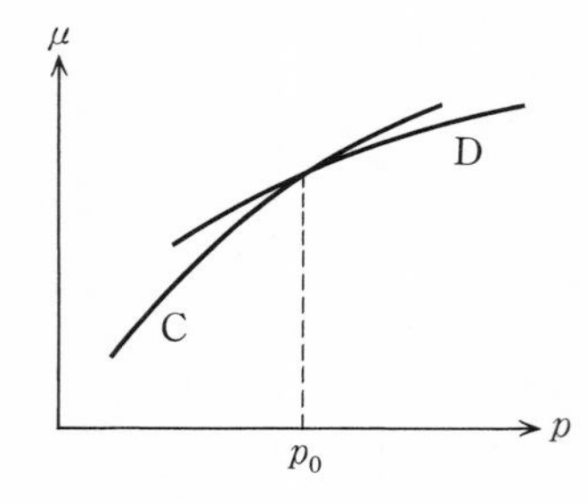

図 6-4 2相C, Dの化学ポテンシャルの圧力変化(T= 一定). $p<p_0$ でC相, $p>p_0$ でD相が安定.

の関係があるので,

$$\left(\frac{\partial \mu}{\partial p}\right)_T > 0, \quad \left(\frac{\partial^2 \mu}{\partial p^2}\right)_T < 0 \tag{6.40}$$

の性質がある. すなわち, 化学ポテンシャルは温度を一定としたとき圧力の関数として, 上に凸な増加関数である. 2相C, Dの化学ポテンシャルが図6-4のように与えられたとすれば, 交点 p_0 より低圧ではC相, 高圧ではD相が安定である. また, 交点における勾配の比較から, 2相共存の点で

$$v_\mathrm{C} > v_\mathrm{D} \tag{6.41}$$

であることが分かる. 温度を一定として圧力を上げていくと, 体積の大きな相から小さい相への相転移が起こるのである.

クラペイロン-クラウジウスの関係

式(6.35)で定まる共存曲線に沿って温度と圧力を変化させたとしよう. 温度を T から $T+\delta T$ へ, 圧力を p から $p+\delta p$ へ変えたとすれば

$$\mu_\mathrm{A}(T+\delta T, p+\delta p) = \mu_\mathrm{B}(T+\delta T, p+\delta p)$$

両辺を $\delta T, \delta p$ で展開し, $\mu_\mathrm{A}(T, p)=\mu_\mathrm{B}(T, p)$ であることを使うと,

$$\left(\frac{\partial \mu_\mathrm{A}}{\partial T}\right)_p \delta T + \left(\frac{\partial \mu_\mathrm{A}}{\partial p}\right)_T \delta p = \left(\frac{\partial \mu_\mathrm{B}}{\partial T}\right)_p \delta T + \left(\frac{\partial \mu_\mathrm{B}}{\partial p}\right)_T \delta p$$

次に式(6.16)を使って,

$$-s_\mathrm{A}\delta T + v_\mathrm{A}\delta p = -s_\mathrm{B}\delta T + v_\mathrm{B}\delta p$$

となる. ここで, $\delta T, \delta p$ を微小量とすれば, 比 $\delta p/\delta T$ は共存曲線の微係数である. これを $(dp/dT)_\mathrm{AB}$ と書けば

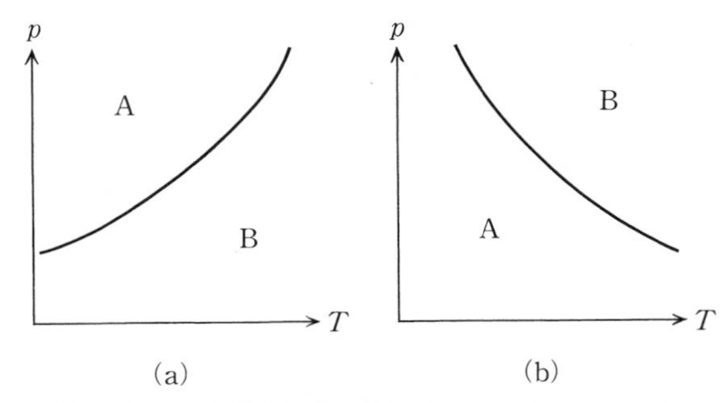

図 6-5 2相共存曲線. (a) $(dp/dT)_{AB}>0$ の場合, (b) $(dp/dT)_{AB}<0$ の場合.

$$\left(\frac{dp}{dT}\right)_{AB} = \frac{\Delta s}{\Delta v} \tag{6.42}$$

$$\Delta s = s_B - s_A, \quad \Delta v = v_B - v_A \tag{6.43}$$

が得られる. これを**クラペイロン-クラウジウスの式**(Clapeyron-Clausius equation)という.

ここで, A相が低温・高圧側, B相が高温・低圧側で安定だとすると, 相図は図6-5(a)のようになる. このとき, 図から明らかに$(dp/dT)_{AB}>0$である. また, $\Delta s>0$, $\Delta v>0$だから, これは式(6.42)とも矛盾しない. 図6-5(b)のように, A相が低温低圧側, B相が高温高圧側で安定なときは, 図から$(dp/dT)_{AB}<0$であり, $\Delta s>0$, $\Delta v<0$だから式(6.42)からも同じ結論になる.

問 6-2 100°C, 1気圧における水と水蒸気の密度はそれぞれ0.96×10^3 kg/m^3, 0.60 kg/m^3, 蒸発熱は4.1×10^4 J/mol, である. 水と水蒸気の共存曲線の勾配を求めよ. [3.7×10^3 Pa/K]

準安定平衡状態

図6-3でB相を気体, A相を液体として, 気体を高温$(T>T_0)$から圧力を一定に保ったままゆっくり冷却する場合を考えてみよう. 上のような自由エネルギーの比較からすれば, 冷却してT_0に達すると気体の液化が始まり, $T<T_0$では完全に液体に変わるはずである. しかし, 液化が実際にどのよ

うに起こるかを考えると，事情はそう単純ではない．

いま温度は $T<T_0$ とし，その温度における2相の化学ポテンシャルの差を $\varDelta\mu(=\mu_B-\mu_A>0)$ とする．液化が始まるとき，気体中に小さな液滴が発生する．1個の液滴に n 個の分子が集まったとすると，それによるギブスの自由エネルギーの変化は，$\varDelta G=-n\varDelta\mu$ である．これだけであれば，集まる分子数が増加するほどギブスの自由エネルギーは減少するから，当然のことながら気体はすべて液体に変わることになる．

私たちはこれまで，系の表面のことはまったく無視してきた．それは，マクロな系ではエネルギーなどの示量的な状態量は分子数 N に比例し，表面による分は表面にある分子数 $N^{2/3}$ に比例するから，$N\gg1$ のとき前者に比べて無視できることによっていた(72ページ)．しかし，このことは小さな系では必ずしも成り立たない．

表面の自由エネルギーは表面積に比例し，正の値である．負であれば，表面積が増すほど自由エネルギーが下がるから，物体はまとまった形をとりえない．液滴が丸くなるのも，できるだけ表面積を減らし，表面の自由エネルギーを低くするためである．n 個の分子が集まって液滴ができると，表面にある分子数 $cn^{2/3}$ (c は1のオーダーの定数)に比例して表面の自由エネルギーが増加する．したがって，液滴ができることによるギブスの自由エネルギーの変化は

$$\varDelta G=-\varDelta\mu n+c\sigma n^{2/3} \tag{6.44}$$

と表わされる．σ は正で，分子1個当りの表面の自由エネルギーである．

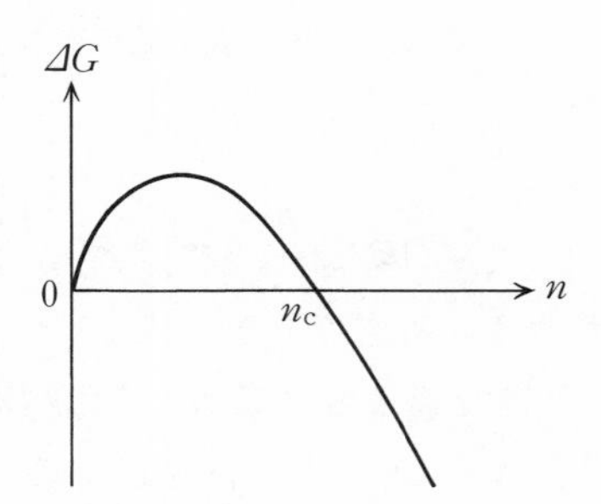

図 6-6 液滴ができることによるギブスの自由エネルギーの変化の粒子数依存性

ΔG の n 依存性はおよそ図6-6のようである．ここで，n が大きいときは式(6.44)の第1項が勝って $\Delta G<0$ となるが，n が小さいと第2項が勝って $\Delta G>0$ となることに注意したい．液滴ができることでギブスの自由エネルギーが下がるには，集まる分子数は $n>n_c=(c\sigma/\Delta\mu)^3$ でなければならない．温度が T_0 に近ければ化学ポテンシャルの差 $\Delta\mu$ は小さいから，境界値 n_c は大きくなる．液化は，はじめ小さな液滴ができてそれが成長するという過程をたどって進むと考えられるが，小さな液滴ができるとギブスの自由エネルギーが増加するため，ゆらぎにより液滴ができたとしてもすぐに消えてしまい，液化が進行しえないことになる．

このような状態の気体のギブスの自由エネルギーは，均一な液体の状態に比べると高いにもかかわらず，局所的にみると極小値となっている．模式的に描くと，図6-7のB点のような状況である．このような状態を一般に**準安定平衡状態**(metastable equilibrium state)という．

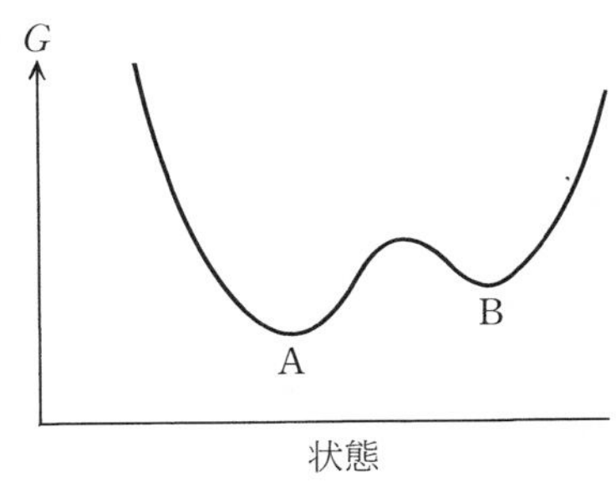

図6-7 ギブスの自由エネルギーの状態による変化(模式図)．Aは均一な平衡状態，Bは均一な準安定平衡状態．

温度が T_0 から離れるにつれて，$\Delta\mu$ が大きくなり，また気体中の密度のゆらぎが大きくなるため，液滴ができやすくなって液化が進行する．実際の場合は，液化は容器の壁や気体中の塵やイオンのまわりで始まる．このときは，壁やイオンから受ける引力のために小さな液滴でも安定に存在しうるようになり，液化が起きやすいのである．

6-4 2成分系の相平衡

混合気体や溶液など，2種類の粒子で構成される2成分系の相平衡では，自由度がふえるだけに，多様な現象を見ることができる．

混合理想気体の化学ポテンシャル

初めに，2成分系の最も簡単な例として，2種類の分子からなる混合理想気体を考えよう．

2種の分子a, bがそれぞれN_a個，N_b個ずつ，体積Vの容器に入っているとする．理想気体のハミルトニアンは，式(4.27)のように，個々の分子のハミルトニアンの和である．このことは混合気体でも変わらない．したがって，分子a, bのハミルトニアンをそれぞれH_a, H_bとすれば，全系のハミルトニアンは

$$H = H_a + H_b \tag{6.45}$$

となる．理想気体の分配関数を求めるとき，分子が区別できないことによる状態の数えすぎを修正するため，式(4.29)で$1/N!$の因子を導入した．もちろん異種の分子は区別できるから，ここでの数えすぎ修正の因子は$1/(N_a+N_b)!$ではなく，$1/(N_a!N_b!)$である．したがって，分配関数は古典統計力学が成り立つとして

$$\begin{aligned} Z &= \frac{1}{N_a!N_b!}\frac{1}{(2\pi\hbar)^{3N_a}(2\pi\hbar)^{3N_b}}\iint\cdots\int e^{-(1/k_BT)(H_a+H_b)}dp_a dq_a dp_b dq_b \\ &= Z_a Z_b \end{aligned} \tag{6.46}$$

となる．ただし，分子a, bの運動量と座標を，それぞれまとめて(p_a, q_a), (p_b, q_b)で表わした．また，Z_aは分子aの分配関数

$$Z_a = \frac{1}{N_a!}\frac{1}{(2\pi\hbar)^{3N_a}}\iint\cdots\int e^{-(1/k_BT)H_a}dp_a dq_a \tag{6.47}$$

であり，Z_bも同様に表わされる分子bの分配関数である．したがって，全系の自由エネルギーは，分子aだけがあるときの自由エネルギーF_aと，分子bだけがあるときの自由エネルギーF_bの和となる．

$$F = F_a + F_b \tag{6.48}$$

自由エネルギーから式(3.82)によって導かれる圧力pもまた，分子aだけがあるときの圧力p_aと，分子bだけがあるときの圧力p_bの和になる．

$$p = p_a + p_b \tag{6.49}$$

p_a, p_b を**分圧**(partial pressure)という．各成分の濃度を

$$c_a = \frac{N_a}{N_a+N_b}, \quad c_b = \frac{N_b}{N_a+N_b} \tag{6.50}$$

とすれば，分圧は

$$p_a = c_a p, \quad p_b = c_b p \tag{6.51}$$

となる．

各成分の化学ポテンシャルは式(6.11)で圧力をその成分の分圧におきかえればよい．濃度で表わすと，成分aの化学ポテンシャルは

$$\mu_a(T, p, c_a) = -k_B T \log\left[\left(\frac{m_a k_B T}{2\pi\hbar^2}\right)^{3/2}\frac{k_B T}{c_a p}\right]+\phi_{ra}(T) \tag{6.52}$$

となる．$\phi_{ra}(T)$ は分子aの1分子当りの回転の自由エネルギーである．ここで，同じ温度，圧力で成分aのみの純粋な気体の化学ポテンシャルを μ_{a0} とすれば，

$$\mu_a(T, p, c_a) = \mu_{a0}(T, p)+k_B T \log c_a \tag{6.53}$$

μ_b も同様に表わされる．とくに $c_a \gg c_b$ のときは，$c_b=c$，$c_a=1-c$ とおいて，$\log(1-c)\cong -c$ と近似すれば，

$$\mu_a(T, p, 1-c) = \mu_{a0}(T, p)-ck_B T \tag{6.54}$$

$$\mu_b(T, p, c) = \mu_{b0}(T, p)+k_B T \log c \tag{6.55}$$

となる．

混合のエントロピー

図6-8(a)のように，初め2種の気体a(分子数 N_a)と気体b(分子数 N_b)が容積 V_a, V_b の2つの容器に分かれて入っているとする．2種の気体は温度，圧力が等しく，したがって密度も等しい．ここで，容器の境目の仕切りを取り去ると，気体はそれぞれ容積 $V(=V_a+V_b)$ の容器全体に広がり，混じりあって均一な混合気体になる(図6-8(b))．このとき，気体の状態量にはどのような変化が起こるだろうか．

気体は理想気体であるとすれば，体積が増してもエネルギーは変化せず，温度も変わらない．混合前の気体aの自由エネルギーは，式(3.48)で体積 V を V_a におきかえたものであり，気体bについても同様である．したがっ

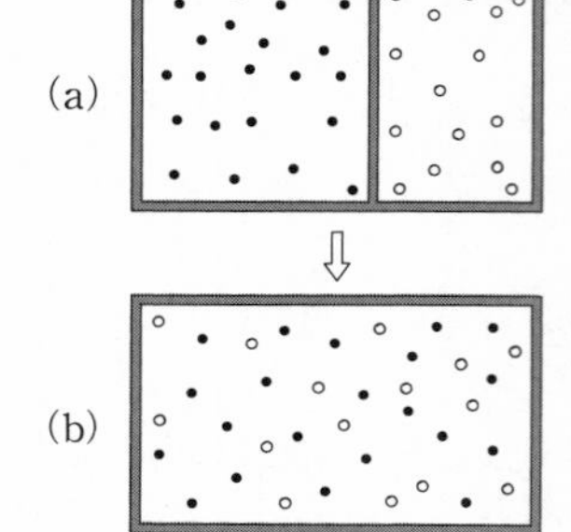

図 6-8　2つの領域に分かれていた2種の気体(a)は，仕切りを取り去ると均一に混じりあう(b).

て，混合による自由エネルギーの変化は

$$\Delta F = -k_{\mathrm{B}}T\left\{N_{\mathrm{a}}\log\left(\frac{V}{V_{\mathrm{a}}}\right)+N_{\mathrm{b}}\log\left(\frac{V}{V_{\mathrm{b}}}\right)\right\}$$

となる．混合の前，密度が等しかった($N_{\mathrm{a}}/V_{\mathrm{a}}=N_{\mathrm{b}}/V_{\mathrm{b}}$)という条件から，

$$\frac{V_{\mathrm{a}}}{V} = \frac{N_{\mathrm{a}}}{N} = c_{\mathrm{a}}, \quad \frac{V_{\mathrm{b}}}{V} = \frac{N_{\mathrm{b}}}{N} = c_{\mathrm{b}} \qquad (N=N_{\mathrm{a}}+N_{\mathrm{b}}) \tag{6.56}$$

とおくことができるので，

$$\Delta F = k_{\mathrm{B}}T(N_{\mathrm{a}}\log c_{\mathrm{a}}+N_{\mathrm{b}}\log c_{\mathrm{b}}) \tag{6.57}$$

と書くこともできる．

混合により自由エネルギー $F=E-TS$ のうち，エネルギー E，温度 T は変化しないから，自由エネルギーの変化はエントロピーの変化によるものである．それは，式(6.57)より

$$\Delta S = -k_{\mathrm{B}}(N_{\mathrm{a}}\log c_{\mathrm{a}}+N_{\mathrm{b}}\log c_{\mathrm{b}}) \tag{6.58}$$

となる．これを**混合のエントロピー**(entropy of mixing)という．これは，分子がそれぞれの狭い領域 V_{a}, V_{b} から広い容器全体に広がることによって生じたエントロピーの増加である．

とくに $c_{\mathrm{a}}\ll c_{\mathrm{b}}$ のときは，$c_{\mathrm{a}}=c$，$c_{\mathrm{b}}=1-c$ とおき，$c\ll1$ とすれば

$$\Delta S = -k_{\mathrm{B}}(N_{\mathrm{a}}\log c-N_{\mathrm{b}}c) \tag{6.59}$$

となる．式(6.54)，(6.55)の第2項が混合のエントロピーから生じたことがわかる．

希薄溶液

ある物質に他の物質が少量加わった2成分系を考えよう．これは液体でいえば**希薄溶液**(dilute solution)であり，多量の成分を**溶媒**(solvent)，少量の成分を**溶質**(solute)という．

N 個の溶媒分子，n 個の溶質分子からなる希薄溶液($n \ll N$)を考える．古典統計力学が成り立つとし，溶媒分子，溶質分子の運動量と座標をそれぞれ $(P_i, Q_i), (p_j, q_j)$ とすれば，全系のハミルトニアンは

$$H = \sum_i \frac{1}{2M} P_i^2 + \sum_j \frac{1}{2m} p_j^2 + V(Q, q) \tag{6.60}$$

と与えられる．ここで，M, m は溶媒分子，溶質分子の質量，$V(Q, q)$ は分子間の相互作用のポテンシャルで，ここでは分子の座標をまとめて Q, q と書いた．

この系の自由エネルギーや化学ポテンシャルを得るには，式(6.60)のハミルトニアンから P_i, Q_i, p_j, q_j について積分をして，分配関数を計算しなければならない．液体の場合，相互作用の役割が重要なので，その計算はたいへん難しい．しかし，希薄溶液の場合は，次のように考えることによって，一般的な性質を知ることができる．

初めに，溶質分子はある空間的な配置に静止しているとして，その間を動きまわる溶媒分子の系を考える．そのハミルトニアンは

$$H = \sum_i \frac{1}{2M} P_i^2 + V(Q, q) \tag{6.61}$$

である．溶質分子の存在は周囲の溶媒に影響するが，その及ぶ範囲は分子からの距離が原子のスケールのミクロな領域に限られる．溶質分子の密度が小さければ，影響の及ぶ領域の重なりあいは無視できる(図6-9)．このような場合，自由エネルギー等に対する影響は溶質分子の数に比例し，その係数は溶媒の局所的な性質のみに依存する．したがって，溶質分子を空間に止めたときのギブスの自由エネルギーは

$$G(q) = N\mu_0(T, p) + n\beta(T, p) \tag{6.62}$$

と表わされ，溶質分子の座標に依存しない．ここに $\mu_0(T, p)$ は純粋な溶媒

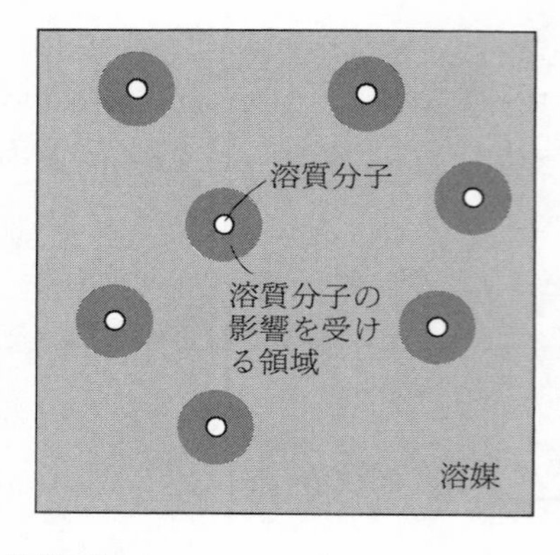

図 6-9 希薄溶液の溶媒と溶質分子

の化学ポテンシャルである.

式(6.62)は，分配関数の計算でいえば，溶媒分子の運動量と座標についての積分を終えた段階での結果であり，最終的な結果までには，溶質分子の運動量と座標についての積分が残されている．しかし，式(6.62)は溶質分子の座標に依存しないから，残る積分は理想気体の場合と同様に行なうことができる．したがって，溶質の寄与は1分子当りで式(6.10)により与えられ，溶液のギブスの自由エネルギーは

$$G = N\mu_0(T, p) + n\alpha(T, p) - nk_B T \log\left(\frac{N}{n}\right) \tag{6.63}$$

$$\alpha(T, p) = \beta(T, p) - k_B T \log\left[\left(\frac{mk_B T}{2\pi\hbar^2}\right)^{3/2} \frac{V}{N}\right] \tag{6.64}$$

となる．溶質分子の内部自由度はないものとした.

式(6.63)から，溶媒の化学ポテンシャル μ，溶質の化学ポテンシャル μ' は，次のように得られる.

$$\mu(T, p, c) = \mu_0(T, p) - ck_B T \tag{6.65}$$

$$\mu'(T, p, c) = \alpha(T, p) + k_B T \log c \tag{6.66}$$

ただし，c は溶質の濃度*

$$c = \frac{n}{N} \tag{6.67}$$

---

* これまでの定義では $c=n/(N+n)$ だが，$n \ll N$ のときはその差は無視してよい.

である．式(6.65)，(6.66)は濃度依存性が理想気体の式(6.54)，(6.55)と同じであり，各式の第2項は混合のエントロピーからの寄与である．

浸透圧

図6-10のように，半透膜で仕切られた容器に，濃度の異なる同種の希薄溶液を入れる．半透膜とは，溶媒分子のみを通し，溶質分子は通さない膜である．膜の支えがあるから，2溶液の圧力は異なってよいが，溶媒分子は膜を通って出入りするので，溶媒の化学ポテンシャルは等しくなければならない．

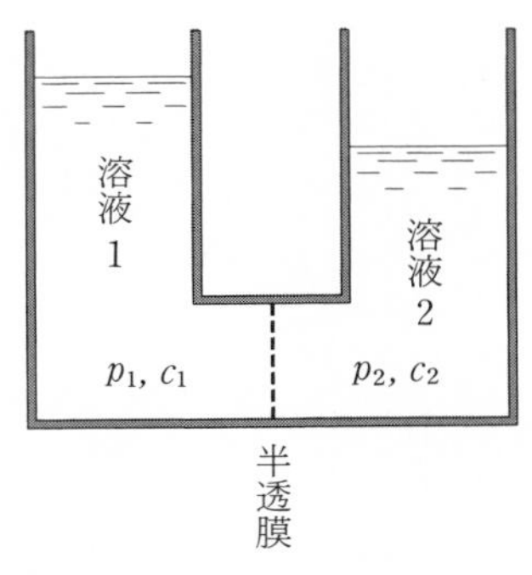

図6-10　半透膜で仕切られた濃度の異なる溶液

2溶液の濃度を c_1, c_2，圧力を p_1, p_2 とすれば，

$$\mu(T, p_1, c_1) = \mu(T, p_2, c_2) \tag{6.68}$$

したがって，式(6.65)により

$$\mu_0(T, p_1) - \mu_0(T, p_2) = (c_1 - c_2)k_{\rm B}T \tag{6.69}$$

となる．濃度差 $\varDelta c = c_1 - c_2$ が小さいときは，圧力差 $\varDelta p = p_1 - p_2$ も小さい．左辺で $p_1 = p_2 + \varDelta p$ として $\varDelta p$ について展開し，1分子当りの体積 v について式(6.16)の関係を使えば

$$\varDelta p = \frac{\varDelta c}{v} k_{\rm B}T \tag{6.70}$$

が得られる．圧力差 $\varDelta p$ を**浸透圧**(osmotic pressure)という．

希薄な2成分系の2相平衡

希薄な2成分系が2つの相A, B(例えば液体と気体)に分かれて平衡にある場合を考えよう．

初めに，媒質のみの純粋な系が温度 T，圧力 p で 2 相平衡にあるとすれば，平衡の条件は

$$\mu_A(T, p) = \mu_B(T, p) \tag{6.71}$$

である．ここに他の物質を少量加え，希薄な 2 成分系としたとき，同じ圧力のもとで平衡の温度が $T+\delta T$ に変わったとする．相 A, B における濃度を c_A, c_B とすれば，式(6.65)により平衡の条件は

$$\mu_A(T+\delta T, p) - c_A k_B T = \mu_B(T+\delta T, p) - c_B k_B T \tag{6.72}$$

となる．ただし，濃度が小さければ平衡温度の変化も小さいので，両辺の第 2 項では温度変化 δT を無視した．

$\delta T \ll T$ のとき

$$\begin{aligned} \mu_A(T+\delta T, p) &\cong \mu_A(T, p) + \left(\frac{\partial \mu_A}{\partial T}\right)_p \delta T \\ &= \mu_A(T, p) - s_A \delta T \end{aligned}$$

同様に

$$\mu_B(T+\delta T, p) = \mu_B(T, p) - s_B \delta T$$

と近似できる．s_A, s_B は純粋な媒質の 1 分子当りのエントロピーであり，式(6.16)の関係を用いた．したがって，式(6.72)は

$$(s_A - s_B)\delta T = -(c_A - c_B) k_B T \tag{6.73}$$

と書かれる．ここで，A を低温で安定な相，B を高温で安定な相とすれば，$(s_B - s_A)T = q$ は物質が A から B へ相転移するときに吸収する 1 分子当りの潜熱である．q を使えば，平衡温度の変化は

$$\delta T = (c_A - c_B)\frac{k_B T^2}{q} \tag{6.74}$$

と表わされる．

固体(A)と液体(B)が相平衡にあるとき，液体には溶けるが固体には溶けにくい物質を液体に加えると，$c_A \ll c_B$ だから，$c_A \cong 0$，$c_B = c$ とおいて

$$\delta T = -c\frac{k_B T^2}{q} \tag{6.75}$$

となる．液体に物質を溶かすことによって，相平衡温度(融点)が下がる．

問 6-3 水に食塩を重量にして5%溶かすと，氷点は何度下がるか．氷の融解熱は 6.0×10^3 J/mol である．[3.2 K]

6-5 化学平衡

化学ポテンシャルは，相平衡の問題に限らず，一般に粒子数が変わる現象での熱平衡を定める状態量である．そのような現象のもう1つの例として，化学平衡がある．

化学平衡の条件

例として，A 分子と B 分子が化学結合して C 分子になる化学反応を考えよう．反応式で書くと

$$\mathrm{A}+\mathrm{B}=\mathrm{C} \tag{6.76}$$

である．

ある瞬間，A, B, C 各分子の数がそれぞれ $N_{\mathrm{A}}, N_{\mathrm{B}}, N_{\mathrm{C}}$ であったとしよう．系は3種類の分子からなる3成分系をなしているが，反応速度があまり速くないとすれば，3成分系としての熱平衡状態，すなわち部分平衡の状態にあると考えられる．その状態でのギブスの自由エネルギーを

$$G=G(T,p;N_{\mathrm{A}},N_{\mathrm{B}},N_{\mathrm{C}}) \tag{6.77}$$

とすれば，真の熱平衡状態はこれを分子数について最小にする状態として得られる．

反応の進行により，各分子の数は変化する．そのとき，式(6.76)の関係により，C 分子が1個増せば，A, B 分子はそれぞれ1個ずつ減ることに注意しなければならない．したがって，T, p が一定のもとで反応が進行して C 分子が増したときの G の変化は

$$\frac{dG}{dN_{\mathrm{C}}}=\left(\frac{\partial G}{\partial N_{\mathrm{C}}}\right)_{N_{\mathrm{A}},N_{\mathrm{B}}}-\left(\frac{\partial G}{\partial N_{\mathrm{A}}}\right)_{N_{\mathrm{B}},N_{\mathrm{C}}}-\left(\frac{\partial G}{\partial N_{\mathrm{B}}}\right)_{N_{\mathrm{A}},N_{\mathrm{C}}}$$

となる．式(6.26)により，右辺の各項はそれぞれ C, A, B 分子の化学ポテンシャル $\mu_{\mathrm{C}}, \mu_{\mathrm{A}}, \mu_{\mathrm{B}}$ である．したがって，$dG/dN_{\mathrm{C}}=0$ より，化学平衡の条件は

$$\mu_A + \mu_B = \mu_C \tag{6.78}$$

と表わされる．

気体の化学平衡

反応にかかわる分子がすべて気体の場合の化学平衡を考える．式(6.76)で A, B は1原子分子，C は2原子分子 AB であるとする．式(6.52)により A 分子の化学ポテンシャルは

$$\mu_A(T, p, c_A) = -k_B T \log\left[\left(\frac{m_A k_B T}{2\pi\hbar^2}\right)^{3/2} \frac{k_B T}{c_A p}\right] \tag{6.79}$$

ただし，m_A, c_A は A 分子の質量と濃度である．B 分子の化学ポテンシャルも同様の式で与えられる．AB 分子の場合は，分子結合のエネルギーを ϵ_b とし，さらに2原子分子であるからこれに分子回転からの寄与(式(4.57))を加えて

$$\mu_{AB}(T, p, c_{AB}) = -k_B T \log\left[\left(\frac{m_{AB} k_B T}{2\pi\hbar^2}\right)^{3/2}\left(\frac{2Ik_B T}{\hbar^2}\right)\frac{k_B T}{c_{AB} p}\right] - \epsilon_b \tag{6.80}$$

となる．

これらの式を化学平衡の条件(6.78)に代入すると，次の結果が得られる．

$$\frac{c_{AB}}{c_A c_B} = 2(2\pi)^{3/2}\hbar I\left(\frac{m_{AB}}{m_A m_B}\right)^{3/2}\frac{p}{(k_B T)^{3/2}} e^{\epsilon_b/k_B T} \tag{6.81}$$

この式の右辺を**化学平衡定数**(chemical equilibrium constant)という．この式から，$k_B T \ll \epsilon_b$ の低温では $e^{\epsilon_b/k_B T} \gg 1$ となって AB 分子が増し，$k_B T \gg \epsilon_b$ の高温では $e^{\epsilon_b/k_B T} \cong 1$ であるから因子 $T^{-3/2}$ が効いて AB 分子が減ることが分かる．

問 6-4　エネルギーとエントロピーの競合という見方(86 ページ)から式(6.81)の温度依存性を説明せよ．

6-6 グランドカノニカル分布

外界から孤立していて，粒子数もエネルギーも一定に保たれている孤立系が

熱平衡にあるとき，系が種々の量子状態をどのような確率でとるかを示す統計分布はミクロカノニカル分布で与えられた．また，粒子数は一定に保たれるが，外界とエネルギーのやりとりはなしうる状態にある，閉じた系の統計分布はカノニカル分布であった．では，**開いた系**(open system)，すなわち外界とエネルギーだけでなく，粒子のやりとりを行なう系では，熱平衡での統計分布はどのようなものになるだろうか．

開いた系の統計分布

この節で扱う開いた系としては，例えば気体と相平衡にある液体を考えればよい．あるいは，もっと単純に，気体の入った大きな容器の中に孔のあいた小さな容器があるとし，その小さな容器の中の気体に注目する(図 6-11)．小さな容器の外が，注目する系と粒子，エネルギーのやりとりをしている外

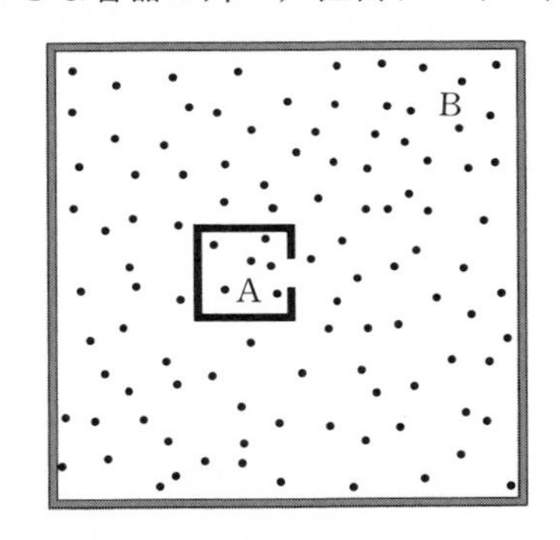

図 6-11　外界 B とエネルギー，粒子をやりとりしている開いた系 A

界である．対象とする系を A，外界を B とよぼう．

統計分布を導く方法は，3-1 節で閉じた系についてカノニカル分布を導いた場合と同様である．A と B を合わせた全系がさらにその外界からは孤立して熱平衡にあるとすれば，全系はミクロカノニカル分布に従う．A と B の粒子数を N, N_B，エネルギーを E, E_B，全系の粒子数とエネルギーを N_T, E_T とすれば，

$$N+N_\mathrm{B} = N_\mathrm{T} \tag{6.82}$$

$$E+E_\mathrm{B} = E_\mathrm{T} \tag{6.83}$$

であり，$N_\mathrm{T}, E_\mathrm{T}$ は一定に保たれる．ただし，ここでは A と B の相互作用のエネルギーは無視した(72 ページ参照)．

全系の量子状態は，AとBがそれぞれどの量子状態にあるかを指定することによって定まる．そして，等確率の原理により，それらはすべて等しい確率で実現する．Aが粒子数N，エネルギーEのひとつの量子状態にある確率を$P(N,E)$としよう．このとき，Bは粒子数$N_{\mathrm{T}}-N$，エネルギー$E_{\mathrm{T}}-E$の量子状態のどれかにあるはずであり，その数を$W_{\mathrm{B}}(N_{\mathrm{T}}-N, E_{\mathrm{T}}-E)$とすれば，

$$P(N, E) \propto W_{\mathrm{B}}(N_{\mathrm{T}}-N, E_{\mathrm{T}}-E) \tag{6.84}$$

である．BのエントロピーをS_{B}とすれば，

$$S_{\mathrm{B}}(N_{\mathrm{B}}, E_{\mathrm{B}}) = k_{\mathrm{B}} \log W_{\mathrm{B}}(N_{\mathrm{B}}, E_{\mathrm{B}}) \tag{6.85}$$

であるから

$$P(N, E) \propto \exp\left[\frac{1}{k_{\mathrm{B}}} S_{\mathrm{B}}(N_{\mathrm{T}}-N, E_{\mathrm{T}}-E)\right] \tag{6.86}$$

と書くこともできる．

ここで，外界Bは注目する系Aに比べて十分に大きく，

$$N \ll N_{\mathrm{T}}, \quad E \ll E_{\mathrm{T}} \tag{6.87}$$

とする．そうすれば，式(6.86)のS_{B}はNとEで次のように展開することができる．

$$S_{\mathrm{B}}(N_{\mathrm{T}}-N, E_{\mathrm{T}}-E) \cong S_{\mathrm{B}}(N_{\mathrm{T}}, E_{\mathrm{T}}) - \left(\frac{\partial S_{\mathrm{B}}}{\partial N_{\mathrm{B}}}\right)_{E_{\mathrm{B}}} N - \left(\frac{\partial S_{\mathrm{B}}}{\partial E_{\mathrm{B}}}\right)_{N_{\mathrm{B}}} E$$

ここで，外界Bの温度をT，化学ポテンシャルをμとすれば，式(1.44)，(6.22)により

$$S_{\mathrm{B}}(N_{\mathrm{T}}-N, E_{\mathrm{T}}-E) = S_{\mathrm{B}}(N_{\mathrm{T}}, E_{\mathrm{T}}) + \frac{\mu}{T} N - \frac{1}{T} E \tag{6.88}$$

となる．外界は注目する系に比べて十分に大きいから，粒子数やエネルギーが少々変化しても，その化学ポテンシャルと温度は一定に保たれると考えてよい．

式(6.88)を式(6.86)に代入し，確率は

$$P(N, E) \propto \exp\left[-\frac{1}{k_{\mathrm{B}} T}(E-\mu N)\right] \tag{6.89}$$

となる．確率として規格化すれば，

$$P(N,E)=\frac{1}{\Xi(T,\mu)}\exp\left[-\frac{1}{k_{\mathrm{B}}T}(E-\mu N)\right] \tag{6.90}$$

$$\Xi(T,\mu)=\sum_{N}\sum_{n}\exp\left[-\frac{1}{k_{\mathrm{B}}T}(E_n(N)-\mu N)\right] \tag{6.91}$$

となる．ただし，$E_n(N)$ は粒子数が N の量子状態 n のエネルギーである．式(6.90)で表わされる統計分布を**グランドカノニカル分布**(grand canonical distribution)，または**大きな正準分布**という．$\Xi(T,\mu)$ を**大きな分配関数**(grand partition function)という．粒子数 N が与えられたときの分配関数

$$Z(N,T)=\sum_{n}\exp\left[-\frac{1}{k_{\mathrm{B}}T}E_n(N)\right] \tag{6.92}$$

を用いると，$\Xi(T,\mu)$ は

$$\Xi(T,\mu)=\sum_{N}e^{\mu N/k_{\mathrm{B}}T}Z(N,T) \tag{6.93}$$

と表わされる．

粒子数のゆらぎ

開いた系ではエネルギーだけでなく粒子数もゆらいでいる．その中で，系の粒子数が N である確率は

$$\begin{aligned}P(N)&=\sum_{n}P(N,E_n(N))\\&=\frac{1}{\Xi(T,\mu)}\sum_{n}\exp\left[-\frac{1}{k_{\mathrm{B}}T}(E_n(N)-\mu N)\right]\\&=\frac{1}{\Xi(T,\mu)}e^{\mu N/k_{\mathrm{B}}T}Z(N,T)\end{aligned} \tag{6.94}$$

である．したがって，粒子数の平均値 $\bar{N}$ は

$$\begin{aligned}\bar{N}&=\sum_{N}NP(N)\\&=\frac{1}{\Xi(T,\mu)}\sum_{N}Ne^{\mu N/k_{\mathrm{B}}T}Z(N,T)\end{aligned} \tag{6.95}$$

また，$\Xi(T,\mu)$ の表式(6.93)を μ で微分すると，

$$\frac{\partial\Xi(T,\mu)}{\partial\mu}=\frac{1}{k_{\mathrm{B}}T}\sum_{N}Ne^{\mu N/k_{\mathrm{B}}T}Z(N,T)$$

となるから，$\bar{N}$ は次のように表わすことができる．

$$\bar{N} = k_{\mathrm{B}} T \frac{\partial}{\partial \mu} \log \Xi(T, \mu) \tag{6.96}$$

粒子数のゆらぎがどの程度かを見るには，

$$\overline{(N-\bar{N})^2} = \overline{N^2} - \bar{N}^2$$

を計算すればよい．これを求めるため，式(6.95)を μ で微分すると，

$$\begin{aligned} \frac{\partial \bar{N}}{\partial \mu} &= \frac{1}{k_{\mathrm{B}} T} \frac{\Xi(T, \mu) \sum_N N^2 e^{\mu N / k_{\mathrm{B}} T} Z(N, T) - [\sum_N N e^{\mu N / k_{\mathrm{B}} T} Z(N, T)]^2}{\Xi(T, \mu)^2} \\ &= \frac{1}{k_{\mathrm{B}} T} (\bar{N}^2 - \overline{N^2}) \end{aligned}$$

となる．系の体積を V，平均の粒子密度を ρ とすれば，$\bar{N} = V\rho$ だから，次の関係が得られる．

$$\overline{(N-\bar{N})^2} = \frac{\bar{N} k_{\mathrm{B}} T}{\rho} \left(\frac{\partial \rho}{\partial \mu} \right)_T \tag{6.97}$$

これは $\bar{N}$ のオーダーの量であり，ゆらぎの幅は $\sqrt{\bar{N}}$ のオーダーである．マクロな系では $\sqrt{\bar{N}} \ll \bar{N}$ であり，カノニカル分布の場合のエネルギーのゆらぎと同様に，粒子数のゆらぎは小さい．

第6章 演習問題

1. ある物質のある温度における2相A, Bの自由エネルギー F が，体積 V の関数として，右図のように与えられている．

(1) 2相A, Bの共存は2つの曲線の共通接線を引くことによって定まることを示せ．

(2) 体積 V が $V_{\mathrm{a}} < V < V_{\mathrm{b}}$ のとき，2相A, Bの共存した状態が実現する．その自由エネルギーは接線abによって与えられることを示せ．

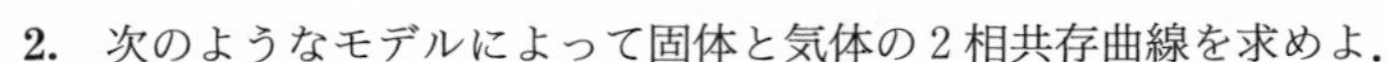

2. 次のようなモデルによって固体と気体の2相共存曲線を求めよ．

(a) 固体の原子をバラバラにするために必要なエネルギーは1原子当り ϵ.

(b)　固体の体積は1原子当り v.

(c)　固体原子は独立に振動数 ω で振動する(アインシュタイン模型).

(d)　気体は単原子分子の理想気体.

3.　臨界点から離れていて飽和蒸気圧が十分に小さく，また考えている温度範囲で潜熱が一定とみなしうる場合，飽和蒸気圧曲線(気体-液体共存曲線)が

$$p \propto e^{-q/k_B T}$$

となることを示せ．ここで，q は1分子当りの潜熱である．

4.　固体，液体，気体間の3重点の近くでは，固体-気体共存曲線の方が液体・気体共存曲線より大きな勾配をもつことが多い．その理由を説明せよ．

5.　右図はある2成分系のある圧力の下での相図である．図の縦軸は温度，横軸 c は成分A, B中のBの濃度 $c=N_B/(N_A+N_B)$ (N_A, N_B はA, Bの分子数)である．2つの曲線は，たとえば温度 T_0 では濃度 c_a の気体と濃度 c_b の液体が共存することを示している．点Pの状態にある気体を，圧力を一定に保ったままゆっくり冷やしていったときに起こることを，相図に基づいて説明せよ．

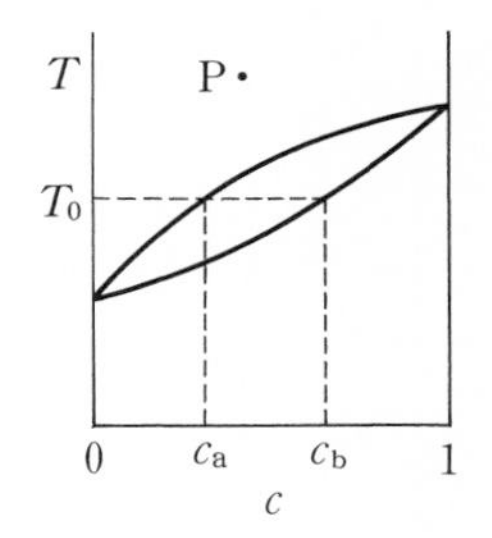

6.　古典統計力学に従う単原子分子の理想気体について，グランドカノニカル分布の分配関数 Ξ を求めよ．また，Ξ が次式をみたすことを示せ．

$$pV = k_B T \log \Xi$$

ヘリウムの相図

ふつうの物質の相図には図6-2のように3重点があり，物質は冷却すると圧力にかかわりなく固体になる．これに対し，ヘリウムだけは特別で，次ページの図のように3重点がなく，低圧($p<25$ atm)では絶対零度まで冷却しても固体にならない．

分子間には図4-11のような引力が働いており，温度を下げると気体

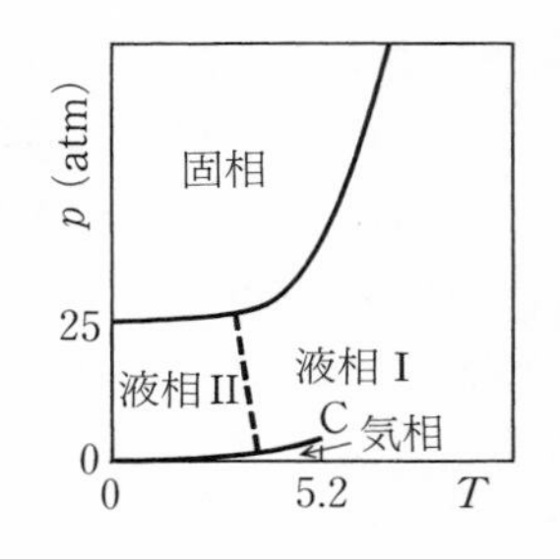

が液化するのはこの引力によるものである．絶対零度では分子は引力のポテンシャルエネルギーを最小にする配置に規則正しく並ぶはずで，その状態が固体だと考えられる．ヘリウムは臨界点が5.2Kと低いが，とにかく液化するのだから，ヘリウム原子間にも引力が働いていることは確かだ．それなのに，圧力を加えないと固体にならないのは何故だろうか．

上では，絶対零度で分子はポテンシャルエネルギーを最小にする配置に並ぶとしたが，じつはこのことがいつも正しいとは限らないのである．分子の運動は量子力学に従うから，ハイゼンベルクの不確定性原理により，定まった位置に静止することができない．固体のように配列しても必ず零点振動を行ない，零点エネルギーが加わる．その大きさは，分子の固有振動数を ω とすれば，1分子当り $\hbar\omega$ の程度である．したがって，引力によるポテンシャルエネルギーの得を1分子当り ϵ とすれば，固体になることによってエネルギーを得するには，$\epsilon>\hbar\omega$ でなければならない．質量の小さい分子ほど固有振動数が大きいから固体になりにくい．ヘリウムではこの条件が成り立たないために，低圧では固体にならないと考えられる．

図はヘリウムの同位体 ^{4}He の相図で，これより軽い ^{3}He はさらに固体になりにくく，固体にするために必要な圧力は35 atmである．また図中の液相IIは超流動状態である(224ページ)．

7 フェルミ統計とボース統計

これまでの問題では，ミクロな粒子が量子力学に従うことの効果は，主として粒子のエネルギーがとびとびの値に量子化されることを通して現われた．だが，ミクロな粒子のもうひとつの重要な性質も忘れてはならない．それは，「ミクロな同種粒子は区別できない」というものである．理想気体の分配関数に，状態の数えすぎを打ち消すための因子$(N!)^{-1}$がついたのもそのためであった．しかし，これでは「区別できない」ことを正しく考慮したことにはなっていない．そのことを詳しく調べていくと，ミクロな粒子の示すたいへん興味深い振舞いが明らかになってくる．

7-1 フェルミ粒子とボース粒子

「区別できない」ミクロな粒子に，じつは2種類の粒子があることについて，まず述べよう．この2種類の粒子は低温で大きく異なる性質を示すのだが，そのことは以下に続く節のテーマである．

多粒子の波動関数の対称性

この「区別できない」という性質を，量子力学の立場からもうすこし詳しく考えてみる．量子力学では粒子の運動状態は波動関数で表わされる．1粒子の場合，それは粒子の座標$\boldsymbol{r}$の，一般的には複素数の関数として与えられる．異なる2つの関数$\phi_1(\boldsymbol{r}), \phi_2(\boldsymbol{r})$は粒子の異なる状態を表わす．ただし，その状態で測定されるいろいろな物理量は，波動関数 $\psi(\boldsymbol{r})$ そのものではなく，$\psi(\boldsymbol{r})\psi^*(\boldsymbol{r}')$ (* は複素共役を示す)という積(これを**密度行列**(density matrix)という)によって与えられるから，$\psi(\boldsymbol{r})$ に複素数の係数 $e^{i\alpha}$ (α は実数)がついても異なる状態を表わすことにはならない．

N 個の粒子の量子力学的状態を表わす波動関数は，N 個の粒子の座標 $\boldsymbol{r}_1, \boldsymbol{r}_2, \cdots, \boldsymbol{r}_N$ の関数 $\psi(\boldsymbol{r}_1, \boldsymbol{r}_2, \cdots, \boldsymbol{r}_N)$ である．簡単のため，2 粒子の場合を考えてみよう．例えば，波動関数 $\psi(\boldsymbol{r}_1, \boldsymbol{r}_2)$ は粒子 1 が運動量 $\boldsymbol{p}$ で，粒子 2 が運動量 $\boldsymbol{p}'$ で運動している状態を表わすとする．そうすると，座標を入れ換えた関数 $\psi(\boldsymbol{r}_2, \boldsymbol{r}_1)$ は粒子 1 が $\boldsymbol{p}'$，粒子 2 が $\boldsymbol{p}$ で運動している状態である．粒子が区別できるとすれば，$\psi(\boldsymbol{r}_1, \boldsymbol{r}_2)$ と $\psi(\boldsymbol{r}_2, \boldsymbol{r}_1)$ は異なる関数である．これに対し，2 粒子が「区別できない」としたら，波動関数 $\psi(\boldsymbol{r}_1, \boldsymbol{r}_2)$ と $\psi(\boldsymbol{r}_2, \boldsymbol{r}_1)$ は同じ状態を表わし，したがって同じ関数でなければならない．ただし，上で述べたように，波動関数は因子 $e^{i\alpha}$ がついても異なる状態を表わさない．したがって，一般的にいえば

$$\psi(\boldsymbol{r}_2, \boldsymbol{r}_1) = e^{i\alpha}\psi(\boldsymbol{r}_1, \boldsymbol{r}_2)$$

である．ここで，変数 $\boldsymbol{r}_1$ を $\boldsymbol{r}_2$ に，$\boldsymbol{r}_2$ を $\boldsymbol{r}_1$ におきかえれば

$$\psi(\boldsymbol{r}_1, \boldsymbol{r}_2) = e^{i\alpha}\psi(\boldsymbol{r}_2, \boldsymbol{r}_1)$$

となる．2 つの関係がともに成り立たなければならないから，

$$(e^{i\alpha})^2 = 1, \qquad e^{i\alpha} = \pm 1$$

が結論される．すなわち，

$$\psi(\boldsymbol{r}_1, \boldsymbol{r}_2) = \pm\psi(\boldsymbol{r}_2, \boldsymbol{r}_1) \tag{7.1}$$

である．同種の 2 粒子の波動関数は，粒子座標の置き換えに対して対称(+ のとき)，または反対称(− のとき)の関数でなければならない．

プラスか，マイナスか．この違いは粒子の種類によって決まっており，プラスの性質をもつ粒子を**ボース粒子**または**ボソン**(boson)，マイナスの性質をもつ粒子を**フェルミ粒子**または**フェルミオン**(fermion)という．自然界に存在する素粒子はこの 2 種類に分類することができる．それぞれ例をあげると

ボース粒子：フォトン，パイ中間子

フェルミ粒子：電子，陽子，中性子

上の議論にはひとつ不十分な点がある．ミクロな粒子は内部自由度をもつ場合がある．電子の場合は，古典力学でいえば自転に当たるスピンがそれである．そうした内部自由度の状態も表わす波動関数は，重心運動を表わす空間座標だけでなく，内部自由度を表わす「座標」の関数でもなければならない．そこで，空間座標 $\boldsymbol{r}$ に内部自由度の座標も加え，粒子座標をまとめて x で表わすことにする．そうすると，同種 2 粒子の波動関数の性質は

$$\psi(x_1, x_2) = \pm\psi(x_2, x_1) \tag{7.2}$$

と表わされる．

N 個の粒子の波動関数については，任意の 2 粒子の座標の入れ換えについて同様の性質がなければならない．すなわち，

$$\psi(x_1, x_2, \cdots, x_i, \cdots, x_j, \cdots, x_N) = \pm\psi(x_1, x_2, \cdots, x_j, \cdots, x_i, \cdots, x_N) \tag{7.3}$$

である．

理想気体の波動関数

粒子がたがいに独立に運動する，理想気体のような場合を考えよう．ふたたび，2 粒子の場合を考える．2 粒子が無関係に運動しているとき，波動関数 $\psi(x_1, x_2)$ は座標 x_1 と x_2 に独立に依存する．このことは，$\psi(x_1, x_2)$ が

$$\psi(x_1, x_2) = \phi_{\mathrm{a}}(x_1)\phi_{\mathrm{b}}(x_2) \tag{7.4}$$

と書かれることを意味する．これは粒子 1, 2 がそれぞれ波動関数 $\phi_{\mathrm{a}}, \phi_{\mathrm{b}}$ で表わされる 1 粒子量子状態にあることを示している．

2 粒子が別種の粒子で，区別できる場合はこれでよい．しかし，同種粒子の場合は，式(7.4)は式(7.2)を満たしていないから，このままでは正しくない．式(7.2)を満たすには，式(7.4)をもとにして，次のような対称化($+$ の場合)ないし反対称化($-$ の場合)を行なう必要がある．

$$\psi(x_1, x_2) = A[\phi_{\mathrm{a}}(x_1)\phi_{\mathrm{b}}(x_2) \pm \phi_{\mathrm{b}}(x_1)\phi_{\mathrm{a}}(x_2)] \tag{7.5}$$

ここで，A は波動関数を規格化するための係数，複号は $+$ がボース粒子，$-$ がフェルミ粒子の場合である．

ボース粒子の場合，a と b が同じ状態で $\phi_{\mathrm{a}} = \phi_{\mathrm{b}}$ であれば，式(7.4)のままでも式(7.2)を満たし，とくに問題はない．これに対し，フェルミ粒子の場

合には，きわめて興味深い性質があることに気づく．それは $\phi_a=\phi_b$ であれば，式(7.5)は $\psi(x_1, x_2)=0$ となることである．これは，2個の粒子が同じ状態を占めることはありえないことを示している．

このような考察から次の結論が得られる．

たがいに独立に運動している同種粒子の系では，

(1)　ボース粒子は何個でも同じ1粒子量子状態を占めることができる．

(2)　フェルミ粒子はひとつの1粒子量子状態を1個しか占めることができない．

(2)の性質をフェルミ粒子に対する**パウリ原理**(Pauli principle)という．ここでいう量子状態とは，粒子が内部自由度をもつ場合には，重心運動の状態だけでなく，スピンなどの内部自由度の状態も合わせたものを意味している．

複合粒子の性質

統計力学では，原子や分子を1個の粒子として扱うことが多い．原子や分子は電子，陽子，中性子が多数集まった複合粒子である．複合粒子はボース粒子だろうか，フェルミ粒子だろうか．

2個の粒子が結合した同種の複合粒子が2個ある場合を考えてみよう．粒子1と2が結合した複合粒子Aと，粒子3と4が結合した複合粒子Bがあるとする．粒子1と3，粒子2と4はそれぞれ同種粒子である．その波動関数

$$\text{(a)}\quad \psi(x_1, x_2\,; x_3, x_4)$$

はどのような性質をもつだろうか．複合粒子A, Bを入れ換えると，波動関数は

$$\text{(b)}\quad \psi(x_3, x_4\,; x_1, x_2)$$

となる．(a)から(b)への入れ換えは，構成粒子でみると1と3，2と4の同時入れ換えであこ．粒子がいずれもフェルミ粒子であれば，入れ換えによってつく因子は -1 と -1，あわせて $(-1)\times(-1)=1$ である．ボース粒子とフェルミ粒子のときは $1\times(-1)=-1$ となる．このような考察は容易に一般

化でき，次の結論が得られる．

> 複合粒子は，偶数個のフェルミ粒子を含むときはボース粒子，奇数個のフェルミ粒子を含むときはフェルミ粒子として振舞う．

ヘリウムには2種の安定な同位体，^{4}He と ^{3}He がある．^{4}He は2個の陽子と2個の中性子からなる原子核と2個の電子でできており，6個のフェルミ粒子を含むから，原子としてはボース粒子である．これに対し，^{3}He は2個の陽子と1個の中性子からなる原子核と2個の電子でできていて，5個のフェルミ粒子を含むから，原子としてはフェルミ粒子になる．^{4}He の液体，^{3}He の液体はそれぞれボース粒子，フェルミ粒子の系としての典型的な振舞いを示す．

問 7-1 次の複合粒子をフェルミ粒子とボース粒子に分類せよ．
H 原子，D(重水素)原子，H_2 分子，HD 分子，^{20}Ne 原子，^{40}Ar 原子，$^{12}C^{16}O_2$ 分子
[フェルミ粒子：D, HD．ボース粒子：H, H_2, Ne, Ar, CO_2]

7-2 フェルミ統計とボース統計(1)

以下では，理想気体のように相互作用の働いていない同種粒子系に話を限り，その統計力学的な性質を考察しよう．

量子状態の粒子数表示

同種粒子系では粒子が区別できないから，例えば粒子1は状態aに，粒子2は状態bにというように，各粒子についてそれぞれがどの量子状態にあるかを考えることは意味がない．全体の状態は，1粒子量子状態をそれぞれいくつずつの粒子が占めているかをみることによって定まる．1粒子の量子状態に番号をつけ，量子状態 i を占める粒子数を n_i とすれば，無限の数列

$$\{n_i\} = (n_1, n_2, n_3, \cdots) \tag{7.6}$$

が全体の量子状態を定める「量子数」である．ただし，n_i はフェルミ粒子では

$$n_i = 0, 1 \tag{7.7}$$

であり，一方，ボース粒子では

$$n_i = 0, 1, 2, \cdots \tag{7.8}$$

と，どのような数をとることもできる．また全粒子数を N とすれば，

$$N = \sum_i n_i \tag{7.9}$$

である．量子状態 i のエネルギーを ϵ_i とすれば，全エネルギー E は

$$E = \sum_i \epsilon_i n_i \tag{7.10}$$

と表わされる．このように，量子状態を1粒子状態を占める粒子数で表わすことを，**粒子数表示**(number representation)という．

粒子分布の粗視化

式(7.6)の数列は全系の量子状態をひとつひとつ指定する．これに直接注目するだけでは，粒子系の統計的性質を知ることはできない．それを知るには，統計力学の基本的な戦略に従い，粗視化の手続きをとる必要がある．

粒子分布の粗視化については，2-3節で述べた．その方法によって1粒子状態をグループに分け，l 番目のグループに属する状態の数を M_l，そのエネルギーを E_l，そこを占める粒子の数を N_l とする．式(7.9)，(7.10)から N_l は

$$\sum_l N_l = N \tag{7.11}$$

$$\sum_l E_l N_l = E \tag{7.12}$$

を満たしていなければならない．粒子分布

$$\{N_l\} = (N_1, N_2, N_3, \cdots) \tag{7.13}$$

は式(7.6)の $\{n_i\}$ と違って全系のミクロな量子状態を定めるものではなく，全系の量子状態を多数含む粗視化された状態を指定する変数である．

粒子系のエントロピー

最も実現確率の高い粒子分布，すなわち熱平衡における粒子分布を求めるには，まず粒子分布(7.13)の関数としてエントロピーを求めなければならない．2-3節では $N_l/M_l \ll 1$ を仮定した近似的な計算を行なったが，ここでは厳密な取扱いをする．

グループ l に N_l 個の粒子が存在するとき，ミクロに見た1粒子量子状態への粒子の分布の仕方はいく通りあるだろうか．フェルミ粒子の場合，それ

は M_l 個の量子状態から粒子の占める状態 N_l 個を重複を許さずに選び出す組合せの数であり，

$$W_l^{(\mathrm{F})} = \frac{M_l!}{N_l!(M_l-N_l)!} \tag{7.14}$$

である．ボース粒子では，重複を許して選び出す組合せの数であり，振動子について式(1.14)を得たときと同様な考え方により

$$W_l^{(\mathrm{B})} = \frac{(M_l+N_l-1)!}{N_l!(M_l-1)!} \tag{7.15}$$

となる．各グループについて同様に考えることができるから，粒子分布が $\{N_l\}$ のとき全系のミクロな量子状態の数は，フェルミ粒子系，ボース粒子系についてそれぞれ

$$W_{\mathrm{F}}(\{N_l\}) = \prod_l \frac{M_l!}{N_l!(M_l-N_l)!} \tag{7.16}$$

$$W_{\mathrm{B}}(\{N_l\}) = \prod_l \frac{(M_l+N_l-1)!}{N_l!(M_l-1)!} \tag{7.17}$$

となる．ここで，添字 F, B はそれぞれフェルミ粒子系，ボース粒子系を示す．

式(7.16), (7.17)より，スターリングの公式(A.1)を用いて，エントロピーは

$$\begin{aligned} S_{\mathrm{F}}(\{N_l\}) &= k_{\mathrm{B}} \log W_{\mathrm{F}}(\{N_l\}) \\ &= k_{\mathrm{B}} \sum_l \log\left[\frac{M_l!}{N_l!(M_l-N_l)!}\right] \\ &= k_{\mathrm{B}} \sum_l M_l \left\{-\left(1-\frac{N_l}{M_l}\right)\log\left(1-\frac{N_l}{M_l}\right)-\frac{N_l}{M_l}\log\left(\frac{N_l}{M_l}\right)\right\} \end{aligned} \tag{7.18}$$

$$\begin{aligned} S_{\mathrm{B}}(\{N_l\}) &= k_{\mathrm{B}} \log W_{\mathrm{B}}(\{N_l\}) \\ &= k_{\mathrm{B}} \sum_l \log\left[\frac{(M_l+N_l-1)!}{N_l!(M_l-1)!}\right] \\ &= k_{\mathrm{B}} \sum_l M_l \left\{\left(1+\frac{N_l}{M_l}\right)\log\left(1+\frac{N_l}{M_l}\right)-\frac{N_l}{M_l}\log\left(\frac{N_l}{M_l}\right)\right\} \end{aligned} \tag{7.19}$$

と表わされる．これらの式は次のように複号を使ってまとめて表わすことができる．以下では，複号はすべて上がフェルミ粒子，下がボース粒子の場合である．

$$S(\{N_l\}) = k_B \sum_l M_l \left\{ \mp \left(1 \mp \frac{N_l}{M_l}\right) \log\left(1 \mp \frac{N_l}{M_l}\right) - \frac{N_l}{M_l} \log\left(\frac{N_l}{M_l}\right) \right\} \quad (7.20)$$

フェルミ分布，ボース分布

孤立系では，式(7.11)，(7.12)の全粒子数 N，全エネルギー E が一定という条件のもとで，式(7.20)のエントロピー S を最大にすることによって，熱平衡における粒子分布が定まる．

条件つきの極値問題を解くにはラグランジュの未定係数法(49 ページ)を用いればよい．すなわち，未定係数 a, b を導入し，S のかわりに

$$\tilde{S}(\{N_l\}) = S(\{N_l\}) - a \sum_l N_l - b \sum_l E_l N_l \quad (7.21)$$

の条件なしの最大を求める．そうすると，

$$\frac{\partial \tilde{S}}{\partial N_l} = k_B \left[\log\left(1 \mp \frac{N_l}{M_l}\right) - \log\left(\frac{N_l}{M_l}\right) \right] - a - bE_l$$
$$= 0$$

より，$a/k_B = \alpha$，$b/k_B = \beta$ とおいて

$$\frac{N_l}{M_l} = \frac{1}{e^{\alpha + \beta E_l} \pm 1} \quad (7.22)$$

が得られる．α, β は式(7.22)を式(7.11)，(7.12)に代入し，

$$\sum_l \frac{M_l}{e^{\alpha + \beta E_l} \pm 1} = N \quad (7.23)$$

$$\sum_l \frac{M_l E_l}{e^{\alpha + \beta E_l} \pm 1} = E \quad (7.24)$$

により定めればよい．

式(7.23)，(7.24)を解いて α, β を N, E の関数として求め，それを式(7.22)に代入し，さらに式(7.20)に代入することにより，エントロピーを N，E の関数として求めることができる．そこで微係数 $(\partial S/\partial N)_E$，$(\partial S/\partial E)_N$ を求めると，N_l が N, E の関数であることに注意して計算し

$$\left(\frac{\partial S}{\partial N}\right)_E = \sum_l \left(\frac{\partial S}{\partial N_l}\right)\left(\frac{\partial N_l}{\partial N}\right)_E$$
$$= k_B \sum_l \left[\log\left(1 \mp \frac{N_l}{M_l}\right) - \log\left(\frac{N_l}{M_l}\right)\right]\left(\frac{\partial N_l}{\partial N}\right)_E$$
$$= k_B \sum_l (\alpha + \beta E_l)\left(\frac{\partial N_l}{\partial N}\right)_E \tag{7.25}$$

同様に

$$\left(\frac{\partial S}{\partial E}\right)_N = k_B \sum_l (\alpha + \beta E_l)\left(\frac{\partial N_l}{\partial E}\right)_N \tag{7.26}$$

となる．他方，式(7.11)，(7.12)の両辺を N, E で微分すると，

$$\sum_l \left(\frac{\partial N_l}{\partial N}\right)_E = 1, \quad \sum_l \left(\frac{\partial N_l}{\partial E}\right)_N = 0$$

$$\sum_l E_l \left(\frac{\partial N_l}{\partial N}\right)_E = 0, \quad \sum_l E_l \left(\frac{\partial N_l}{\partial E}\right)_N = 1$$

の関係が得られる．これを式(7.25)，(7.26)に用い

$$\left(\frac{\partial S}{\partial N}\right)_E = \alpha k_B \tag{7.27}$$

$$\left(\frac{\partial S}{\partial E}\right)_N = \beta k_B \tag{7.28}$$

となる．これらエントロピーの微係数には式(1.44)，(6.22)の熱力学的な関係があった．これと比較することにより，導入した未定係数がじつは

$$\alpha = -\frac{\mu}{k_B T}, \quad \beta = \frac{1}{k_B T} \tag{7.29}$$

であることが分かる．

こうして得られた式(7.22)の N_l/M_l は，グループ l に属するひとつの1粒子量子状態を占める平均の粒子数にほかならない．量子状態 i がグループ l に属するとすれば，そのエネルギー ϵ_i は $\epsilon_i \cong E_l$ なので，i を占める粒子数の平均値(熱平衡値) $\bar{n}_i$ は，式(7.29)を使って

$$\bar{n}_i = \frac{1}{e^{(\epsilon_i - \mu)/k_B T} \pm 1} \tag{7.30}$$

と表わされる．式(7.30)の粒子分布を**フェルミ分布**(Fermi distribution)(＋のとき)，**ボース分布**(Bose distribution)(－のとき)という．また，フェルミ粒子系，ボース粒子系のこのような統計的性質を**フェルミ統計**(Fermi statistics)，**ボース統計**(Bose statistics)という．

高温の粒子分布

フェルミ分布，ボース分布の振舞いについてはこの章の後半で詳しく論じるが，ここでは高温の極限を考えてみよう．高温では各粒子は高いエネルギーをもち，多くの量子状態に広く分布する．したがって，ひとつの量子状態を占める平均粒子数は少なく，$\bar{n}_i \ll 1$ となる．このことは式(7.30)で分母の第1項が大きいことを意味し，第2項の ± 1 は無視できて，フェルミ粒子，ボース粒子の区別なく

$$\bar{n}_i \cong e^{-(\epsilon_i-\mu)/k_{\mathrm{B}}T} \tag{7.31}$$

となる．これは2-3節で得たボルツマン分布(2.50)にほかならない．$\bar{n}_i \ll 1$ であれば，ひとつの量子状態を2個以上の粒子が占めることがかりに許されたとしてもその確率は小さく，結果がフェルミ粒子，ボース粒子の違いによらないことは明らかであろう．

7-3 フェルミ統計とボース統計(2)

前節で得た熱平衡における粒子分布の式は，温度 T と化学ポテンシャル μ によって簡単な形に表わされた．このことは，初めから T と μ の与えられた開いた系として考える方が，問題の取扱いに適していることを示している．

大きな分配関数

グランドカノニカル分布では，系が粒子数 N，エネルギー E のひとつの量子状態にある確率は式(6.90)で与えられる．いま対象としている相互作用のない粒子系では，全系の量子状態は式(7.6)の $\{n_i\}$ で指定され，そのときの粒子数とエネルギーは式(7.9)，(7.10)のように表わされる．したがって，大きな分配関数(6.91)は

$$\Xi(T,\mu)=\sum_{N=0}^{\infty}\sum_{\Sigma n_i=N}\exp\left[-\frac{1}{k_{\mathrm{B}}T}\sum_i(\epsilon_i-\mu)n_i\right] \tag{7.32}$$

となる．和の記号は，まず $\sum_i n_i=N$ となるあらゆる粒子分布について足し合わせ，つぎに N についての和をとることを意味する．

式(7.32)では和の順序を変えても結果は変わらない．簡単のため，1粒子量子状態が2つだけのボース粒子系の場合を具体的に書くと，式(7.32)は表7-1(a)のように，まず N を決めて N の値ごとに各欄に記した状態について和をとり，つぎに N について和をとるというものである．これらの状態を表7-1(b)のように並べなおせばわかるように，和は n_1 と n_2 について独立に $n_i=0,1,2,3,\cdots$ と足し合わせることと同等である．このことは一般的に成り立つから，式(7.32)は次のように書くことができる．

$$\begin{aligned}\Xi(T,\mu)&=\sum_{n_1}\sum_{n_2}\cdots\exp\left[-\frac{1}{k_{\mathrm{B}}T}\sum_i(\epsilon_i-\mu)n_i\right]\\&=\prod_i\sum_{n_i}\exp\left(-\frac{\epsilon_i-\mu}{k_{\mathrm{B}}T}n_i\right)\end{aligned} \tag{7.33}$$

n_i についての和は，フェルミ粒子系では

$$\sum_{n_i=0}^{1}\exp\left(-\frac{\epsilon_i-\mu}{k_{\mathrm{B}}T}n_i\right)=1+e^{-(\epsilon_i-\mu)/k_{\mathrm{B}}T}$$

ボース粒子系では

表 7-1 粒子分布の和のとり方

(a)

N	粒子分布
0	(0, 0)
1	(1, 0)，(0, 1)
2	(2, 0)，(1, 1) (0, 2)
3	(3, 0)，(2, 1) (1, 2)，(0, 3)
⋮	⋮

(b)

n_1 \ n_2	0	1	2	⋯
0	(0, 0)	(0, 1)	(0, 2)	⋯
1	(1, 0)	(1, 1)	(1, 2)	⋯
2	(2, 0)	(2, 1)	(2, 2)	⋯
3	(3, 0)	(3, 1)	(3, 2)	⋯
⋮	⋮	⋮	⋮	

$$\sum_{n_i=0}^{\infty} \exp\left(-\frac{\epsilon_i-\mu}{k_B T} n_i\right) = \frac{1}{1-e^{-(\epsilon_i-\mu)/k_B T}}$$

となるので，大きな分配関数はまとめて次のようになる．

$$\Xi(T, \mu) = \prod_i (1 \pm e^{-(\epsilon_i-\mu)/k_B T})^{\pm 1} \tag{7.34}$$

粒子分布

1粒子量子状態 j を占める粒子数 n_j の平均値を求めよう．全系が量子状態 $\{n_i\}$ にある確率は

$$P(\{n_i\}) = \frac{1}{\Xi(T, \mu)} \exp\left[-\frac{1}{k_B T} \sum_i (\epsilon_i-\mu) n_i\right] \tag{7.35}$$

であるから，平均値 $\bar{n}_j$ は

$$\bar{n}_j = \frac{1}{\Xi(T, \mu)} \sum_N \sum_{\Sigma n_i=N} n_j \exp\left[-\frac{1}{k_B T} \sum_i (\epsilon_i-\mu) n_i\right]$$

となる．ここでも式(7.32)と同様に，和のとり方を各 n_i についての独立な和にかえることができる．和は $i \neq j$ のときは式(7.34)と同じになり，$\Xi(T, \mu)$ の対応する因子と打ち消し合う．n_j についての和は

$$\begin{aligned}
\sum_{n_j} n_j \exp\left[-\frac{1}{k_B T}(\epsilon_j-\mu) n_j\right] &= k_B T \frac{d}{d\mu} \sum_{n_j} \exp\left[-\frac{1}{k_B T}(\epsilon_j-\mu) n_j\right] \\
&= k_B T \frac{d}{d\mu}(1 \pm e^{-(\epsilon_j-\mu)/k_B T})^{\pm 1} \\
&= \begin{cases} e^{-(\epsilon_j-\mu)/k_B T} & \text{(フェルミ粒子系)} \\ \dfrac{e^{-(\epsilon_j-\mu)/k_B T}}{(1-e^{-(\epsilon_j-\mu)/k_B T})^2} & \text{(ボース粒子系)} \end{cases}
\end{aligned}$$

と計算される．したがって，フェルミ粒子系では

$$\begin{aligned}
\bar{n}_j &= \frac{1}{1+e^{-(\epsilon_j-\mu)/k_B T}} e^{-(\epsilon_j-\mu)/k_B T} \\
&= \frac{1}{e^{(\epsilon_j-\mu)/k_B T}+1}
\end{aligned} \tag{7.36}$$

ボース粒子系では

$$\bar{n}_j = \frac{1}{(1-e^{-(\epsilon_j-\mu)/k_B T})^{-1}} \frac{e^{-(\epsilon_j-\mu)/k_B T}}{(1-e^{-(\epsilon_j-\mu)/k_B T})^2}$$

$$= \frac{1}{e^{(\epsilon_j-\mu)/k_{\rm B}T}-1} \tag{7.37}$$

となり，前節で得た式(7.30)と一致する．

1 粒子状態のグランドカノニカル分布

このように計算が容易になった理由は，系が相互作用の弱い部分系の集りのとき，エネルギーが一定のミクロカノニカル分布よりも，温度が一定のカノニカル分布の方が計算に便利であった事情と似ている．このような系では，カノニカル分布は個々の部分系についても成り立つと考えてよかった．同様に，理想気体ではひとつの 1 粒子量子状態を占める粒子についてグランドカノニカル分布が適用できるのである．式(6.90)を適用すると，状態 j を占める粒子数が n_j である確率は

$$p(n_j) = \frac{1}{\xi(T,\mu)}e^{-(\epsilon_j-\mu)n_j/k_{\rm B}T} \tag{7.38}$$

$$\begin{aligned} \xi(T,\mu) &= \sum_{n_j} e^{-(\epsilon_j-\mu)n_j/k_{\rm B}T} \\ &= (1\pm e^{-(\epsilon_j-\mu)/k_{\rm B}T})^{\pm 1} \end{aligned} \tag{7.39}$$

であり，平均値 $\bar{n}_j$ は

$$\bar{n}_j = \sum_{n_j} n_j p(n_j) \tag{7.40}$$

より得られ，容易に式(7.36)，(7.37)を導くことができる．

7-4 理想フェルミ気体

前の 2 つの節で示したように，**理想フェルミ気体**(ideal Fermi gas)，すなわち相互作用のないフェルミ粒子系では，温度 T，化学ポテンシャル μ のとき，エネルギー ϵ の 1 粒子状態を占める粒子の平均数は，

$$f(\epsilon) = \frac{1}{e^{(\epsilon-\mu)/k_{\rm B}T}+1} \tag{7.41}$$

で与えられる．関数 $f(\epsilon)$ を**フェルミ分布関数**(Fermi distribution function)という．このような分布をする粒子系の性質を，すこし詳しく見てみよう．

絶対零度のフェルミ分布

初めに，絶対零度 $T=0$ を考えよう．$T=0$ で粒子系はエネルギーの最も低い基底状態になる．それは，粒子数 N の定まった系では，1 粒子状態にエネルギーの低い方から順に粒子を詰めた状態(図 7-1)である．一方，関数 $f(\epsilon)$ は，$T\to 0$ のとき $\epsilon<\mu$ であれば $e^{(\epsilon-\mu)/k_BT}\to 0$，$\epsilon>\mu$ であれば $e^{(\epsilon-\mu)/k_BT}\to\infty$ であるから，

$$f(\epsilon)=\begin{cases}1 & (\epsilon<\mu)\\ 0 & (\epsilon>\mu)\end{cases} \tag{7.42}$$

となる．$f(\epsilon)$ は図 7-2 のような階段状の関数であり，上で述べたことと一致する．化学ポテンシャル μ は状態に粒子が存在する領域と存在しない領域の境目のエネルギーとして定まる．

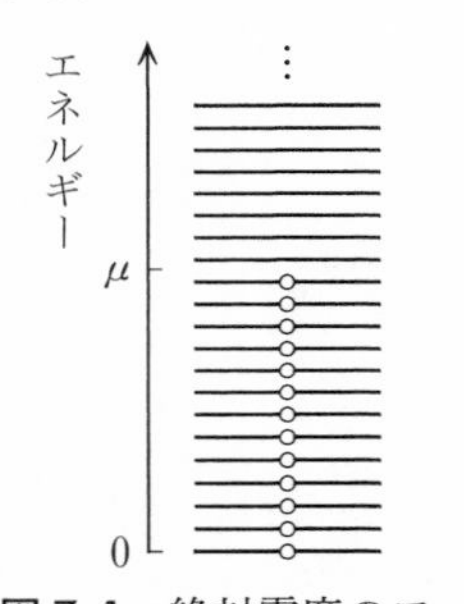

図 7-1 絶対零度のフェルミ分布．——は 1 粒子状態を，○は粒子を示す．

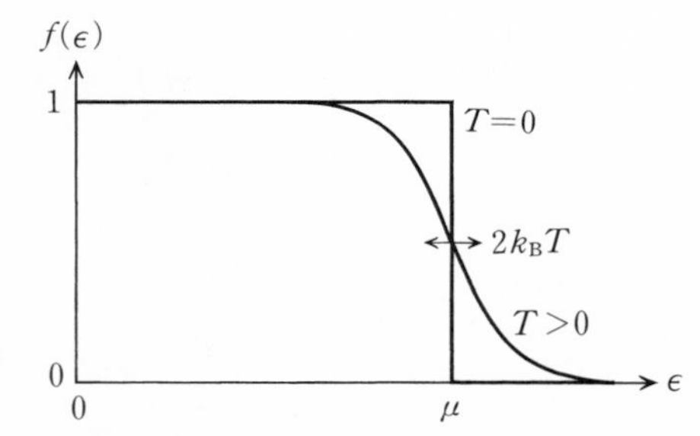

図 7-2 $T=0$，$T>0$ におけるフェルミ分布関数．一般には μ も温度変化するが，図では考慮していない．

体積 V の容器に入った，1/2 のスピンをもつ自由粒子の系を考えよう．このとき，粒子は同じ運動量の状態に異なるスピン状態を 2 つずつもつから，1 粒子状態は運動量空間に一様な密度 $2V/(2\pi\hbar)^3$ で分布している(図 2-3 参照)．運動量空間では，原点から遠い状態ほどエネルギーが高い．したがって，絶対零度では，粒子は原点を中心に描いた球の内部の状態を満たすことになる(図 7-3)．球の半径は，球の内部の状態の数が粒子数 N に等しい，という条件で定まる．すなわち，球の半径を p_F とすれば，球の体積は $4\pi p_F{}^3/3$ だから，

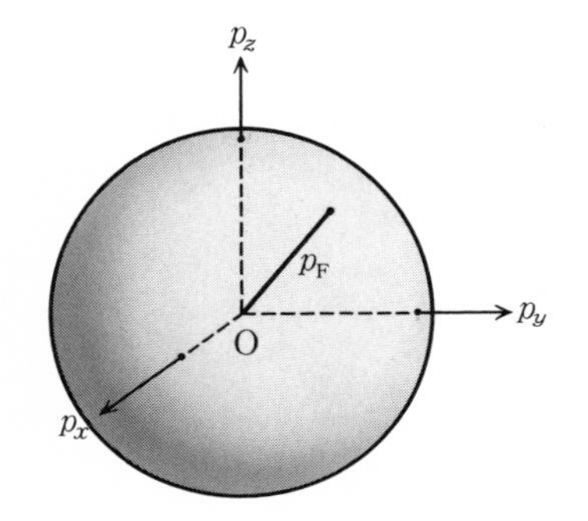

図 7-3 絶対零度で運動量空間の粒子が占める領域，フェルミ球．球の表面がフェルミ面．

$$\frac{2V}{(2\pi\hbar)^3}\cdot\frac{4\pi}{3}p_F{}^3 = N$$

$$\therefore \quad p_F = \hbar\left(\frac{3\pi^2 N}{V}\right)^{1/3} \tag{7.43}$$

となる．球面上の状態のエネルギー ϵ_F は，粒子の質量を m として

$$\epsilon_F = \frac{p_F{}^2}{2m} = \frac{\hbar^2}{2m}\left(\frac{3\pi^2 N}{V}\right)^{2/3} \tag{7.44}$$

である．図 7-1 に示したように，絶対零度における化学ポテンシャルは ϵ_F に等しい．

$$\mu = \epsilon_F \tag{7.45}$$

運動量空間で粒子の存在する領域を示す球を**フェルミ球**(Fermi sphere)，その表面を**フェルミ面**(Fermi surface)，p_F, ϵ_F をそれぞれ**フェルミ運動量**(Fermi momentum)，**フェルミエネルギー**(Fermi energy)とよぶ．このように，フェルミ粒子系では絶対零度でもパウリ原理のために，粒子がすべて静止することはない．

有限温度のフェルミ分布

つぎに有限温度，ただし $k_BT \ll \mu$ の低温を考える．$\epsilon<\mu$ で $|\epsilon-\mu| \gg k_BT$ のときは $e^{(\epsilon-\mu)/k_BT} \ll 1$ であるから，$f(\epsilon) \cong 1$．$\epsilon>\mu$ で $|\epsilon-\mu| \gg k_BT$ のときは $e^{(\epsilon-\mu)/k_BT} \gg 1$ であるから $f(\epsilon) \cong 0$．また $f(\mu)=1/2$ であるから，$f(\epsilon)$ の関数形は図 7-2 の曲線のように，$\epsilon=\mu$ の近くが，幅が k_BT の数倍程度の領域でなだらかにくずれたものになる．

化学ポテンシャルの温度変化

有限温度では，化学ポテンシャルも式(7.45)の値から変化する．粒子数が N のとき，一般に化学ポテンシャルは

$$\sum_i f(\epsilon_i) = N \tag{7.46}$$

により定まる．エネルギーが $\epsilon \sim \epsilon + d\epsilon$ にある1粒子状態の数を $D(\epsilon)d\epsilon$ として1粒子状態の状態密度 $D(\epsilon)$ を導入すると，

$$\int_0^\infty D(\epsilon)f(\epsilon)d\epsilon = N \tag{7.47}$$

である．

$k_B T \ll \mu$ の低温の場合に，式(7.47)の積分を計算しよう．まず，

$$N(\epsilon) = \int_0^\epsilon D(\epsilon')d\epsilon' \tag{7.48}$$

とおくと，

$$D(\epsilon) = \frac{dN(\epsilon)}{d\epsilon} \tag{7.49}$$

であり，式(7.47)は部分積分を行なって次のようになる．

$$\begin{aligned} I \equiv \int_0^\infty D(\epsilon)f(\epsilon)d\epsilon &= \int_0^\infty \frac{dN(\epsilon)}{d\epsilon}f(\epsilon)d\epsilon \\ &= \Big[N(\epsilon)f(\epsilon)\Big]_0^\infty + \int_0^\infty N(\epsilon)\left[-\frac{df(\epsilon)}{d\epsilon}\right]d\epsilon \end{aligned}$$

ここで，$N(0)=0$, $f(\infty)=0$ だから，第1項は消える．第2項では，

$$\begin{aligned} -\frac{df(\epsilon)}{d\epsilon} &= \frac{1}{k_B T}\frac{e^{(\epsilon-\mu)/k_B T}}{(e^{(\epsilon-\mu)/k_B T}+1)^2} \\ &= \frac{1}{k_B T}\frac{1}{(e^{(\epsilon-\mu)/k_B T}+1)(e^{-(\epsilon-\mu)/k_B T}+1)} \end{aligned} \tag{7.50}$$

は，図7-2の曲線からも分かるように，$\epsilon=\mu$ の近くに幅 $k_B T$ の程度の鋭いピークをもつ関数である．したがって，幅 $k_B T$ の中での $N(\epsilon)$ の変化は小さいとして，$N(\epsilon)$ を $\epsilon=\mu$ のまわりで展開することができる．展開を2次までとって

$$N(\epsilon) = N(\mu) + \left(\frac{dN}{d\epsilon}\right)_\mu(\epsilon-\mu) + \frac{1}{2}\left(\frac{d^2N}{d\epsilon^2}\right)_\mu(\epsilon-\mu)^2 + \cdots$$

とし，これを第2項に代入する．積分には $\epsilon=\mu$ の近くの領域しか効かないから，積分の下限は $-\infty$ におきかえてよく，$-df(\epsilon)/d\epsilon$ は $\epsilon-\mu$ の偶関数であるから，$N(\epsilon)$ の展開式の第2項は消える．また $d^2N/d\epsilon^2=dD/d\epsilon$,

$$\int_{-\infty}^{\infty}\left[-\frac{df(\epsilon)}{d\epsilon}\right]d\epsilon = [-f(\epsilon)]_{-\infty}^{\infty} = 1$$

であるから，

$$I \cong N(\mu)+\frac{1}{2}\left(\frac{dD}{d\epsilon}\right)_{\mu}\int_{-\infty}^{\infty}(\epsilon-\mu)^2\left[-\frac{df(\epsilon)}{d\epsilon}\right]d\epsilon$$

となる．第2項の積分は，積分公式(A. 10)を用いて

$$\int_{-\infty}^{\infty}(\epsilon-\mu)^2\left[-\frac{df(\epsilon)}{d\epsilon}\right]d\epsilon = 2(k_{\mathrm{B}}T)^2\int_0^{\infty}\frac{x^2}{(e^x+1)(e^{-x}+1)}dx$$

$$= \frac{\pi^2}{3}(k_{\mathrm{B}}T)^2$$

となる．低温では化学ポテンシャルの変化も小さいので，第1項では，$T=0$ における化学ポテンシャルを μ_0 とし，

$$\mu = \mu_0+\varDelta\mu$$

とおいて $\varDelta\mu$ で展開する．式(7. 49)を用い

$$N(\mu) \cong N(\mu_0)+D(\mu_0)\varDelta\mu$$

となるので，

$$I = N(\mu_0)+D(\mu_0)\varDelta\mu+\frac{\pi^2}{6}\left(\frac{dD}{d\epsilon}\right)_{\mu_0}(k_{\mathrm{B}}T)^2 \tag{7.51}$$

が得られる．第3項では $\mu=\mu_0$ とおいた．

式(7. 51)を式(7. 47)に用い，$N(\mu_0)=N$ であることに注意すると，

$$D(\mu_0)\varDelta\mu+\frac{\pi^2}{6}\left(\frac{dD}{d\epsilon}\right)_{\mu_0}(k_{\mathrm{B}}T)^2 = 0 \tag{7.52}$$

したがって，低温における化学ポテンシャルの温度変化として，

$$\mu(T) = \mu_0-\frac{\pi^2}{6}\frac{(dD/d\epsilon)_{\mu_0}}{D(\mu_0)}(k_{\mathrm{B}}T)^2 \tag{7.53}$$

が得られる．

体積 V の容器に入った自由粒子系では，状態密度とその微分は，スピンによる縮重を考慮し，式(2.21)から

$$D(\epsilon) = 2\frac{d\Omega(\epsilon)}{d\epsilon} = \frac{\sqrt{2}\ Vm^{3/2}}{\pi^2\hbar^3}\epsilon^{1/2} \tag{7.54}$$

$$\frac{dD(\epsilon)}{d\epsilon} = \frac{Vm^{3/2}}{\sqrt{2}\ \pi^2\hbar^3}\epsilon^{-1/2} \tag{7.55}$$

である．したがって，$\mu_0 = \epsilon_F$ とおき

$$\mu(T) = \epsilon_F - \frac{\pi^2}{12}\frac{(k_B T)^2}{\epsilon_F} \tag{7.56}$$

となる．化学ポテンシャルは温度の上昇とともに減少する．

7-2 節で見たように，高温で粒子分布はボルツマン分布に近づく．このときは $\bar{n}_i \ll 1$ であり，化学ポテンシャルは負で大きな値 ($|\mu| \gg k_B T$) になる．

絶対零度のエネルギー

粒子系のエネルギー(7.10)の熱平衡における値は

$$E = \sum_i \epsilon_i \bar{n}_i = \sum_i \epsilon_i f(\epsilon_i) \tag{7.57}$$

であるから，状態密度を使って

$$E = \int_0^\infty \epsilon D(\epsilon) f(\epsilon) d\epsilon \tag{7.58}$$

と表わされる．

フェルミ粒子系では，絶対零度でも粒子がすべて静止することはないから，エネルギーも 0 にならない．容器に入った自由粒子系では，$T=0$ におけるエネルギー E_0 は，式(7.54)を使って

$$\begin{aligned} E_0 &= \int_0^{\epsilon_F} \epsilon D(\epsilon) d\epsilon \\ &= \frac{\sqrt{2}\ Vm^{3/2}}{\pi^2\hbar^3}\int_0^{\epsilon_F} \epsilon^{3/2} d\epsilon \\ &= \frac{\sqrt{2}\ Vm^{3/2}}{\pi^2\hbar^3}\frac{2}{5}\epsilon_F{}^{5/2} \\ &= \frac{3}{5}N\epsilon_F \end{aligned} \tag{7.59}$$

また，式(7.44)を用いると

$$E_0 = \frac{3}{5}N\frac{\hbar^2}{2m}\left(\frac{3\pi^2 N}{V}\right)^{2/3} \tag{7.60}$$

となる．エネルギーが体積に依存するから，粒子系は $T=0$ においても

$$\begin{aligned} p &= -\frac{dE_0}{dV} \\ &= \frac{2}{5}N\frac{\hbar^2}{2m}\frac{(3\pi^2 N)^{2/3}}{V^{5/3}} \\ &= \frac{2}{5}\frac{N\epsilon_F}{V} \end{aligned} \tag{7.61}$$

の圧力をもつ．これも古典系にはない，量子力学に従う系の著しい特徴のひとつである．

エネルギーの温度変化

有限温度におけるエネルギーの計算は，式(7.47)の場合と同様に行なうことができる．すなわち，

$$G(\epsilon) = \int_0^{\epsilon} \epsilon' D(\epsilon')d\epsilon' \tag{7.62}$$

とおき，前の計算で $N(\epsilon)$ を $G(\epsilon)$ におきかえれば，式(7.51)のかわりに

$$\int_0^{\infty} \epsilon D(\epsilon)f(\epsilon)d\epsilon = G(\mu_0)+\left(\frac{dG}{d\epsilon}\right)_{\mu_0}\Delta\mu+\frac{\pi^2}{6}\left(\frac{d^2G}{d\epsilon^2}\right)_{\mu_0}(k_B T)^2 \tag{7.63}$$

が得られる．ここで，$G(\mu_0)$ は $T=0$ におけるエネルギー E_0 であり，また

$$\begin{aligned} \frac{dG(\epsilon)}{d\epsilon} &= \epsilon D(\epsilon) \\ \frac{d^2G(\epsilon)}{d\epsilon^2} &= D(\epsilon)+\epsilon\frac{dD(\epsilon)}{d\epsilon} \end{aligned} \tag{7.64}$$

であること，および $\Delta\mu$ に対する式(7.52)を用いると，有限温度におけるエネルギーとして

$$E(T) = E_0+\frac{\pi^2}{6}D(\mu_0)(k_B T)^2 \tag{7.65}$$

が得られる．とくに自由粒子系では，$\mu_0=\epsilon_F$ とし，式(7.54)を使って

$$E(T) = E_0 + \frac{\pi^2}{4} N \frac{(k_B T)^2}{\epsilon_F} \tag{7.66}$$

となる．

フェルミ粒子系の低温における比熱は，式(7.65)より

$$C = \frac{dE(T)}{dT} = \frac{\pi^2}{3} D(\mu_0) k_B{}^2 T \tag{7.67}$$

となり，温度 T に比例する．とくに自由粒子系では

$$C = \frac{\pi^2}{2} N \frac{k_B{}^2 T}{\epsilon_F} \tag{7.68}$$

である．古典統計力学の値 $3Nk_B/2$ に比べると，オーダーとして $k_B T/\epsilon_F$ だけ減少している．

低温におけるフェルミ粒子系

このように，フェルミ粒子系の低温におけるエネルギーは絶対零度の値から T^2 に比例して増加し，その結果，比熱は低温で T に比例する．この結果は定性的には次のように理解できる．簡単のため，状態密度はフェルミエネルギーの付近で一定であるとしよう．このときは，温度が上昇しても化学ポテンシャルは変わらず，粒子分布だけが図 7-2 のように変化する．熱的な励起によって粒子は $k_B T$ の程度のエネルギーを得るが，底の方の量子状態にある粒子は，$k_B T$ のエネルギーを得ても行き先の状態が他の粒子によって占められているため，パウリ原理によって励起されえない．励起される粒子は，行き先の空いている，フェルミエネルギーから下の $k_B T$ 程度の領域にある状態を占めている粒子に限られるのである(図 7-4)．その数はおよそ

$$N' \sim D(\epsilon_F) k_B T$$

である．1個の粒子が得るエネルギーは $k_B T$ の程度だから，温度上昇によるエネルギーの増加は

$$\varDelta E \sim N' k_B T \sim D(\epsilon_F)(k_B T)^2$$

と見積もられ，式(7.66)の結果を得ることになる．熱的な励起を受ける粒子数が N' $(\ll N)$ に制限されることは，パウリ原理による一種の自由度の凍結である．この場合にも，$T \to 0$ とともに比熱は 0 に近づき，熱力学の第 3 法

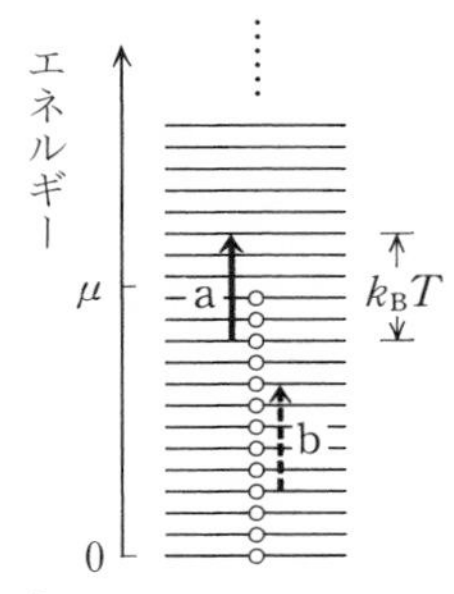

図 7-4 フェルミ粒子系の熱的な励起．a の励起は可能だが，b の励起は不可能．

則が成り立っている．

このように，フェルミ粒子系は $k_BT \ll \epsilon_F$ となる低温で，フェルミ統計に特徴的な量子効果を示す．この現象を**フェルミ縮退**(Fermi degeneracy)という．フェルミ縮退が現われる目安の温度

$$T_F = \frac{\epsilon_F}{k_B} \tag{7.69}$$

を**フェルミ温度**(Fermi temperature)という．式(7.44)を用いると

$$T_F = \frac{1}{k_B}\frac{\hbar^2}{2m}\left(\frac{3\pi^2 N}{V}\right)^{2/3} \tag{7.70}$$

であり，粒子の質量が小さいほど，密度が高いほど，フェルミ温度は高い．

金属電子と液体 ^{3}He

理想フェルミ気体とみなしうる実在の系には，金属中の自由電子と液体 ^{3}He がある*．金属では，1 ないし数個の電子が各原子から離れ，**自由電子**として金属中を動き回っている．これらの電子は金属の外へ出ることはできず，容器に入ったフェルミ粒子系と見ることができる．自由電子の数は原子数と同程度だから，式(7.70)の V/N は金属の原子 1 個当りの体積として 10^{-30} m^3 の程度と見積もられる．これから見積もると，フェルミ温度は $10^{4\sim5}$ K となり，金属の自由電子系では，常温でも $T \ll T_F$ の条件が満たされていることがわかる．

金属の自由電子がかりに古典統計力学に従うとすれば，エネルギー等分配

---

* コーヒーブレイク「フェルミ液体」(227 ページ)参照．

則から，$\frac{3}{2}Nk_B$ の熱容量をもたなければならない．しかし，測定される金属の比熱は絶縁体と大差なく，格子振動による比熱として説明がつく．自由電子が比熱に寄与しないことは，電子系がフェルミ統計に従うことによる量子効果である．

低温になると，格子振動による比熱は T^3 に比例して減少する．したがって，金属の比熱は T に比例する電子の比熱と合わせて

$$C = \gamma T + \alpha T^3$$

と書くことができる．T で割って

$$\frac{C}{T} = \gamma + \alpha T^2$$

であるから，C/T を T^2 の関数としてみると，直線の関係が得られるはずである．図 7-5 はこのような方法で整理したカリウムの実験値で，データはよく直線にのっている．電子比熱の係数 γ は $T \to 0$ の値として決めることができる．このようにして得られる金属の γ の値から，電子系を理想フェルミ気体とみなして電子の「有効質量」m^* を見積もると，多くの金属でその値は電子質量 m に近い値になる．たとえば，ナトリウムで $m^*/m=1.24$，アルミニウムで $m^*/m=1.49$ である．

ヘリウムは，低圧では絶対零度まで液体のままでいるという性質*をもつ，

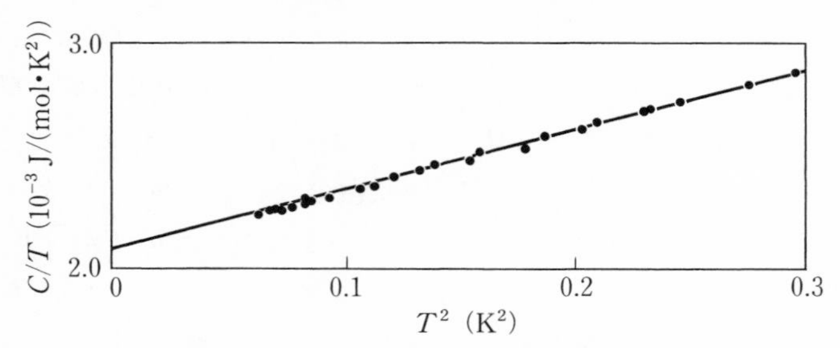

図 7-5 カリウムの低温比熱．実験値(・)は理論式(直線)とよく一致する．

* このことも，ヘリウム原子の質量が小さく，原子間の引力が弱いために起こる量子効果である．コーヒーブレイク「ヘリウムの相図」(195 ページ)参照．

興味深い物質である．ヘリウムの安定な同位体のひとつ ^{3}He はフェルミ粒子で，液体 ^{3}He でもフェルミ粒子系としての量子効果を見ることができる．液体 ^{3}He の粒子密度は金属の自由電子系と同程度だが，^{3}He 原子の質量は電子の約 5000 倍あるため T_F は低く，約 1K である．1K 以下の低温で液体 ^{3}He の比熱が T に比例することは実験的に確かめられており，その値も理論値に近い．

7-5 理想ボース気体

理想ボース気体(ideal Bose gas)，すなわち相互作用のないボース粒子系では，温度 T，化学ポテンシャル μ のとき，エネルギーが ϵ の 1 粒子量子状態を占める粒子の平均数は

$$g(\epsilon) = \frac{1}{e^{(\epsilon-\mu)/k_\mathrm{B}T}-1} \tag{7.71}$$

で与えられる．関数 $g(\epsilon)$ を**ボース分布関数**(Bose distribution function)という．このような分布をするボース粒子系の性質を調べよう．

絶対零度のボース分布

ボース分布関数 $g(\epsilon)$ は粒子数を表わすから，正でなければならない．したがって，$g(0)\geqq 0$ の条件から，まず化学ポテンシャルは

$$\mu \leqq 0 \tag{7.72}$$

でなければならないことがわかる．

初めに，$T=0$ で実現する基底状態がどのようなものかを考えよう．ボース粒子はひとつの 1 粒子状態を何個でも占めることができるから，粒子系の基底状態は全粒子が最もエネルギーの低い 1 粒子状態を占めたものである(図 7-6)．式(7.71)の $g(\epsilon)$ が $T\to 0$ でこのような分布，すなわち，粒子数を N として

$$g(\epsilon) = \begin{cases} N & (\epsilon=0) \\ 0 & (\epsilon>0) \end{cases} \tag{7.73}$$

となるためには，$T\to 0$ で

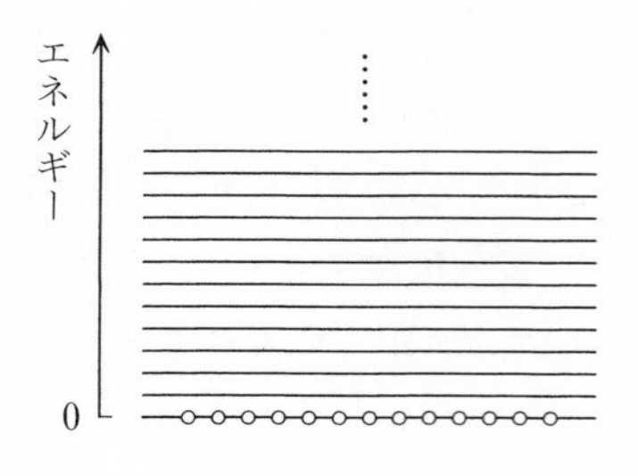

図 7-6　絶対零度のボース分布

$$\mu = 0 \tag{7.74}$$

でなければならない.

有限温度のボース分布

一般に，粒子数が定まっている系の化学ポテンシャルは

$$\sum_i g(\epsilon_i) = N \tag{7.75}$$

によって決められる．状態密度 $D(\epsilon)$ を用いて表わすと

$$\int_0^\infty D(\epsilon) g(\epsilon) d\epsilon = N \tag{7.76}$$

である．体積 V の容器に入ったスピン 0 の自由粒子の場合，状態密度は*

$$D(\epsilon) = \frac{Vm^{3/2}}{\sqrt{2}\,\pi^2\hbar^3}\epsilon^{1/2} \tag{7.77}$$

であるから,

$$\frac{Vm^{3/2}}{\sqrt{2}\,\pi^2\hbar^3}\int_0^\infty \frac{\epsilon^{1/2}}{e^{(\epsilon-\mu)/k_\mathrm{B}T}-1}d\epsilon = N \tag{7.78}$$

となる.

式(7.78)で $\mu/k_\mathrm{B}T = \alpha$ とおき，積分変数を $x = \epsilon/k_\mathrm{B}T$ に変えると,

$$\int_0^\infty \frac{x^{1/2}}{e^{x-\alpha}-1}dx = \frac{\sqrt{2}\,\pi^2\hbar^3}{(mk_\mathrm{B}T)^{3/2}}\frac{N}{V} \tag{7.79}$$

ここで,

$$I(\alpha) = \int_0^\infty \frac{x^{1/2}}{e^{x-\alpha}-1}dx \tag{7.80}$$

---

*　スピンによる縮重がないから，式(7.54)の 1/2 である.

とおくと，関数 $I(\alpha)$ は $\alpha<0$ の領域で α の増加関数である．$\alpha=0$ における値

$$I(0) = \int_0^\infty \frac{x^{1/2}}{e^x-1}dx \tag{7.81}$$

は，$x\to 0$ のとき被積分関数は $x^{-1/2}$ の発散をするが，積分は発散せず，有限な値をとる．式(A.11)により，その値はツェータ関数を使って

$$I(0) = \frac{\sqrt{\pi}}{2}\zeta\left(\frac{3}{2}\right), \quad \zeta\left(\frac{3}{2}\right) = 2.612\cdots \tag{7.82}$$

となる(式(A.9))．

積分のこのような性質を知った上で式(7.79)を見ると，

$$\frac{\sqrt{2}\ \pi^2\hbar^3}{(mk_{\mathrm{B}}T)^{3/2}}\frac{N}{V} > I(0) \tag{7.83}$$

となる低温では，式(7.79)を満たす α は存在しないことが分かる．すなわち，

$$T < T_{\mathrm{c}} = \frac{2\pi\hbar^2}{mk_{\mathrm{B}}}\left[\frac{N}{\zeta(3/2)V}\right]^{2/3} \tag{7.84}$$

の低温では，式(7.78)を満たす化学ポテンシャル μ が存在しない．これは何を意味するだろうか．

ボース-アインシュタイン凝縮

絶対零度に近い低温の領域を考えてみよう．$T=0$ で全粒子は最もエネルギーの低い1粒子状態(これを状態0とする)を占めていた．温度が上がると，粒子は状態0からエネルギーの高い状態へ励起される．しかし，状態0を占めていた N 個の粒子がすべて，瞬時に励起されるとは考えられない．十分に低温では，状態0にマクロな数の粒子が残っていると思われる．その数は

$$g(0) = \frac{1}{e^{-\mu/k_{\mathrm{B}}T}-1} \tag{7.85}$$

と表わされるが，これがマクロな数であるためには，$k_{\mathrm{B}}T/|\mu|$ がマクロな数でなければならない．化学ポテンシャルは $T=0$ から引き続きほとんど0のままと考えられる．

一方，全粒子数を与えるはずの式(7.78)の積分では，$\mu=0$ のとき $\epsilon=0$ の点で被積分関数は $\epsilon^{-1/2}$ の発散をするが，$\epsilon=0$ の1点は積分の値には寄与しない．和を積分におきかえることによって，ひとつの状態0からの寄与が落ちてしまったのである．$\mu=0$ とした式(7.78)の左辺は，低温で状態0以外のエネルギーの高い状態を占める粒子数を与えると考えられる．これを $N'(T)$ とすれば，

$$N'(T) = \frac{Vm^{3/2}}{\sqrt{2}\,\pi^2\hbar^3}\int_0^\infty \frac{\epsilon^{1/2}}{e^{\epsilon/k_BT}-1}d\epsilon = N\left(\frac{T}{T_c}\right)^{3/2} \tag{7.86}$$

また，状態0を占める粒子数 N_0 は

$$N_0(T) = N-N'(T) = N\left[1-\left(\frac{T}{T_c}\right)^{3/2}\right] \tag{7.87}$$

となる(図7-7)．$T=T_c$ で N_0 は消失する．化学ポテンシャルは $T<T_c$ では $\mu=0$，$T>T_c$ では $\mu<0$ となり，その値は式(7.78)によって定まる．

この現象は，運動量空間における粒子分布でみると，$T>T_c$ の高温では連続的な分布であったものが，温度を下げていくと，$T=T_c$ から原点($\boldsymbol{p}=0$)にマクロな数の粒子が集まり始め，$T=0$ で全粒子が原点に集まることになる．その様子は，水蒸気を冷やしていったとき水滴が生じる凝縮の現象に似ている．ボース粒子系で見られる運動量空間における「凝縮」を，**ボース-アインシュタイン凝縮**(Bose-Einstein condensation)という．

ボース粒子系の比熱

つぎに，粒子系のエネルギーを求めよう．状態0はエネルギーには寄与しないから，エネルギーは積分で計算してよい．すなわち

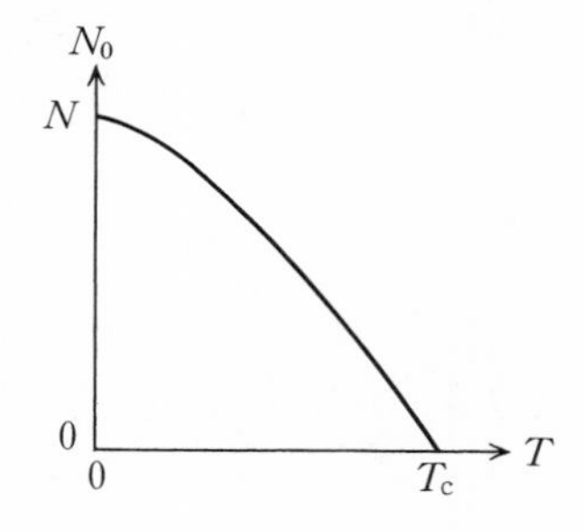

図7-7 エネルギーの最も低い状態を占める粒子数 N_0 の温度依存性

$$
\begin{aligned}
E &= \int_0^\infty \epsilon D(\epsilon) g(\epsilon) d\epsilon \\
&= \frac{Vm^{3/2}}{\sqrt{2}\ \pi^2\hbar^3}\int_0^\infty \frac{\epsilon^{3/2}}{e^{(\epsilon-\mu)/k_{\mathrm{B}}T}-1}d\epsilon
\end{aligned}
\tag{7.88}
$$

$T<T_{\mathrm{c}}$ では $\mu=0$ だから，

$$
\begin{aligned}
E &= \frac{Vm^{3/2}}{\sqrt{2}\ \pi^2\hbar^3}\int_0^\infty \frac{\epsilon^{3/2}}{e^{\epsilon/k_{\mathrm{B}}T}-1}d\epsilon \\
&= \frac{Vm^{3/2}(k_{\mathrm{B}}T)^{5/2}}{\sqrt{2}\ \pi^2\hbar^3}\int_0^\infty \frac{x^{3/2}}{e^x-1}dx
\end{aligned}
\tag{7.89}
$$

となる．積分は式(A. 11)により，式(7. 81)の積分と同様に計算できて，

$$
\int_0^\infty \frac{x^{3/2}}{e^x-1}dx = \frac{3\sqrt{\pi}}{4}\zeta\left(\frac{5}{2}\right), \qquad \zeta\left(\frac{5}{2}\right) = 1.342\cdots \tag{7.90}
$$

となる(式(A. 9))．したがって $T<T_{\mathrm{c}}$ におけるエネルギーは

$$
E = \frac{3}{2}V\zeta\left(\frac{5}{2}\right)\left(\frac{m}{2\pi\hbar^2}\right)^{3/2}(k_{\mathrm{B}}T)^{5/2} \tag{7.91}
$$

比熱は

$$
\begin{aligned}
C &= \frac{dE}{dT} = \frac{15}{4}V\zeta\left(\frac{5}{2}\right)\left(\frac{m}{2\pi\hbar^2}\right)^{3/2}k_{\mathrm{B}}{}^{5/2}T^{3/2} \\
&= \frac{15}{4}\frac{\zeta(5/2)}{\zeta(3/2)}Nk_{\mathrm{B}}\left(\frac{T}{T_{\mathrm{c}}}\right)^{3/2}
\end{aligned}
\tag{7.92}
$$

となる．

$T>T_{\mathrm{c}}$ での比熱を求めるには，式(7. 78)により化学ポテンシャル μ を温度 T の関数として求めた上，式(7. 88)によりエネルギー E を計算しなければならず，結果は単純な式では表わせない．計算結果は図 7-8 のようになり，$T\to\infty$ で古典統計力学の値 $(3/2)Nk_{\mathrm{B}}$ に近づく．

このように，ボース粒子系ではボース-アインシュタイン凝縮が起こると，比熱などの量に不連続な変化が現われる．この現象は第 8 章で扱う 2 次の相転移の一種と見ることができる．

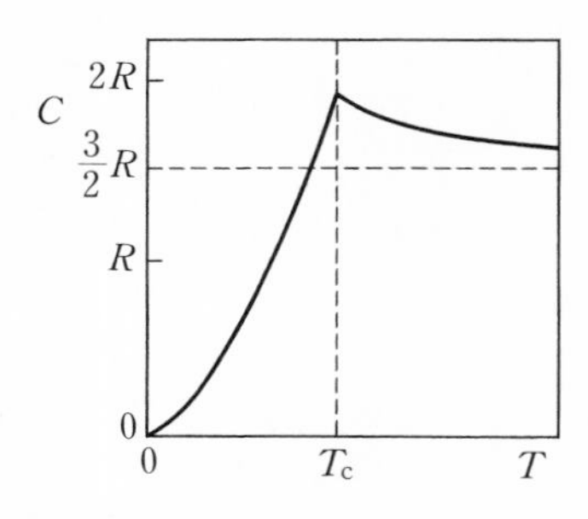

図 7-8　理想ボース気体の比熱

液体 ^{4}He の超流動

ボース粒子系の実例としては，液体 ^{4}He がある．液体 ^{4}He はボース粒子である ^{4}He 原子の集りだが，これを理想ボース気体とみなして T_c を見積もると約 3.13 K となる．一方，実在の液体 ^{4}He は $T_\lambda=2.17$ K で相転移を起こし，$T<T_\lambda$ では粘性のない**超流動状態**(superfluidity state)になる．このような現象がフェルミ粒子系である液体 ^{3}He ではみられないこと*，相転移の温度がボース-アインシュタイン凝縮の温度に近いことなどから，超流動状態が ^{4}He 原子がボース-アインシュタイン凝縮を起こした状態であることに間違いはないと思われる．もちろん，^{4}He 原子間には相互作用が働いているから，理想ボース気体で起こることがそのまま液体 ^{4}He で起きているわけではない．

問 7-2　液体 ^{4}He の 1 mol の体積は 27.6 cm^3 である．これを理想ボース気体とみなし，T_λ を見積もれ．

フォトンとフォノン

5-4 節で扱った空洞放射には，いろいろな点でボース粒子系に似た性質がある．例えば，電磁波のエネルギー密度の式(5.61)に見られる $1/(e^{\hbar\omega/k_BT}-1)$ の因子は，化学ポテンシャルが 0 のボース分布関数である．もとに帰って，電磁場の振動子のエネルギーは

$$E=\sum_{k\alpha} n_{k\alpha}\hbar\omega_{k\alpha} \qquad (n_{k\alpha}=0, 1, 2, \cdots)$$

---

*　液体 ^{3}He も数 mK の低温にすると超流動状態になるが，これは液体 ^{4}He とは異なり，金属の超伝導(コーヒーブレイク，272 ページ)に似た現象と考えられる．

と表わされ，これはエネルギーが $\hbar\omega_{k\alpha}$ のボース粒子が $n_{k\alpha}$ 個ずつあるときの全エネルギーと見ることができる．このように見なした，電磁場振動の「粒子」を**フォトン**(photon)という．

フォトンが ^{4}He 原子などの粒子と異なる点は，できたり消えたりするので，粒子の総数が定まっていないことである．したがって，7-2 節の議論では粒子数一定の条件のために導入した未定係数 α は導入する必要がなく，分布関数に化学ポテンシャルが現われない．温度を下げると，フォトンは消失するだけで，ボース-アインシュタイン凝縮は起きない．

これと同じように，一般に振動子系は粒子数が一定でないボース粒子系とみることができる．このようにみた固体の格子振動の「粒子」は，音を表わす接頭語 phon を使って**フォノン**(phonon)とよばれている．

理想気体の量子効果

理想気体が低温で示す量子効果は，フェルミ粒子系ではフェルミ縮退，ボース粒子系ではボース-アインシュタイン凝縮であることが分かった．これらの現象の現われる温度は，フェルミ温度 $T_{\rm F}$(式(7.70))，凝縮の温度 $T_{\rm c}$ (式(7.84))である．$T_{\rm F}$, $T_{\rm c}$ の表式はともに，平均粒子間距離を $a\,(=(V/N)^{1/3})$ とすれば，1のオーダーの係数を除いて $(\hbar^2/ma^2)/k_{\rm B}$ である．これは 4-1 節でハイゼンベルクの不確定性関係を用いた定性的な議論により，古典統計の破れる温度として予想したもの(式(4.14))とも一致する．

第7章　演習問題

1.　ボース粒子，フェルミ粒子の理想気体において，1つの量子状態 j を占める粒子数 n_j の平均値 $\bar{n}_j$ からのゆらぎが次式で与えられることを示せ．

$$\overline{(n_j-\bar{n}_j)^2} = \bar{n}_j(1\mp\bar{n}_j)$$

ここで − はフェルミ粒子，＋ はボース粒子の場合である．

2.　2次元面内を運動する，N 個のフェルミ粒子(質量 m，スピン 1/2)の理想気体がある．

(1)　1粒子状態はエネルギーに依存せず，

$$D(\epsilon) = \frac{Sm}{\pi\hbar^2}$$

となることを示せ．S は2次元面の面積である．

(2) フェルミエネルギー ϵ_F，絶対零度におけるエネルギーを求めよ．

(3) 低温における化学ポテンシャル，比熱を求めよ．

3. 図7-5から，低温におけるカリウムの比熱の実験式

$$\frac{C}{T} = \gamma + \alpha T^2$$

の定数 γ, α を読みとり，カリウムのフェルミ温度，デバイ温度を求めよ．

4. 金属中の自由電子を外界に対して $-w$ の位置エネルギーをもつ理想気体とし，絶対零度における化学ポテンシャル μ_0 は外界より ϕ だけ低いとする(右図)．有限温度では，電子は熱的に励起されて金属の表面から外へ出ることができる．この金属を陰極として適当に電位差を与え，外に出た電子はすべて陽極に引きつける場合，流れる電流は

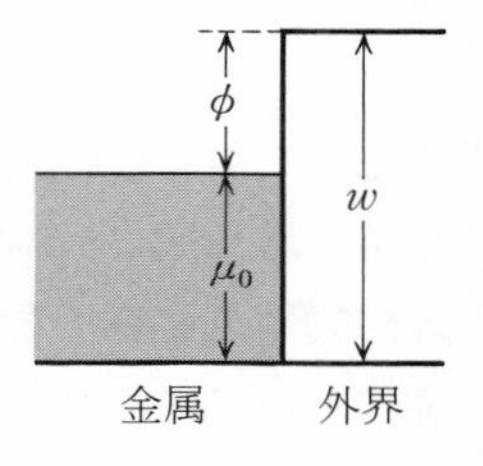

$$I = AT^2 e^{-\phi/k_B T} \qquad (A \text{ は定数})$$

となることを示せ．ただし，$k_B T \ll \phi$ とする．

5. 半導体では，電子状態が連続的に分布するエネルギー領域と電子状態の存在しないエネルギー領域があり，状態密度は次式で与えられる(右図)．

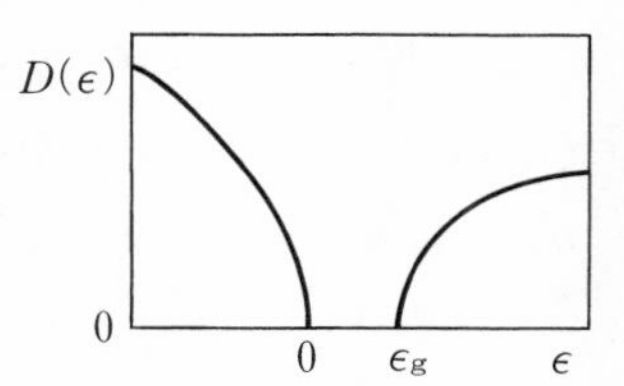

$$D(\epsilon) = \begin{cases} \dfrac{\sqrt{2}\,V}{\pi^2\hbar^3} m_h{}^{3/2} \sqrt{-\epsilon} & (\epsilon < 0) \\ 0 & (0 < \epsilon < \epsilon_g) \\ \dfrac{\sqrt{2}\,V}{\pi^2\hbar^3} m_e{}^{3/2} \sqrt{\epsilon - \epsilon_g} & (\epsilon_g < \epsilon) \end{cases}$$

ここで，V は半導体の体積，m_h, m_e は質量の次元をもつ係数(有効質量という)，ϵ_g は電子状態の存在しない領域の幅で，バンドギャップという．絶対零度では $\epsilon < 0$ の状態は電子により完全に占められ，$\epsilon > \epsilon_g$ の状態には電子がまったく存在しない．有限温度における化学ポテンシャル，および $\epsilon > \epsilon_g$ の状態に励起される電子数を求めよ．

6. 相対性理論によると，粒子のエネルギーϵと運動量pの関係は$\epsilon=\sqrt{m^2c^4+c^2p^2}$と表わされ，$p\ll mc$であれば，これを$\epsilon\cong mc^2+p^2/2m$，すなわち静止エネルギー$mc^2$と非相対論的な運動エネルギー$p^2/2m$の和に近似できる．

(1)　高密度のフェルミ粒子系では，この近似が適用できない．相対論の効果が重要になる密度を求めよ．

(2)　粒子系が超相対論的な場合($p\gg mc$)の，絶対零度におけるエネルギーと圧力を求めよ．

粒子はスピン1/2をもつとする．

7. ^{3}He原子は核によるスピン1/2をもつフェルミ粒子である．その低温における液体・固体領域の相図は右図のようで，低圧では絶対零度まで液体であり，液体と固体の共存曲線は低温で勾配が負である．固体はスピン1/2の常磁性体(5-2節)，液体は理想フェルミ気体とみなして，低温における共存曲線の表式を求めよ．考えている領域で，固体・液体の体積の温度・圧力による変化は無視できるものとする．

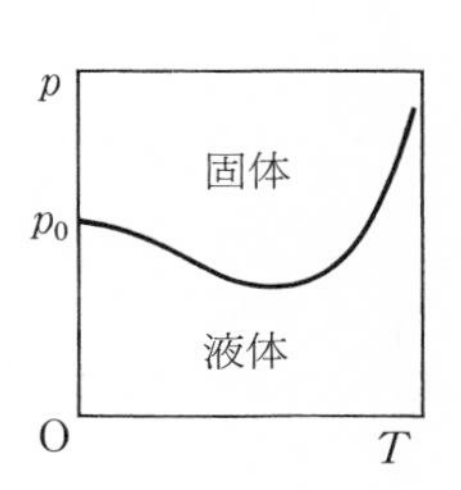

[注意：この温度領域では，固体の格子振動によるエントロピーは0としてよい.]

8. 2次元の理想ボース気体はボース-アインシュタイン凝縮を起こさないことを示せ．

フェルミ液体

金属中の自由電子や液体^{3}Heの性質は，粒子系を理想フェルミ気体とみなすことによって，おおよそ説明することができる(217ページ)．だが，実在の電子系や^{3}He原子の系では，粒子間に力が働いており，しかも密度がかなり高く，理想気体とはほど遠い状況にある．それなのに，理想気体のように振舞うのは何故だろうか．

このことを理解するには，これらの系の理想フェルミ気体的な振舞いが，低温のフェルミ縮退が起きている領域で見えていることに注意する必要がある．低温だから，そこで実現している状態はエネルギーの低い励起状態のみで，理想フェルミ気体でいえばほんの一部の粒子だけが熱的に励起されている．

エネルギーが ϵ_1 と ϵ_2 の量子状態にある粒子が衝突して，エネルギー ϵ_3, ϵ_4 の量子状態に移ったとしよう．エネルギー保存則から，$\epsilon_1+\epsilon_2=\epsilon_3+\epsilon_4$ である．このような衝突が起きるためには，パウリ原理により，行き先の量子状態は空いていなければならない．フェルミ縮退した状態では，空いた量子状態はフェルミエネルギーの近くか，その上にしかない．したがって，衝突が起きるのは，フェルミエネルギーの近くの，分布が温度でぼけた幅 $k_B T$ の領域の量子状態にある粒子の間でだけ，ということになる．大部分の粒子は，パウリ原理により，いわば身動きのできない状況にある．粒子系は実質的には，粒子数が $N(k_B T/\epsilon_F)$ の程度の希薄な気体のように振舞い，理想フェルミ気体のような性質を示すのである．

エネルギーの低い量子状態を占めている大部分の粒子がなんの働きもしないのではない．それは，フェルミエネルギーの近くの少数の粒子が動きまわる媒質として，それらの粒子の質量や相互作用に影響を与える．このような粒子系は，粒子間の相互作用が重要な粒子系という意味でフェルミ液体とよばれている．

8 2次の相転移

物質を構成する粒子はたがいに力を及ぼしあい，複雑な運動をしている．しかし，気体や金属電子の場合は，粒子の運動はたがいに独立であるとして，およその性質を説明することができた．固体の格子振動も，基準振動に注目することによって，独立な振動子の集りとみることが可能であった．一方，相互作用が基本的な役割をする現象もあり，相転移がその典型である．気体が液体に凝縮するのは，分子間に引力が働いているからである．強磁性体において低温でスピンの向きが揃う現象も相転移の一種である．この章では，2次の相転移とよばれる後者のタイプの相転移について考察する．

8-1 イジング模型の相転移

相転移を起こす最も簡単な系がイジング模型である．1次元のイジング模型については，分配関数の厳密な計算を5-2節等で示した．しかし，このように簡単な系であっても，3次元では厳密な取扱いはできない．そこで，なんらかの近似が必要になる．

イジング模型とは

次のような簡単な系を考える．図8-1のように規則的に配列した粒子があり，粒子は「スピン」をもち，スピンは上向きと下向きの2つの状態をとる．スピンが孤立して存在しているとすれば，2状態のエネルギーは等し

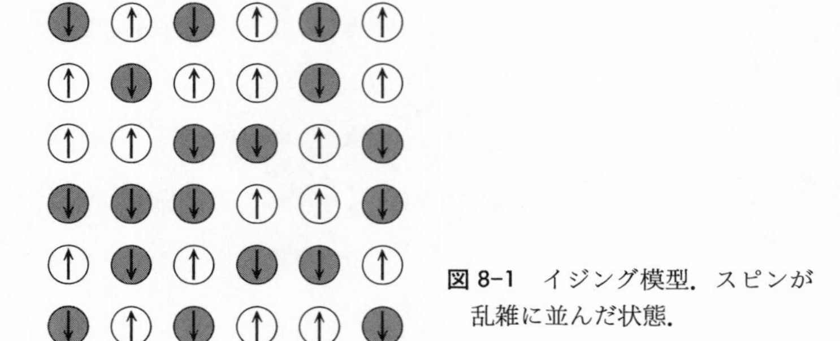

図 8-1 イジング模型．スピンが乱雑に並んだ状態．

い．しかし，隣接したスピン間には相互作用が働いていて，相互作用のエネルギーは2スピンが同じ向きのとき $-J$，逆向きのとき J である．$J>0$ であれば相互作用はスピンを同じ向きに，$J<0$ であれば逆向きに揃える働きをする．このような模型を**イジング模型**(Ising model)という．

この系のスピン状態を表わす変数を導入しよう．すなわち，粒子 i のスピンを s_i とし，$s_i=1$ がスピン上向き，$s_i=-1$ がスピン下向きの状態を表わすとする．こうすれば，上に述べた隣接したスピン間の相互作用のエネルギーは

$$-Js_is_j$$

と表わされ，全系のエネルギー(ハミルトニアン)は

$$H = -J\sum_{(i,j)} s_is_j \tag{8.1}$$

となる．ここで，$\sum_{(i,j)}$ はすべての隣接スピンの組についての和を表わす．これを1次元について書いたのが，式(5.39)にほかならない．この節では $J>0$ の場合を考える．

秩序と無秩序

まず，スピンの配列が温度とともにどのように変わるかを，定性的に考えてみよう．

温度 T のもとでの熱平衡状態は，自由エネルギー

$$F = E-TS$$

を最小にする状態として決まるから，低温ではエネルギー E を小さくする状態が，高温ではエントロピー S を大きくする状態が実現する．明らかに，

全スピンが上または下の1方向に揃ったとき，エネルギーが最小になる．他方，エントロピーはスピンの配列が乱雑なほど大きい．したがって，低温ではスピンの向きの揃った**秩序相**(ordered phase)が，高温ではスピンの向きの乱れた**無秩序相**(disordered phase)が実現する．温度を変えたときその間の状態の変化がどのように起こるか，がここで考えるべき問題である．

この模型で表わされる物質のひとつが**強磁性体**(ferromagnet)である．強磁性体では，低温で原子のもつ磁気モーメントが相互作用によって1方向に揃い，物質は磁化をもって磁石になる．外部から磁場が加わっていない状態でもつ磁化を**自発磁化**(spontaneous magnetization)という．強磁性体は温度をあげていくと，ある温度(**キュリー点**，Curie point)で相転移を起こし，自発磁化を失う．秩序相から無秩序相への転移が起きるのである．イジング模型によって，このような現象が説明できるだろうか．

部分平衡の自由エネルギー

全スピンの数を N，上向き，下向きスピンの数をそれぞれ N_+, N_- とすれば，

$$N = N_+ + N_- \tag{8.2}$$

である．また

$$M = N_+ - N_- \tag{8.3}$$

はスピンの揃った程度を表わす量である．強磁性体では，原子の磁気モーメントの大きさを μ とすれば，$M\mu$ が自発磁化を与える．このような秩序の程度を表わす量を，一般に**秩序パラメーター**(order parameter)という．

以下では，μ をつけずに M じたい，あるいはこれを1スピン当りにした

$$m = \frac{M}{N} \tag{8.4}$$

を**磁化**とよぶことにしよう．有限温度ではスピンの向きはゆらいでいるから，磁化もゆらいでいる．では，熱平衡において磁化の平均値はどのような値をとるだろうか．それを知るため，まず磁化がある与えられた大きさをもつ部分平衡の状態を考え，その自由エネルギーを磁化の関数として求める．その自由エネルギーを最小にする値として，磁化の熱平衡値を決めるのであ

る．

エントロピーは厳密に計算できる．N 個のスピンのうち，上を向くスピン N_+ 個を選び出す組合せは

$$W = \binom{N}{N_+} = \frac{N!}{N_+!(N-N_+)!}$$

したがって，エントロピーは

$$\begin{aligned} S &= k_B \log W \\ &= -Nk_B\left\{\frac{N_+}{N}\log\left(\frac{N_+}{N}\right)+\left(1-\frac{N_+}{N}\right)\log\left(1-\frac{N_+}{N}\right)\right\} \end{aligned}$$

となる．ここで，1スピン当りの磁化 m を用いると，エントロピーは m の関数として次のように得られる．

$$S = \frac{1}{2}Nk_B[2\log 2-(1+m)\log(1+m)-(1-m)\log(1-m)] \quad (8.5)$$

3次元では，エネルギーを m の関数として厳密に求めることはできない．そこで，次のように平均値におきかえて計算する．1つのスピンに注目したとき，それが上向きである確率は N_+/N，下向きである確率は N_-/N である．したがって，隣接する1対のスピン (i, j) に注目すると，各スピンが上向き(↑)，下向き(↓)となる確率はそれぞれ

$$\begin{cases} \text{(a)} \quad (\uparrow, \uparrow): & \left(\dfrac{N_+}{N}\right)^2 \\ \text{(b)} \quad (\downarrow, \downarrow): & \left(\dfrac{N_-}{N}\right)^2 \\ \text{(c)} \quad (\uparrow, \downarrow): & \dfrac{N_+}{N}\cdot\dfrac{N_-}{N} \\ \text{(d)} \quad (\downarrow, \uparrow): & \dfrac{N_-}{N}\cdot\dfrac{N_+}{N} \end{cases} \quad (8.6)$$

となるであろう．相互作用のエネルギーは(a), (b)が $-J$ で，(c), (d)が J だから，平均値は

$$-J\left[\left(\frac{N_+}{N}\right)^2+\left(\frac{N_-}{N}\right)^2\right]+2J\frac{N_+}{N}\cdot\frac{N_-}{N}=-Jm^2$$

となる．1つのスピンに隣接するスピンの数(配位数)を z とすれば*，隣接するスピン対の総数は $\frac{1}{2}Nz$ 個である．したがって，この近似でエネルギーは

$$E=-\frac{1}{2}NzJm^2 \tag{8.7}$$

と表わされる．この近似ははじめ合金の相転移(8-2 節)について用いられたもので，**ブラッグ-ウィリアムズ近似**(Bragg-Williams approximation)という．

じつは，このようなエネルギーの見積りは正しくない．式(8.6)の確率の計算では，i と j のスピンはたがいに無関係に上下を向くとしている．しかし，相互作用には隣接するスピンを同じ向きに揃える働きがあるから，(a)と(b)の配列は式(8.6)よりも高い確率で，(c)と(d)の配列は低い確率で実現するだろう．上の計算では，このようなスピン間の相関をまったく無視している．しかし，近似のこのような欠点をどのように修正するかの問題はあとに回し，まずこの近似からどのような結果が得られるかを見よう．

式(8.5)，(8.7)から，自由エネルギーは磁化 m の関数として，

$$F(m)=-\frac{1}{2}NzJm^2-\frac{1}{2}Nk_{\mathrm{B}}T\,[2\log 2-(1+m)\log(1+m)$$
$$-(1-m)\log(1-m)] \tag{8.8}$$

と得られる．とくに m の小さな領域に注目して，第2項を m で展開すると，

$$F(m)=-Nk_{\mathrm{B}}T\log 2+\frac{1}{2}N(k_{\mathrm{B}}T-zJ)m^2+\frac{1}{12}Nk_{\mathrm{B}}Tm^4 \tag{8.9}$$

となる．図 8-2 に関数 $F(m)$ の振舞いを種々の温度について示した．

---

* z は粒子配列の構造によって異なる．1次元では 2，2次元の正方格子では 4，3次元の単純立方格子で 6，体心立方格子で 8，面心立方格子で 12.

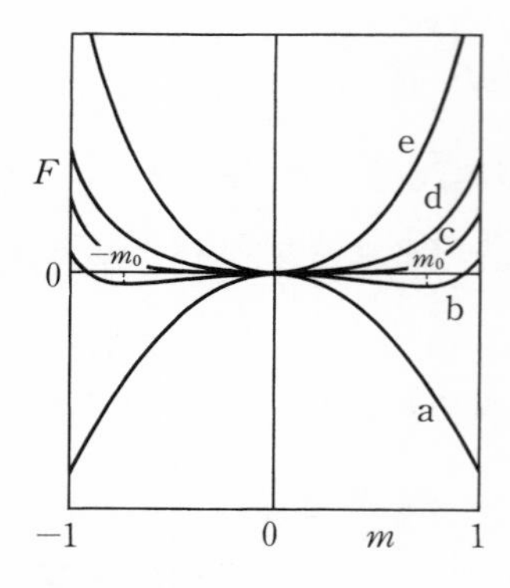

図 8-2 種々の温度における自由エネルギーの磁化依存性.
(a) $T=0$, (b) $T=0.8\,T_{\rm c}$,
(c) $T=T_{\rm c}$, (d) $T=1.2\,T_{\rm c}$,
(e) $T=2\,T_{\rm c}$.
$T_{\rm c}=zJ/k_{\rm B}$. 曲線は $m=0$ のとき $F=0$ となるようにずらして描いてある.

熱平衡状態の磁化

この自由エネルギーの振舞いで注目したいのは，式(8.9)が示すように，展開式の m^2 の係数が

$$T_{\rm c}=\frac{1}{k_{\rm B}}zJ \tag{8.10}$$

を境に，高温で正，低温で負になることである．このため，図8-2のように，$m=0$ の点が $T\geqq T_{\rm c}$ では自由エネルギーの最小点，$T<T_{\rm c}$ では極大点になる．$T<T_{\rm c}$ では，かわりに $m=\pm m_0$ の点に最小点が現われる．最小点における m の値が熱平衡状態の磁化である．

最小点を求めるには

$$\frac{dF}{dm}=-NzJm+\frac{1}{2}Nk_{\rm B}T\log\left(\frac{1+m}{1-m}\right)=0$$

を解けばよい．式(8.10)を用い

$$\frac{1}{2}\log\left(\frac{1+m}{1-m}\right)=\frac{T_{\rm c}}{T}m$$

となる．この式は，左辺の m について「解く」ことにより，次のように書きかえることができる．

$$m=\tanh\left(\frac{T_{\rm c}}{T}m\right) \tag{8.11}$$

これを解くには，$m=(T/T_{\rm c})x$ とおき，曲線 $m=\tanh x$ との交点を求め

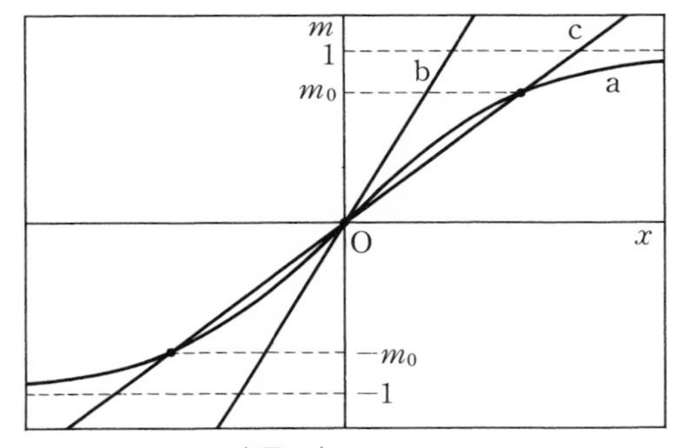

図 8-3　$m=\tanh\left(\frac{T_c}{T}m\right)$ を解く．(a) $m=\tanh x$, (b) $m=\frac{T}{T_c}x$ $(T>T_c)$, (c) $m=\frac{T}{T_c}x$ $(T<T_c)$.

ればよい(図 8-3)．曲線の原点における勾配は 1 なので，直線の勾配が $T/T_c>1$ のときは $m=0$ の 1 点でしか交わらないが，$T/T_c<1$ のときは $m=0, \pm m_0$ の 3 点で交わる．図 8-2 に示したように，後者の場合 $m=0$ は極大点，$m=\pm m_0$ が最小点である．$\lim_{x\to\pm\infty}\tanh x=\pm 1$ なので，図から $T\to 0$ で最小点は ± 1 に近づくことがわかる．また，T_c の近くでは最小点も原点に近いので式(8.9)を使うことができて，

$$\frac{dF}{dm}=N(k_BT-zJ)m+\frac{1}{3}Nk_BTm^3=0$$

より，第 2 項では $T=T_c$ とおいて

$$m_0=\sqrt{\frac{3(T_c-T)}{T_c}} \tag{8.12}$$

が得られる．以上の考察から，磁化の温度依存性は図 8-4(a)のようになることが分かる．絶対零度で $|m_0|=1$，すなわちスピンが完全に 1 方向に揃った状態が実現し，磁化は温度の上昇とともに減少して，T_c で消失する．T_c は，系の性質が秩序相から無秩序相へ変化する境目の温度であり，この温度を一般に**転移点**(transition point)という．

エネルギー，エントロピー，比熱

転移点以下の低温領域におけるエネルギーとエントロピーは，式(8.11)の解 m_0 を式(8.7)，(8.5)に代入して得られる．とくに転移点の近くでは，エネル

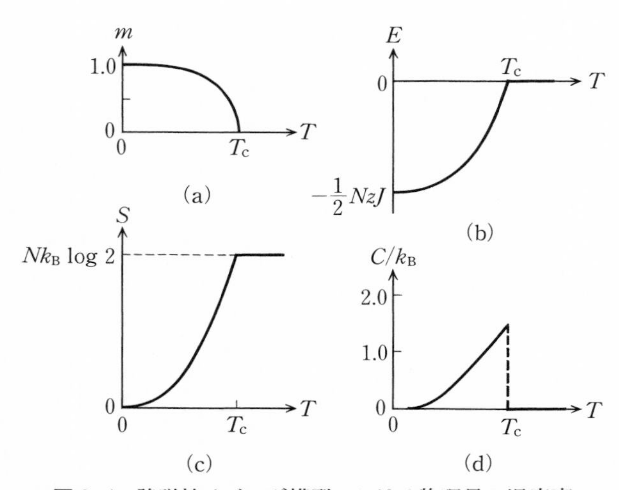

図 8-4　強磁性イジング模型における物理量の温度変化(ブラッグ-ウィリアムズ近似). (a) 磁化, (b) エネルギー, (c) エントロピー, (d) 比熱.

ギーは式(8.12)を式(8.7)に代入し,

$$E \cong -\frac{3}{2}Nk_B(T_c - T) \tag{8.13}$$

となる. また, エントロピーは, 式(8.5)を m で展開した式に式(8.12)を代入して

$$S \cong Nk_B \log 2 - \frac{3}{2}Nk_B \frac{T_c - T}{T_c} \tag{8.14}$$

となる. 転移点より高温では $m=0$ だから,

$$E = 0, \qquad S = Nk_B \log 2 \tag{8.15}$$

である. エネルギーとエントロピーの温度変化は, およそ図 8-4(b), 図 8-4(c)のようになる. エントロピーが転移点以下で温度の低下とともに急速に減少していることは, 低温における秩序の成長を示している.

比熱は $C=dE/dT$, または

$$C = T\frac{dS}{dT} \tag{8.16}$$

の関係から得られる. とくに転移点の近くでは, 式(8.13)または(8.14)より

$$C = \frac{3}{2} N k_{\mathrm{B}} \tag{8.17}$$

となる．転移点より高温では0で，比熱の温度変化はおよそ図8-4(d)のようになる．転移点の近くで比熱が大きな山をもつことは，式(8.16)の関係が示すように，エントロピーの強い温度変化，すなわち秩序の度合いの急速な変化の反映である．その意味で，転移点における比熱の山は，秩序相と無秩序相の間の相転移に特徴的な現象ということができる．

ここでは転移点の上の温度領域でエネルギー，エントロピーは一定，比熱は0という結果を得たが，これはスピン間の相関を無視する近似(式(8.6))を用いたことによるものである．実際にはスピン間に相関があり，転移点の上でも隣りあうスピンが同じ向きに揃う傾向は低温ほど大きい．それに伴いエネルギーやエントロピーは温度変化し，比熱も0にならない(8-4節)．

2次の相転移

第6章で扱った気体・液体間の相転移などの場合は，図6-3が示すように，相転移に伴いエントロピーが不連続に変化し，潜熱の吸収・放出が起こる．それに対し，ここで見た相転移では，図8-4(a),(b),(c)が示すように，転移点で磁化，エネルギー，エントロピーの温度変化に不連続なとびはない．ただし，その微係数が不連続で，エネルギーまたはエントロピーの温度微分で与えられる比熱は図8-4(d)のように不連続に変化する．最近の研究が明らかにしたところによると，相転移に伴い転移点で見られる物理量の異常は，このように単純なものではない．しかし，一般に潜熱の吸収・放出を伴う1次の相転移に対し，潜熱を伴わない相転移をまとめて**2次の相転移**(second order phase transition)，または**第2種の相転移**とよぶ．

対称性の破れ

イジング模型の相転移では，スピンの揃う方向は上下どちらとも決まっていない．絶対零度で考えると，すべてのスピンが上を向いた状態と，すべてのスピンが下を向いた状態とが同じエネルギーをもつことは明らかだろう．有限温度でも，図8-2が示すように $m=\pm m_0$ の2つの状態は同じ自由エネルギーをもち，どちらかがより安定ということはない．もともとこの系に上下の区別はなかったから，これは当然である．それが相転移によってどちらか1つの向きが選択され，秩序相には上下の区別が生じてしまう．そしていったん向きが決まると，温度が低温に保たれる限り向きが逆転することはない．この現象を**対称性の自発的破れ**(spontaneous symmetry breakdown)という．「もともとこの系に上下の区別はない」ことが系のもつ「対称性」であり，実現した状態に「上下の区別が生じてしまう」ことがその「破れ」である．

実際の物質では，式(8.1)では無視していた弱い相互作用によってスピンの配列する向きが決まることになる．例えば強磁性体の場合，高温から次第に温度が下がり転移点に達したとき，たまたま弱い磁場にあると，その磁場の向きに自発磁化が生じるのである．このため，岩石中の強磁性体について磁化の向きを調べると，その岩石ができた時代の地球磁場の向きを知ることができる．

対称性とその破れの概念は，強磁性体に限られるものではない．気体と液体を比べると，平均してみるとどちらも空間的に一様であり，また方向性ももっていない(**等方的**という)．両者は対称性が同じであり，気体-液体間の相転移では対称性の破れはない．これに対し，固体では原子が空間の定まった位置に配列しており，向きも定まっている．気体や液体のもつ一様・等方という対称性は破れている．原子間に働く力には原子の位置や配列の向きを決める働きはないにもかかわらず，固体では対称性が自発的に破れるのである．

8-2 イジング模型といろいろな相転移

前節では，イジング模型を強磁性体のモデルとして考察した．じつは，イジング模型にはいろいろな系で起こる相転移を記述する一般的なモデルという性格がある．3つの実例について述べよう．

反強磁性体

同じ磁性体でも，相互作用 J が負の場合もある．$J<0$ のときは何が起こる

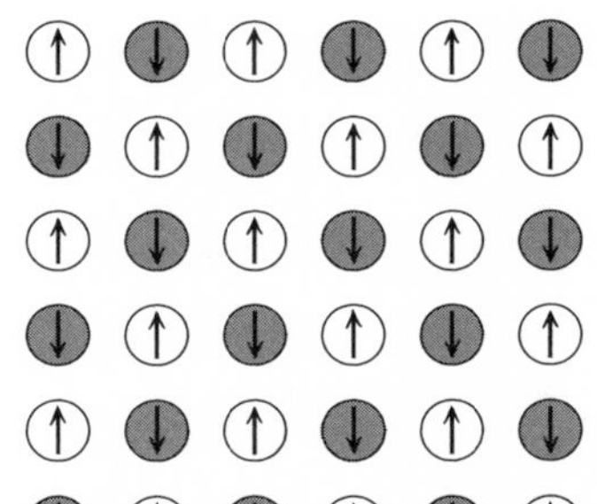

図 8-5 反強磁性体のスピン配列

だろうか．

$J<0$ では，隣りあうスピンが逆向きになる方がエネルギーが低い．したがって，最もエネルギーの低いスピンの配列が図 8-5 のようになることは明らかだろう．ただし，格子は，すべての格子点を 2 つのグループ A, B に，A グループの格子点の隣接格子点は B グループ，B グループの格子点の隣接格子点は A グループ，というように分離できる構造とする．各グループの格子点の全体を**副格子**(sublattice)という．図 8-5 の正方格子はそのような場合の 1 つで，スピン上向きの格子点とスピン下向きの格子点とが 2 つの副格子をなしている*．絶対零度でこのようなスピン配列となる磁性体を，**反強磁性体**(antiferromagnet)という．

有限温度ではどうなるだろうか．A 副格子上の上向きスピン，下向きスピンの数をそれぞれ N_{A+}, N_{A-} とし，

$$m_A = \frac{N_{A+} - N_{A-}}{N/2} \tag{8.18}$$

により A 副格子の磁化を定義し，同様にして B 副格子の磁化 m_B も定義する．絶対零度で実現する図 8-5 のスピン配列では，$m_A=1$, $m_B=-1$ である．温度が上昇すると，A 副格子，B 副格子の磁化は平均として逆向きを保ちながら，磁化の大きさは次第に減少すると思われる．そこで，$m_A=m$, $m_B=-m$ とおけば，相互作用のエネルギーは，前節で式(8.6)から式(8.7)

* 3 次元では，単純立方格子，体心立方格子がこのような構造である．

を得たときと同じ考え方によって，

$$E=\frac{1}{2}NzJm^2=-\frac{1}{2}Nz|J|m^2 \tag{8.19}$$

となる．エントロピーは，A副格子，B副格子それぞれについて式(8.5)の半分の値が得られるから，全エントロピーは式(8.5)に等しい．したがって，自由エネルギーとしてJを$|J|$におきかえる以外，式(8.8)とまったく同じ表式が得られる．

異なるのは秩序パラメーターmの表わす物理量のみである．したがって，この反強磁性体では，強磁性体の場合とほとんど同じ現象が見られることになる．副格子の磁化は図8-4(a)のように温度変化し，転移点

$$T_{\mathrm{N}}=\frac{1}{k_{\mathrm{B}}}z|J| \tag{8.20}$$

で消失する．反強磁性体の転移点を**ネール点**(Néel point)という．

Jが負のイジング模型が強磁性体と異なる振舞いを示すのは，格子が図8-5のように2つの副格子に分離できない構造をもつ場合である．2次元の場合でいえば，図8-6の3角格子がそれである*．このときは，すべての隣接スピン対が反平行に並ぶスピン配列をつくることはできない．最もエネルギーの低いスピン配列のひとつが図8-6に示したものであるが，このとき・印の位置のスピンは上下どちらを向いてもエネルギーが等しい．これは，この系の基底状態が多くの縮重をもつことを意味する．したがって，エントロ

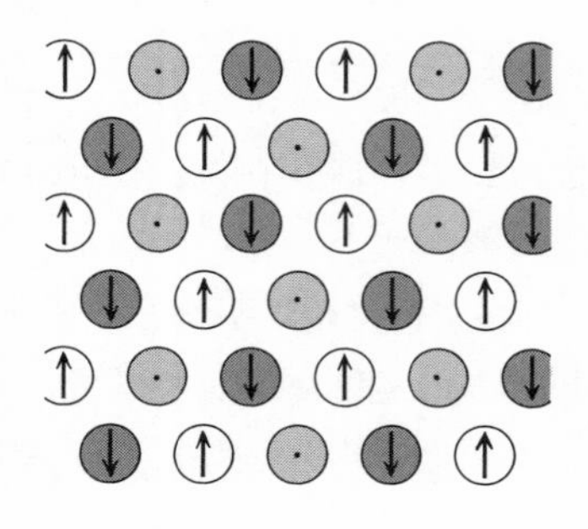

図8-6　3角格子上の反強磁性イジング模型の，最もエネルギーの低いスピン配列の1例．・のスピンの向きは定まらない．

---

*　3次元では面心立方格子がこのような構造である．

ピーは絶対零度で 0 にならない．このように，すべての相互作用のエネルギーを最低にするスピン配列が不可能なとき，**フラストレーション**(frustration)があるという．フラストレーションのあるスピン系では，いろいろ複雑な相転移の起こることが知られている．

合金の秩序-無秩序転移

2 種類の金属が原子数にして 1：1 の割合で混じりあった合金を考える．隣りあった原子間には相互作用が働いており，そのエネルギーは原子の種類によって異なるとする．2 種類の金属を A, B とし，A 原子-A 原子対のエネルギーを ϕ_{AA}，B 原子-B 原子対のエネルギーを ϕ_{BB}，A 原子-B 原子対のエネルギーを ϕ_{AB} とする．

ここで，A, B 原子の存在を表わす変数 $n_{\mathrm{A}i}, n_{\mathrm{B}i}$ を次のように導入する．

$$
n_{\mathrm{A}i} = \begin{cases} 1 & (\text{格子点 } i \text{ に A 原子が}\underline{\text{ある}}\text{とき}) \\ 0 & (\text{格子点 } i \text{ に A 原子が}\underline{\text{ない}}\text{とき}) \end{cases}
\qquad
n_{\mathrm{B}i} = \begin{cases} 1 & (\text{格子点 } i \text{ に B 原子が}\underline{\text{ある}}\text{とき}) \\ 0 & (\text{格子点 } i \text{ に B 原子が}\underline{\text{ない}}\text{とき}) \end{cases}
\tag{8.21}
$$

各格子点には A, B いずれかの原子があるから，

$$
n_{\mathrm{A}i} + n_{\mathrm{B}i} = 1 \tag{8.22}
$$

また，原子の総数を N とすれば，A, B 原子数について

$$
\sum_i n_{\mathrm{A}i} = \frac{1}{2}N, \qquad \sum_i n_{\mathrm{B}i} = \frac{1}{2}N \tag{8.23}
$$

の制限がつく．

変数 $n_{\mathrm{A}i}, n_{\mathrm{B}i}$ を用いると，格子点 i, j 間の相互作用のエネルギーは

$$
\phi_{\mathrm{AA}} n_{\mathrm{A}i} n_{\mathrm{A}j} + \phi_{\mathrm{BB}} n_{\mathrm{B}i} n_{\mathrm{B}j} + \phi_{\mathrm{AB}} (n_{\mathrm{A}i} n_{\mathrm{B}j} + n_{\mathrm{B}i} n_{\mathrm{A}j}) \tag{8.24}
$$

と表わされる．ここで，「スピン」変数 s_i を導入し，

$$
s_i = \begin{cases} 1 & (\text{格子点 } i \text{ に}\underline{\text{A 原子}}\text{があるとき}) \\ -1 & (\text{格子点 } i \text{ に}\underline{\text{B 原子}}\text{があるとき}) \end{cases} \tag{8.25}
$$

とする．s_i を使えば

$$
n_{\mathrm{A}i} = \frac{1+s_i}{2}, \qquad n_{\mathrm{B}i} = \frac{1-s_i}{2} \tag{8.26}
$$

である．これで式(8.22)は自動的に満たされ，式(8.23)を満たすには

$$\sum_i s_i = 0 \tag{8.27}$$

でなければならない．式(8.26)を式(8.24)に代入し，すべての対について加えあわせ，全系のエネルギーとして

$$H = \phi \sum_{(i,j)} s_i s_j \tag{8.28}$$

$$\phi = \frac{1}{4}(\phi_{\mathrm{AA}} + \phi_{\mathrm{BB}} - 2\phi_{\mathrm{AB}}) \tag{8.29}$$

が得られる．ここで式(8.27)を用い，定数項は省いた．

式(8.28)もイジング模型にほかならない．ここで

$$\phi_{\mathrm{AB}} < \frac{1}{2}(\phi_{\mathrm{AA}} + \phi_{\mathrm{BB}}) \tag{8.30}$$

のときは反強磁性的である．これは，絶対零度で図8-5のような「スピン配列」が実現することを意味し，原子の配列にもどせば，図8-7(a)のようなA, B原子の交互の配列が実現する．温度を上げていくと，転移点

$$T_{\mathrm{c}} = \frac{1}{k_{\mathrm{B}}} z\phi \tag{8.31}$$

で，配列の乱れた無秩序相に相転移する．これを合金の**秩序-無秩序転移**(order-disorder transition)という．

つぎに

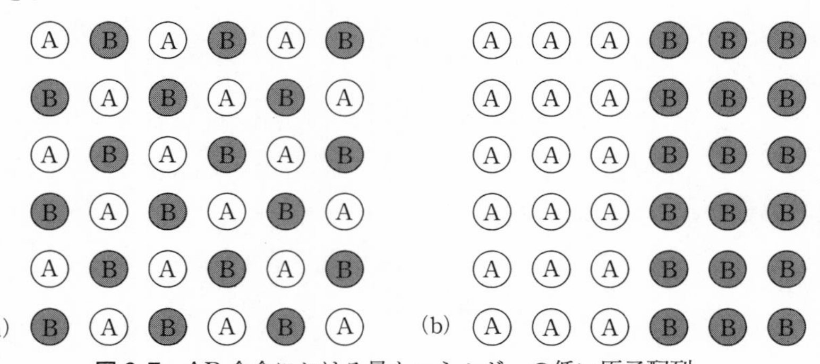

図8-7 AB合金における最もエネルギーの低い原子配列．(a) ABが引きあうとき(式(8.30))，(b) AA, BBが引きあうとき(式(8.32))．

$$\phi_{\mathrm{AB}} > \frac{1}{2}(\phi_{\mathrm{AA}} + \phi_{\mathrm{BB}}) \tag{8. 32}$$

のときは強磁性的である．しかし，式(8. 27)の制限があるから，すべての「スピン」が同じ方向を向くわけにはいかない．このため，絶対零度では系はスピン上向きの領域と下向きの領域に分離することになる．原子の配列にもどると，これは図 8-7(b)のように合金が A, B の純粋な金属に相分離することに当たっている．

式(8. 30), (8. 32)は，A 原子と B 原子が隣りあって並ぶことがエネルギー的に有利(式(8. 30))か不利(式(8. 32))かの条件であり，それに伴い上のような相転移が見られるのである．

格子気体模型

気体の分子間には，近くでは強い斥力，すこし離れたところでは弱い引力が働いている(図 4-11)．4-5 節では，このような気体の分配関数を密度で展開することにより求めた．この計算では密度が十分に希薄であるとしているから，その結果を気体が液体に凝縮する場合に適用することはできない．気体-液体の相転移の問題も，次のように考えることによって，イジング模型として扱うことができる．

古典統計力学では，分配関数のうち運動量の積分から生じる部分は気体と液体に共通だから，相転移を論じるには座標の部分に注目すればよい．分子の空間的な分布を考えるとき，図 8-8 のように空間を小さな領域に分け，分子は強い斥力のため各領域に 1 個しか入れないとする．こうするには，領域

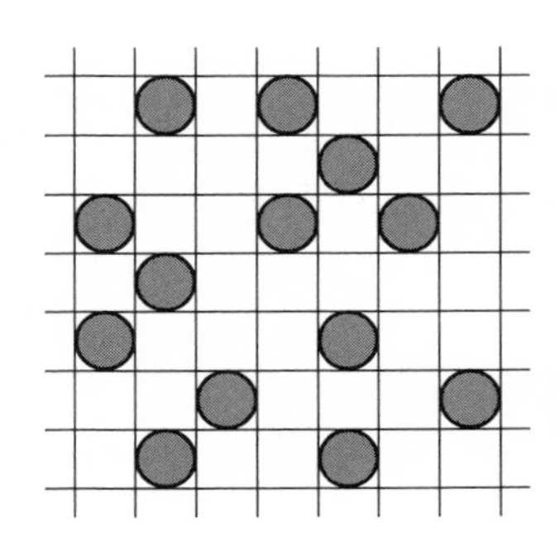

図 8-8　格子気体模型．空間を分子がちょうど 1 個入る領域に分ける．

の１辺の長さを分子の直径に選べばよい．分子の存在を表わす変数 n_i を

$$n_i = \begin{cases} 1 & (\text{領域 } i \text{ に分子が\underline{ある}とき}) \\ 0 & (\text{領域 } i \text{ に分子が\underline{ない}とき}) \end{cases} \tag{8.33}$$

により導入する．分子の総数を N_{m} とすれば

$$\sum_i n_i = N_{\mathrm{m}} \tag{8.34}$$

である．分子間の引力は，分子が隣りあう領域にあるとエネルギーが $\epsilon(>0)$ だけ下がる，として取り入れる．隣りあう領域 i, j について，引力相互作用のエネルギーは

$$-\epsilon n_i n_j \tag{8.35}$$

であり，全エネルギーは

$$H = -\epsilon \sum_{(i,j)} n_i n_j \tag{8.36}$$

となる．これを**格子気体模型**(lattice gas model)という．

ここで,「スピン」変数 s_i を

$$s_i = 2n_i - 1, \qquad n_i = \frac{1}{2}(s_i + 1) \tag{8.37}$$

により導入する．s_i は

$$s_i = \begin{cases} 1 & (\text{領域 } i \text{ に分子が\underline{ある}とき}) \\ -1 & (\text{領域 } i \text{ に分子が\underline{ない}とき}) \end{cases} \tag{8.38}$$

であり，式(8.34)の制限は，領域の総数を N として

$$\sum_i s_i = 2N_{\mathrm{m}} - N \tag{8.39}$$

となる．式(8.37)により，式(8.36)をスピン変数で書きなおすと，式(8.39)を用いて

$$H = -\frac{1}{4}\epsilon \sum_{(i,j)} s_i s_j + \text{const.} \tag{8.40}$$

となる．$\epsilon > 0$ だから，これは強磁性イジング模型である．

この場合も，式(8.39)の制限があるため，絶対零度でも全スピンが１方向に揃うことはできない．$\phi < 0$ の合金の場合と同様に，スピン上向きとスピン下向きの領域に分かれることになる．スピン上向きの領域は分子が密に存在する($n_i = 1$)の領域であり，下向きの領域は分子がまったく存在しない(n_i

$=0$)真空領域である．これは，絶対零度で分子は1カ所に集まり，液体になることを示している*．

温度が上がると，各領域の「磁化」は図8-4(a)のように減少する．温度変化する「磁化」の大きさを$m(T)$とすれば，これを分子数の密度nにもどすと，式(8.37)の関係から，

$$n(T) = \begin{cases} \dfrac{1}{2}[1+m(T)] & (\text{上向き領域}) \\ \dfrac{1}{2}[1-m(T)] & (\text{下向き領域}) \end{cases} \tag{8.41}$$

である．すなわち，系は密度の高い領域(液相)と低い領域(気相)に2相分離している．$m(T)$は

$$T_{\mathrm{c}} = \frac{z\epsilon}{4k_{\mathrm{B}}} \tag{8.42}$$

で0になるから，この温度で両相の密度差は消失する．T_{c}は6-3節で述べた臨界点にほかならない．このモデルでは，$n=1/2$が臨界点の密度n_{c}に当たっている．均一な状態で系の密度がn_{c}であれば，気体・液体の相分離は2次の相転移と同じになり，密度の温度変化は図8-9のようになる．

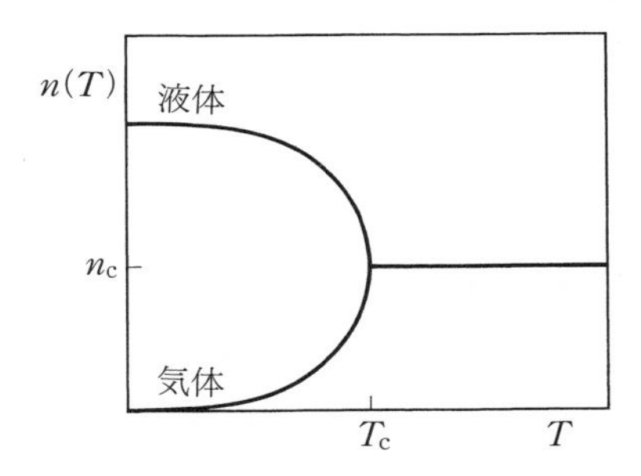

図8-9 格子気体模型による，臨界点における気体-液体相分離

* 分子は規則正しく配列しているが，これは空間を固体の格子のような小領域に分けたことによるもので，固体になることを意味してはいない．この模型では，固体への相転移を論じることはできない．

8-3 分子場近似

8-1節では，スピン間の相関を無視する近似でイジング模型の自由エネルギーを求めた．これと同じ結果は，分子場というもっと直観的な考え方でも導くことができる．この近似はどのような場合によく，どのような場合に悪いのだろうか．

分子場近似

ふたたび，ハミルトニアンが式(8.1)で与えられる強磁性イジング模型($J>0$)を考えよう．ひとつのスピン s_i に注目し，式(8.1)のうち s_i が関係する部分だけを書き出すと，

$$H_i = -Js_i \sum_j^{(i)} s_j \tag{8.43}$$

である．和は i の隣接スピンについての和を表わす．ここで，各 s_j を平均値 m におきかえることができるとすれば，

$$H_i = -zJms_i = -h_M s_i \tag{8.44}$$

$$h_M = zJm$$

となり，スピン i は磁場 h_M の中にあると見ることができる*.

磁場中の1個のスピンの問題は2-5節で扱った．その結果(式(2.109))によれば，熱平衡における s_i の平均値は

$$\overline{s_i} = \tanh\left(\frac{h_M}{k_B T}\right) \tag{8.45}$$

と与えられる．注目するスピン s_i と隣りのスピン s_j の間に区別はないから，式(8.44)で仮定した s_j の平均値 m はこの $\overline{s_i}$ と等しくなければならない．したがって，m を求める関係式として

$$m = \tanh\left(\frac{zJ}{k_B T} m\right) \tag{8.46}$$

---

* 正確にいえば h_M は磁場を B_M, スピンの磁気モーメントを μ とすれば，$h_M = \mu B_M$ である．

が得られて，結果は式(8.11)と一致する．

8-1節で用いた近似は，直観的にはこのような近似に当たるのである．h_{M}を**分子場**(molecular field)，この近似を**分子場近似**(molecular field approximation)という．また，平均値mを矛盾なく(コンシステントに)決めることから，**セルフコンシステントな近似**(self-consistent approximation)ともよばれる．

ハイゼンベルク模型

このような考え方は，イジング模型に限らず適用できる．イジング模型では，スピンは1方向のみを向くとし，しかもその値は±1のみをとるとした．しかし，もともとスピン(角運動量)はベクトルであって，3次元的にいろいろな方向をむくことができる*．また，量子力学的な角運動量としても，とりうる値は2つとは限らない．$\hbar$を単位とした角運動量の大きさがS(整数または半整数)の場合，その1方向の成分のとりうる値は

$$-S, -S+1, \cdots, S-1, S \tag{8.47}$$

の$2S+1$通りである．

各格子点にはベクトルのスピンがあるとし，格子点iのスピン$\boldsymbol{S}_i$と隣りの格子点jのスピン$\boldsymbol{S}_j$の間には，そのスカラー積に比例した相互作用

$$-K\boldsymbol{S}_i\cdot\boldsymbol{S}_j \qquad (K>0)$$

が働いているとする．この相互作用のエネルギーは，2つのスピンが平行に揃ったときに最も低い．すべての隣接スピン対間に同じ相互作用が働いているとすれば，全系のハミルトニアンは

$$H = -K\sum_{(i,j)}\boldsymbol{S}_i\cdot\boldsymbol{S}_j \tag{8.48}$$

である．この系を**ハイゼンベルク模型**(Heisenberg model)という．

ハイゼンベルク模型を分子場近似で扱うと，次のようになる．ひとつのスピン$\boldsymbol{S}_i$に注目し，ハミルトニアンのうち$\boldsymbol{S}_i$に関係する部分を書き出すと

$$H_i = -K\boldsymbol{S}_i\cdot\sum_j^{(i)}\boldsymbol{S}_j \tag{8.49}$$

---

* 実際の物質では，まわりの原子の影響でスピンの向き方が制限される場合もある．

ここで，$\boldsymbol{S}_j$ を平均値 $\boldsymbol{m}$ におきかえると，

$$H_i = -\boldsymbol{h}_{\mathrm{M}}\cdot\boldsymbol{S}_i, \quad \boldsymbol{h}_{\mathrm{M}} = zK\boldsymbol{m} \tag{8.50}$$

スピン $\boldsymbol{S}_i$ の $\boldsymbol{h}_{\mathrm{M}}$ の方向の成分がとりうる値は，式(8.47)で与えられる．したがって，$|\boldsymbol{m}|=m$, $h_{\mathrm{M}}=zJm$ とすれば，スピン $\boldsymbol{S}_i$ のとりうるエネルギーは，

$$Sh_{\mathrm{M}},\ (S-1)h_{\mathrm{M}},\ \cdots,\ -(S-1)h_{\mathrm{M}},\ -Sh_{\mathrm{M}} \tag{8.51}$$

である．S_i の平均値は

$$\begin{aligned}\bar{S}_i &= \frac{\sum_{p=-S}^{S} p e^{ph_{\mathrm{M}}/k_{\mathrm{B}}T}}{\sum_{p=-S}^{S} e^{ph_{\mathrm{M}}/k_{\mathrm{B}}T}} \\ &= k_{\mathrm{B}}T\frac{d}{dh_{\mathrm{M}}}\log\left[\sum_{p=-S}^{S} e^{ph_{\mathrm{M}}/k_{\mathrm{B}}T}\right]\end{aligned}$$

ここで，等比級数の和の公式* を用い

$$\sum_{p=-S}^{S} e^{ph_{\mathrm{M}}/k_{\mathrm{B}}T} = \frac{e^{(S+1/2)h_{\mathrm{M}}/k_{\mathrm{B}}T} - e^{-(S+1/2)h_{\mathrm{M}}/k_{\mathrm{B}}T}}{e^{h_{\mathrm{M}}/2k_{\mathrm{B}}T} - e^{-h_{\mathrm{M}}/2k_{\mathrm{B}}T}}$$

となるので，m を決める式は $\bar{S}_i=m$ とおいて

$$m = SB_S\left(\frac{zKS}{k_{\mathrm{B}}T}m\right) \tag{8.52}$$

$$B_S(x) = \frac{2S+1}{2S}\coth\left(\frac{2S+1}{2S}x\right) - \frac{1}{2S}\coth\left(\frac{x}{2S}\right) \tag{8.53}$$

となる．$B_S(x)$ を**ブリルアン関数**(Brillouin function)といい，その形は図8-10のようである．

式(8.52)を解くには，式(8.11)を図8-3によって解いたときと同じようにすればよい．$B_S(x)$ の原点における勾配は $(S+1)/3S$ なので，転移点は

$$T_{\mathrm{c}} = \frac{zKS(S+1)}{3k_{\mathrm{B}}} \tag{8.54}$$

となる．また，$\lim_{x\to\pm\infty} B_S(x)=\pm 1$ なので，絶対零度で $m=\pm S$ となる．分子

---

* $\sum_{n=1}^{N} r^{n-1}=(1-r^N)/(1-r)$

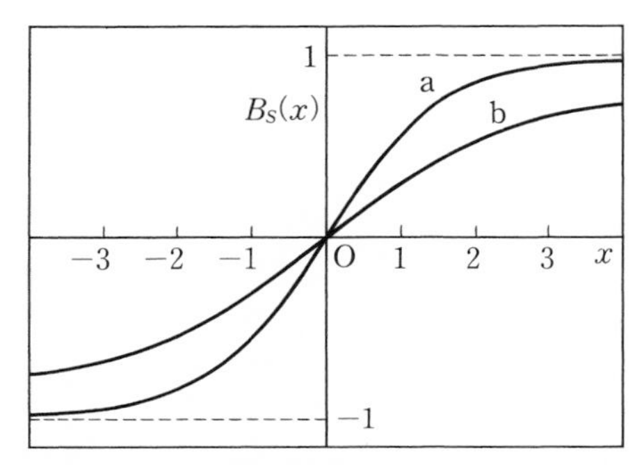

図 8-10 ブリルアン関数 $Bs(x)$．(a) $S=1$，(b) $S\to\infty$．

場近似による限り，イジング模型と $S=1/2$ のハイゼンベルク模型との差はない*．$S\geqq 1$ のときも定性的な差はない．

分子場近似の成り立つ条件

分子場近似の要点は，隣接スピンの和 $\sum^{(i)}S_j$ をその平均値 zm に置きかえるところにある．もちろん，スピンはいろいろな値をとるから，この置きかえは正しくない．

一般に，N 個の変数 x_i が平均値 x_0 のまわりでランダムに変化するとき，平均値

$$x=\frac{1}{N}\sum_{i=1}^{N}x_i$$

を考える．x もまた x_0 のまわりでランダムに変化する．しかし，N が大きいときには，x のゆらぎの大きさは個々の変数のゆらぎの $1/\sqrt{N}$ になる**．したがって，x を平均値 x_0 に置きかえる近似は N が大きいほどよく，$N\to\infty$ では厳密に正しい．

分子場近似ではスピン間の相関を無視していた．実際には，注目するスピンがどちらを向いているかは，隣接スピンの向きに影響するはずである．し

* 式(8.1)のイジング模型では $s_i=\pm 1$，$S=1/2$ のハイゼンベルク模型(8.48)では $S_i=\pm 1/2$ なので，$K=4J$ の関係がある．

** グランドカノニカル分布における粒子数のゆらぎの問題(6-6 節)と同じ事情である．

かし，相互作用するスピンの数が多ければ，たった1個のスピンの影響は無視してよいと思われる．

このような一般的な議論から，分子場近似は相互作用をする相手のスピンの数が多いほどよいことが分かる．現実には存在しないが，すべてのスピン間に同じ強さの相互作用が働く系では，分子場近似は厳密に成り立つ．逆に，相互作用する相手のスピンの数が少ないほど，ゆらぎが重要で，分子場近似はよい結果を与えない．

相転移と次元

上のような考察からも，相互作用する相手のスピンが2つしかない1次元系では分子場近似がよくない，と考えられる．実際，1次元イジング模型については，5-2節で厳密な自由エネルギーの計算を行ない，有限温度で相転移が起きないことを示した．分子場近似によれば，式(8.10)により，$T_c=2J/k_B$ で相転移することになるから，1次元系では分子場近似は定性的にも正しくない．

1次元イジング模型では有限温度で秩序相が存在しえないことは，次のような議論からも分かる．絶対零度では，エネルギーの最も低い状態として，全スピンが1方向に揃った秩序相が実現する(図8-11(a))．有限温度では，熱的なゆらぎによって向きを反転させるスピンが現われる(図8-11(b))．いったん反転したスピンが生じると，その隣のスピンはそれ以上のエネルギーの増加なしに反転できるから，逆向きのスピンがつぎつぎに現われ(図8-11

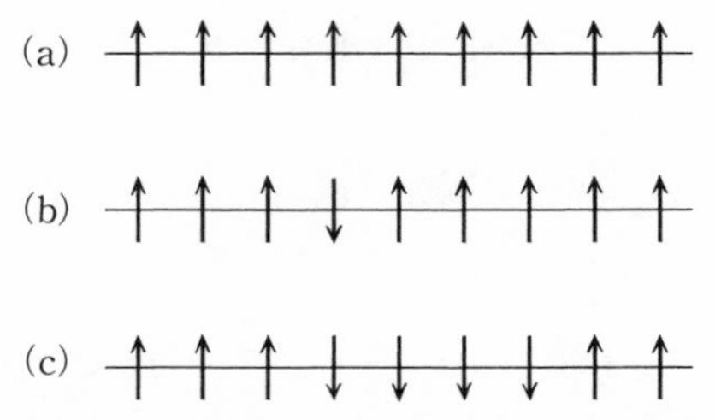

図8-11　$T=0$ の状態(a)から，スピンが1個逆転すると(b)，それ以上のエネルギーの上昇なしにつぎつぎとスピンが逆転する(c)．

(c)), 磁化は消失してしまうのである.

ここでは, イジング模型を例に述べたが, この考え方自体は一般的に成り立つ. 相転移の現象と系の次元の間には, 本質的な関係があることに注意したい.

イジング模型とハイゼンベルク模型の違いは, 秩序をもつ量が前者ではスカラーの磁化 m であり, 後者ではベクトルの磁化 $\boldsymbol{m}$ である点にある. 分子場近似では, 相転移に関して両者に差はない. しかし, もっと厳密な議論によると, スカラーとベクトルの違いは相転移の起き方にも現われる. とくに 2 次元系の場合, イジング模型では自由エネルギーの厳密な計算により相転移が起きることが示されているが, ハイゼンベルク模型では有限温度で相転移が起きないことが分かっている.

8-4 ベーテ近似とスピン相関

分子場近似の考え方を 1 歩進めて, スピン間の相関を取り入れよう, というのが**ベーテ近似**(Bethe approximation)である.

ベーテ近似

もういちど, 強磁性イジング模型を考えよう. これを取り扱うのに, 注目するスピンの隣接スピンを平均値でおきかえる近似をやめて, これらをスピン変数としてきちんと扱いたい. 隣接スピンの状態にはさらにその隣のスピンとの相互作用が係わるが, これは分子場近似の分子場のように, 隣接スピンに加わる「有効磁場」として考えることにする. 中心のスピンを s_0, 隣接スピンを $s_i\ (i=1,2,\cdots,z)$, 隣接スピンにかかる磁場を h とし, 計算の便宜上 s_0 にも磁場 h_0 がかかっているとする. ハミルトニアンのうち関係する部分は

$$H = -Js_0\sum_{i=1}^{z} s_i - h_0 s_0 - h\sum_{i=1}^{z} s_i \tag{8.55}$$

となる.

このハミルトニアンについて分配関数を求める. まず $s_0=\pm1$ について和をとると,

$$Z = \sum_{s_0}\sum_{\{s_i\}} \exp\left[\frac{1}{k_B T}\left(Js_0 \sum_{i=1}^{z} s_i + h_0 s_0 + h\sum_{i=1}^{z} s_i\right)\right]$$
$$= \sum_{\{s_i\}}\left[e^{h_0/k_B T}\exp\left(\frac{J+h}{k_B T}\sum_{i=1}^{z} s_i\right) + e^{-h_0/k_B T}\exp\left(\frac{-J+h}{k_B T}\sum_{i=1}^{z} s_i\right)\right]$$

ここで，$s_i=\pm 1$ の和は

$$\sum_{s_i=\pm 1}\exp\left(\frac{\pm J+h}{k_B T}s_i\right) = 2\cosh\left(\frac{J\pm h}{k_B T}\right)$$

となるので，分配関数は次のように得られる．

$$Z = 2^z\left\{e^{h_0/k_B T}\left[\cosh\left(\frac{J+h}{k_B T}\right)\right]^z + e^{-h_0/k_B T}\left[\cosh\left(\frac{J-h}{k_B T}\right)\right]^z\right\} \quad (8.56)$$

s_0 の平均値は

$$\langle s_0\rangle = \frac{1}{Z}\sum_{s_0}\sum_{\{s_i\}} s_0 \exp\left[\frac{1}{k_B T}\left(Js_0\sum_{i=1}^{z} s_i + h_0 s_0 + h\sum_{i=1}^{z} s_i\right)\right]$$
$$= k_B T\frac{\partial}{\partial h_0}\log Z$$

により求めることができる．式(8.56)により，微分ののち $h_0=0$ とおいて

$$\langle s_0\rangle = \frac{\left[\cosh\left(\frac{J+h}{k_B T}\right)\right]^z - \left[\cosh\left(\frac{J-h}{k_B T}\right)\right]^z}{\left[\cosh\left(\frac{J+h}{k_B T}\right)\right]^z + \left[\cosh\left(\frac{J-h}{k_B T}\right)\right]^z} \quad (8.57)$$

同様に，s_i の平均値は $h_0=0$ として

$$\langle s_i\rangle = \frac{1}{z}k_B T\frac{\partial}{\partial h}\log Z$$
$$= \frac{\left[\cosh\left(\frac{J+h}{k_B T}\right)\right]^{z-1}\sinh\left(\frac{J+h}{k_B T}\right) - \left[\cosh\left(\frac{J-h}{k_B T}\right)\right]^{z-1}\sinh\left(\frac{J-h}{k_B T}\right)}{\left[\cosh\left(\frac{J+h}{k_B T}\right)\right]^z + \left[\cosh\left(\frac{J-h}{k_B T}\right)\right]^z} \quad (8.58)$$

もともと，中心のスピンと隣接スピンは同じもので，両者に区別はない．

したがって，この考え方が矛盾なく成り立つには

$$\langle s_0 \rangle = \langle s_i \rangle \tag{8.59}$$

でなければならない．式(8.57)，(8.58)より，この関係が成り立つ条件として

$$\frac{h}{k_B T} = \frac{z-1}{2} \log \left[\frac{\cosh\left(\dfrac{J+h}{k_B T}\right)}{\cosh\left(\dfrac{J-h}{k_B T}\right)} \right] \tag{8.60}$$

が得られる．

転移点の近くを考えると，h は小さいので右辺を h で展開することができる．h^3 の項までを残すと

$$\frac{h}{k_B T} = (z-1) \left[\tanh\left(\frac{J}{k_B T}\right) \frac{h}{k_B T} - \frac{1}{3} \frac{\sinh(J/k_B T)}{[\cosh(J/k_B T)]^3} \left(\frac{h}{k_B T}\right)^3 \right] \tag{8.61}$$

となる．この式が $h=0$ 以外の解をもつためには

$$(z-1) \tanh\left(\frac{J}{k_B T}\right) > 1$$

でなければならない．温度について書くと

$$T < T_c = \frac{2J}{k_B \log\left(\dfrac{z}{z-2}\right)} \tag{8.62}$$

となる．すなわち，式(8.62)の T_c が転移点である．この近似をベーテ近似という．

ベーテ近似の特徴

式(8.62)の特徴として，次の3点に注目したい．

(1) $z=2$ のとき $T_c=0$ となる．

(2) $z \to \infty$ のとき，分子場近似の転移点 $T_c = zJ/k_B$ に一致する．

(3) 一般に，分子場近似の転移点より低い．

(1)は1次元系で $T_c=0$ となることと，また(2)は，相互作用する相手のス

ピンの数が無限にあれば，分子場近似が厳密に成り立つことと一致する．分子場近似では，スピン間の相関がまったく無視されているため，自由エネルギーが転移点より高温では $T=\infty$ における値になっており，実際より高く見積もられている．このため，秩序状態が生じやすく，転移点は高く見積もられることになる．近似をすすめると転移点は低くなるはずで，(3)はそのことを示している．

スピン相関

次に，積の平均値 $\langle s_0 s_i \rangle$ を計算しよう．この量は，s_0 と s_i が互いに無関係に上下を向く場合は $\langle s_0 \rangle \langle s_i \rangle$ になり，転移点より高温では 0 になる．平均値は

$$\begin{aligned}\langle s_0 s_i \rangle &= \frac{1}{Z} \sum s_0 s_i \exp\left[\frac{1}{k_B T}\left(J s_0 \sum_j s_j + h_0 s_0 + h \sum_j s_j\right)\right] \\ &= \frac{k_B T}{z} \frac{\partial}{\partial J} \log Z\end{aligned}$$

により計算することができる．$h_0=0$ で $T>T_c\,(h=0)$ では

$$Z = 2^{z+1}\left[\cosh\left(\frac{J}{k_B T}\right)\right]^z \tag{8.63}$$

となるから，

$$\langle s_0 s_i \rangle = \tanh\left(\frac{J}{k_B T}\right) \tag{8.64}$$

が得られる．s_0 が上を向けば s_i も上を向きやすく，s_0 が下を向けば s_i も下を向きやすいから，$T>T_c$ でも積の平均は正の値になるのである．これがスピン間の相関の具体的な内容である．

エネルギーは

$$E = -J \sum_{(i,j)} \langle s_i s_j \rangle$$

である．$\langle s_i s_j \rangle$ はすべて隣りあうスピンの積の平均であり，式(8.64)に等しい．したがって

$$E = -\frac{1}{2} NzJ \tanh\left(\frac{J}{k_B T}\right) \tag{8.65}$$

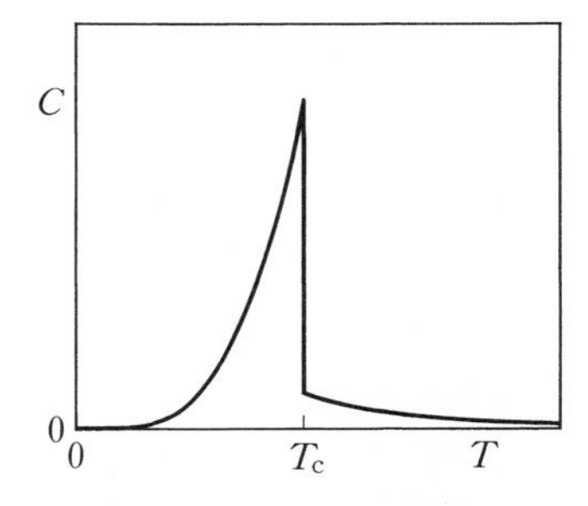

図 8-12 ベーテ近似によるイジング模型の比熱

となり，エネルギーは $T > T_c$ でも温度に依存し，比熱も 0 にならない．ベーテ近似での比熱の温度依存性は，図 8-12 のようになる．

8-5 臨界現象

2 次相転移の転移点の近くでは，いろいろな物理量に異常が現われる．この異常は，通常は相対的に小さく無視することのできたゆらぎが，転移点で大きく増大するために生じるものと考えられる．

2 次相転移の現象論

この章でこれまで扱ってきた相転移には，ある物理量(秩序パラメーター)が転移点より高温で 0，低温でマクロな値になる，という特徴があった．低温から温度を上げていくと，その物理量は転移点で連続的に 0 になる．低温の状態では秩序が生じ，高温の状態に比べて対称性が低下する．このような相転移の性質に注目して，この現象を説明するためには自由エネルギーは秩序パラメーターのどのような関数でなければならないか，を考えてみよう．

秩序パラメーターはハイゼンベルク模型の磁化のようにベクトルの場合もあるが，ここでは簡単のためにスカラーとして，m で表わす．もちろん，一般論としては m は磁化とは限らない．また，系は m の正負について対称であるとする．したがって，自由エネルギー $F(m)$ は m の偶関数でなければならない．偶関数でないと，m がいずれかの向き(符号)をより取りやすくなるからである．それでは対称であることにならない．

相転移の起き方を知るには，転移点の近くの温度領域に注目すればよい．

そこでは秩序パラメーター m が小さいから，自由エネルギー $F(m)$ は m で展開できて，

$$F(m) = F_0 + Am^2 + Bm^4 + \cdots \tag{8.66}$$

となる．F_0 と係数 A, B は温度に依存する．熱平衡における m の値は，関数 $F(m)$ を最小にすることで定まる．$T > T_c$ では，その値が0だから，$F(m)$ は $m=0$ で最小でなければならず，したがって $A>0$ である．また $T < T_c$ では $m \neq 0$ に最小点が移るから，$A<0$ である．すなわち，高温から温度を下げていくと，係数 A は転移点 T_c で正から負へ符号を変えるのである．A が温度の関数として T_c の上下で滑らかに変化する(T_c が特異点でない)とすれば*，T_c の十分近くでは

$$A = A_0(T - T_c) \tag{8.67}$$

と書くことができる．係数 B もまた温度に依存するが，符号を変える A の変化に比べると，その温度変化は重要でない．したがって，転移点の近くの限られた温度領域では一定としてよい．B は正であるとする．B が負の場合もあるが，そのときは展開の m^4 の項まででは m が大きいほど自由エネルギーが低くなるので，系の安定性を保つために m^6 の項を考慮しなければならない**．

以上の考察から，転移点の近くで自由エネルギーは次のように書くことができる．

$$F(m) = F_0 + A_0(T - T_c)m^2 + Bm^4 \qquad (A_0, B>0) \tag{8.68}$$

この式は8-1節で分子場近似によって得た結果を m について展開した式(8.9)にほかならない．関数形は図8-13のようであり，$dF/dm=0$ から得られる磁化は

$$m = \begin{cases} 0 & (T > T_c) \\ \sqrt{\dfrac{A_0(T_c - T)}{2B}} & (T < T_c) \end{cases} \tag{8.69}$$

---

* じつは，この仮定は正しくない．そのことについてはこの節の後半で述べる．

** そのときは1次の相転移が起きる(第8章演習問題3参照)．

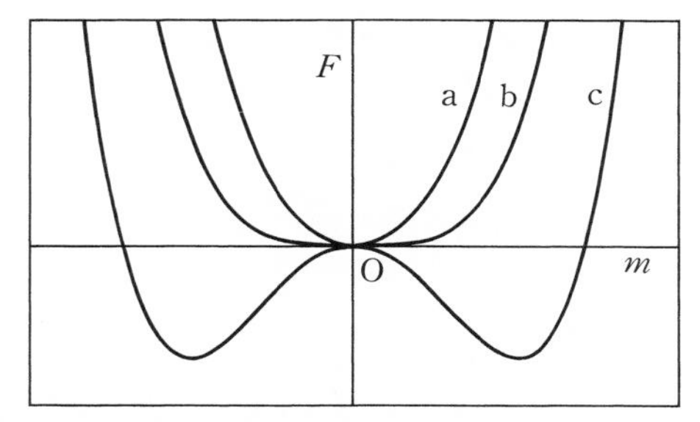

図 8-13 自由エネルギー F の秩序パラメーター m 依存性. (a) $T>T_c$, (b) $T=T_c$, (c) $T<T_c$.

となる. 比熱の温度変化も 8-1 節の結果と一致する.

磁化率の異常

強磁性イジング模型に磁場が加わった場合を考えよう. 2-5 節で述べたように, スピンの磁気モーメントを μ とすれば, 磁場 H の中でスピン s_i は磁場によるエネルギー

$$-hs_i, \quad h=\mu H \tag{8.70}$$

をもつ*. 磁場によるエネルギーは, 全系では

$$E_Z=-h\sum_i s_i \tag{8.71}$$

式(8.3), (8.4)によりこれを磁化 m で表わすと

$$E_Z=-Nhm \tag{8.72}$$

となる. このエネルギーはそのまま自由エネルギーにも加わるから, 磁場中のイジング模型の自由エネルギーは,

$$F(m,h)=F_0+A_0(T-T_c)m^2+Bm^4-Nhm \tag{8.73}$$

となる.

転移点より高温でも, 磁場が加わるとスピンは磁場の向きに揃い, 系に磁化が生じる. また, 転移点より低温では, 磁場による磁化の増大が見られる. 磁場中で系のもつ磁化 m_h は, 自由エネルギー(8.73)を最小にする磁化

* この節では, 展開(8.73)の 4 次の係数 B との混同を避けるため, 磁場を H で表わす.

として定まる．すなわち，$\partial F/\partial m=0$ より

$$2A_0(T-T_c)m+4Bm^3 = Nh \tag{8.74}$$

を解けばよい．

$T>T_c$ では，h の1次までの近似では m^3 の項を無視することができて，

$$m_h = \frac{Nh}{2A_0(T-T_c)} \tag{8.75}$$

となる．磁気モーメント μ を復活して書くと，全系の磁化は $\mathcal{M}=N\mu m_h$ である．式(8.75)により $\mathcal{M}$ は磁場に比例するから，$\mathcal{M}=\chi H$ と置けば，磁化率 χ は

$$\chi = \frac{N^2\mu^2}{2A_0(T-T_c)} \tag{8.76}$$

となり，転移点で発散する．

$T<T_c$ では，$h=0$ のときの磁化を m_0 として

$$m_h = m_0+\varDelta m$$

と置けば，h の1次までの近似で

$$\varDelta m = \frac{Nh}{4A_0(T_c-T)} \tag{8.77}$$

が得られる．秩序相における磁化率を

$$\chi = \left(\frac{\partial\mathcal{M}}{\partial H}\right)_{H=0} \tag{8.78}$$

によって定義すれば，式(8.77)より

$$\chi = \frac{N^2\mu^2}{4A_0(T_c-T)} \tag{8.79}$$

となる．温度が低温側から転移点に近づいたときも，磁化率は発散する．転移点の近くにおける磁化率の温度依存性は図8-14のようになる．

転移点で磁化率は発散するが，磁化そのものが無限大になるわけではない．式(8.74)で $T=T_c$ と置けば

$$m_h = \left(\frac{Nh}{4B}\right)^{1/3} \tag{8.80}$$

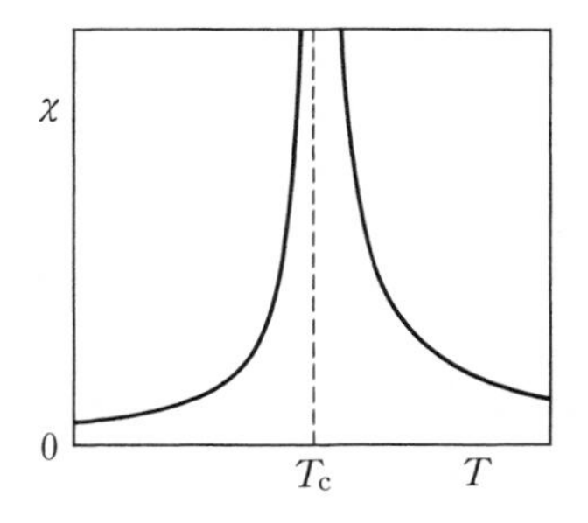

図 8-14 転移点の近くでの磁化率の温度変化

となり，磁化は有限であるが，$H^{1/3}$ に比例するという異常な振舞いを示すことになる．

このような，転移点の近くでの磁化率の増大や，転移点における磁化の異常な磁場依存性などの現象は，自由エネルギー(8.73)から生じたものである．式(8.73)は2次の相転移を起こす系になんらかの外場が加わったときの自由エネルギーとして一般的なものであり，このような現象もまた2次の相転移に伴って一般的に見られる．2次の相転移の転移点で見られる物理量の異常な振舞いを**臨界現象**(critical phenomenon)という．

磁化のゆらぎ

転移点における磁化率の発散は，別の観点から見ることもできる．

自由エネルギーの最小原理を導いた3-4節の議論によると，あるパラメーター x が x_0 という値をとる確率 $P(x_0)$ は，式(3.50),(3.52)により，部分平衡の自由エネルギー $F(x)$ を使って

$$P(x_0) \propto \exp\left[-\frac{1}{k_B T}F(x_0)\right] \tag{8.81}$$

と表わされる．この関係をいまの場合に用いると，磁場 h の中で磁化が m という値をとる確率 $P(m)$ は，式(8.73)の自由エネルギーを使って，

$$P(m) \propto \exp\left[-\frac{1}{k_B T}F(m, h)\right] \tag{8.82}$$

であり，磁化の平均値 $\langle m\rangle_h$ は

$$\langle m\rangle_h = \frac{\displaystyle\int m \exp\left[-\frac{1}{k_B T}F(m,h)\right]dm}{\displaystyle\int \exp\left[-\frac{1}{k_B T}F(m,h)\right]dm} \tag{8.83}$$

により計算することができる．もちろん，平均値 $\langle m\rangle_h$ は自由エネルギー $F(m, h)$ を最小にする m_h と等しい．

$T>T_c$ のとき式(8.83)を h の1次までの近似で計算するには，指数関数の h による部分を

$$\exp\left[\frac{Nh}{k_B T}m\right] \cong 1+\frac{Nh}{k_B T}m$$

と展開すればよい．式(8.83)の分子の h に依存しない項，分母の h に比例する項は消え，

$$m_h = \frac{N\langle m^2\rangle}{k_B T}h \tag{8.84}$$

$$\langle m^2\rangle = \frac{\displaystyle\int m^2 \exp\left[-\frac{1}{k_B T}F(m)\right]dm}{\displaystyle\int \exp\left[-\frac{1}{k_B T}F(m)\right]dm} \tag{8.85}$$

となる．$\langle m^2\rangle$ は $h=0$ におけるゆらぎである．磁化は $h=0$ のとき平均値 $\langle m\rangle$ は0であっても，そのまわりでゆらいでおり，$\langle m^2\rangle$ は0でない．

$T<T_c$ のときも，磁場中の磁化 m_h は，$h=0$ における磁化 m_0 からのゆらぎ Δm との間に

$$m_h = m_0+\frac{N\langle \Delta m^2\rangle}{k_B T}h \tag{8.86}$$

の関係がある．いずれの場合も，磁化率 χ とゆらぎの間には

$$\chi = \begin{cases} \dfrac{N\mu^2}{k_B T}\langle m^2\rangle & (T>T_c) \\[2ex] \dfrac{N\mu^2}{k_B T}\langle \Delta m^2\rangle & (T<T_c) \end{cases} \tag{8.87}$$

の関係があることが分かる．

$T > T_c$ におけるゆらぎ $\langle m^2 \rangle$ を計算する場合には，自由エネルギー $F(m)$ (式(8.68))の m^4 の項は無視してよい．このとき，ゆらぎは

$$\langle m^2 \rangle = \frac{\displaystyle\int m^2 \exp\left[-\frac{A_0(T-T_c)}{k_B T}m^2\right]dm}{\displaystyle\int \exp\left[-\frac{A_0(T-T_c)}{k_B T}m^2\right]dm}$$

$$= \frac{k_B T}{2A_0(T-T_c)} \tag{8.88}$$

となる．$T < T_c$ では，式(8.68)で $m = m_0 + \varDelta m$ $(m_0 = \sqrt{A_0(T_c - T)/2B})$ と置けば，$\varDelta m^2$ までの近似で

$$F(m_0 + \varDelta m) = F_0 - \frac{A_0^2}{4B}(T_c - T)^2 + 2A_0(T_c - T)\varDelta m^2 \tag{8.89}$$

となるから，ゆらぎは

$$\langle \varDelta m^2 \rangle = \frac{k_B T}{4A_0(T_c - T)} \tag{8.90}$$

となる．ゆらぎは，高温と低温のいずれの場合も，温度が転移点に近づくと発散する．式(8.87)が示すように，転移点における磁化率の発散はこのゆらぎの発散によるものと見ることができる．

転移点におけるゆらぎの発散も，2次の相転移において一般的に見られる現象である．これを**臨界ゆらぎ**(critical fluctuation)という．

ゆらぎ $\langle m^2 \rangle$ は，自由エネルギーに m^4 の項があるから，$T = T_c$ であってもほんとうに無限大になるわけではない．しかし，それは

$$\langle m^2 \rangle_{T_c} = \frac{\displaystyle\int m^2 \exp\left(-\frac{B}{k_B T}m^4\right)dm}{\displaystyle\int \exp\left(-\frac{B}{k_B T}m^4\right)dm} \tag{8.91}$$

となり，$\sqrt{k_B T/B}$ のオーダーになる．A_0, B はともに粒子数 N のオーダーだから，式(8.91)は式(8.88)，(8.90)に比べて $N^{1/2}$ 倍の大きさである．マクロな系では，ゆらぎ $\langle m^2 \rangle$ は実際上，発散するとしてよい．

不均一な秩序パラメーター

自由エネルギーの秩序パラメーターによる展開(8.68)を，秩序パラメーター

が空間的に変化している場合に拡張しよう．空間的に変化している秩序パラメーターとは，次のことを意味する．ここでもイジング模型を念頭において話をすすめる．まず，系を体積 ΔV の微小な領域に分ける．各領域は，そこに含まれるスピンの数が十分に多いだけの広さがあり，同時に系全体の体積 V に比べると十分に小さいとする．各領域における平均の磁化がその領域の秩序パラメーターである．磁化は領域ごとに異なる値であってよい．領域の位置を中心の座標 $\boldsymbol{r}$ で表わし，その領域の秩序パラメーターを $m(\boldsymbol{r})$ とする．全系の自由エネルギーは各領域の自由エネルギーの和であるとすれば，それは次のように表わされる．

$$F = \frac{1}{V}\sum_{\boldsymbol{r}}[Am(\boldsymbol{r})^2+Bm(\boldsymbol{r})^4]\Delta V \tag{8.92}$$

$\sum_{\boldsymbol{r}}$ はすべての領域についての和を示す．ここで，$m(\boldsymbol{r})$ の領域から領域への変化が十分にゆるやかであるとすれば，$m(\boldsymbol{r})$ を連続変数 $\boldsymbol{r}$ の関数とみなし，和を積分におきかえて

$$F = a\int m(\boldsymbol{r})^2 dV + b\int m(\boldsymbol{r})^4 dV \tag{8.93}$$

とすることができる．ただし $a=A/V$，$b=B/V$ である．

じつは，式(8.92)は自由エネルギーの表式として十分でない．このままでは，各領域の $m(\boldsymbol{r})^2$ が等しければ，たとえば $m(\boldsymbol{r})$ の符号が領域ごとに異なっていたとしても，系は同じ自由エネルギーをもつことになる．実際には，秩序パラメーターが空間的に一様な状態が自由エネルギーを最小にするはずであり，したがって自由エネルギーにはそのことを保証する項を含んでいなければならない．

$\boldsymbol{r}$ を連続変数としたとき，秩序パラメーターの空間変化を表わすものは微係数である．空間変化の効果を最低次で取り入れるとすれば，1次の微係数，例えば dm/dx を考慮すればよい．しかし，自由エネルギーは dm/dx の符号には依存しないはずである．符号に依存するとすれば，空間変化の向きが逆であれば自由エネルギーが値を変えることになり，これはもともと系に方向性があることを意味する．したがって，方向性のない系では，微係数は

最低次の効果としては自由エネルギーに $(dm/dx)^2$ の形で含まれることになる．y, z 方向の微係数もあわせて，自由エネルギーにつけ加わるべき項は

$$c\int|\nabla m(\boldsymbol{r})|^2 dV$$

となる．空間変化によって自由エネルギーは増加するはずだから，$c>0$ である．この項をあわせて，秩序パラメーターが空間変化している場合の自由エネルギーは，秩序パラメーター $m(\boldsymbol{r})$ の汎関数* として次のように表わされる．

$$F[m(\boldsymbol{r})] = a\int m(\boldsymbol{r})^2 dV + b\int m(\boldsymbol{r})^4 dV + c\int|\nabla m(\boldsymbol{r})|^2 dV \quad (8.94)$$

ただし，

$$a = a_0(T-T_c) \quad (8.95)$$

このような2次相転移の現象論はランダウによって始められ，ギンツブルグとランダウにより超伝導の理論に適用されて，大きな成果を挙げた．式(8.94)のような自由エネルギーの展開を**ギンツブルグ-ランダウ展開**(Ginzburg-Landau expansion)(略して GL 展開)という．

不均一なゆらぎ

式(8.85)では，秩序パラメーターの空間的な平均値のゆらぎを考えたが，実際に起こるゆらぎは空間的にも均一でない．不均一なゆらぎを扱うには，式(8.94)における秩序パラメーター $m(\boldsymbol{r})$ を

$$m(\boldsymbol{r}) = \sum_{\boldsymbol{k}} m_{\boldsymbol{k}} e^{i\boldsymbol{k}\cdot\boldsymbol{r}} \quad (8.96)$$

のようにフーリエ級数で表わすのが便利である．ここで，指数関数の性質**

$$\frac{1}{V}\int e^{i(\boldsymbol{k}-\boldsymbol{k}')\cdot\boldsymbol{r}} dV = \delta_{\boldsymbol{k},\boldsymbol{k}'} \equiv \begin{cases} 1 & (\boldsymbol{k}=\boldsymbol{k}') \\ 0 & (\boldsymbol{k}\neq\boldsymbol{k}') \end{cases} \quad (8.97)$$

を使うと，フーリエ成分 $m_{\boldsymbol{k}}$ は次のように表わされる．

---

* 式(8.94)のように，関数を与えると値が定まる「関数の関数」を汎関数という．

** $\boldsymbol{k}=\boldsymbol{k}'$ のとき1になることは明らか．$\boldsymbol{k}\neq\boldsymbol{k}'$ のとき，被積分関数は振動するので，相殺して0になる．

$$m_{\boldsymbol{k}} = \frac{1}{V}\int m(\boldsymbol{r})e^{-i\boldsymbol{k}\cdot\boldsymbol{r}}dV \tag{8.98}$$

なお，$m_{\boldsymbol{k}}$ には

$$m_{-\boldsymbol{k}} = m_{\boldsymbol{k}}^{*} \tag{8.99}$$

(＊は複素共役)の性質がある．

$m(\boldsymbol{r})$ のフーリエ級数(8.96)を自由エネルギーの式(8.94)に代入すると，第1項と第3項の積分は式(8.97)を使って，それぞれ次のようになる．

$$\begin{aligned}\int m(\boldsymbol{r})^2 dV &= \int\sum_{\boldsymbol{k}}\sum_{\boldsymbol{k}'} m_{\boldsymbol{k}}m_{\boldsymbol{k}'}e^{i(\boldsymbol{k}+\boldsymbol{k}')\cdot\boldsymbol{r}}dV \\ &= V\sum_{\boldsymbol{k}}|m_{\boldsymbol{k}}|^2\end{aligned}$$

$$\begin{aligned}\int|\nabla m(\boldsymbol{r})|^2 dV &= \int\sum_{\boldsymbol{k}}\sum_{\boldsymbol{k}'} i^2\boldsymbol{k}\cdot\boldsymbol{k}' m_{\boldsymbol{k}}m_{\boldsymbol{k}'}e^{i(\boldsymbol{k}+\boldsymbol{k}')\cdot\boldsymbol{r}}dV \\ &= V\sum_{\boldsymbol{k}}k^2|m_{\boldsymbol{k}}|^2\end{aligned}$$

したがって，自由エネルギーは $m(\boldsymbol{r})^4$ の項を無視すると，

$$F = V\sum_{\boldsymbol{k}}(a+ck^2)|m_{\boldsymbol{k}}|^2 \tag{8.100}$$

と表わされる．さらに，$m_{\boldsymbol{k}}$ を実数部と虚数部に分け

$$m_{\boldsymbol{k}} = m_{\boldsymbol{k}}' + im_{\boldsymbol{k}}'' \tag{8.101}$$

とおけば

$$F = 2V\sum_{\boldsymbol{k}}{}'(a+ck^2)(m_{\boldsymbol{k}}'^2 + m_{\boldsymbol{k}}''^2) \tag{8.102}$$

となる．ここで，$\sum_{\boldsymbol{k}}{}'$ は $\boldsymbol{k}$ と $-\boldsymbol{k}$ のうちの一方のみをとった $\boldsymbol{k}$ 空間の半分についての和を表わす．

このように，自由エネルギーが $m_{\boldsymbol{k}}'$, $m_{\boldsymbol{k}}''$ の独立な和になったので，平均値も式(8.88)と同様に計算できる．

$$\begin{aligned}\langle m_{\boldsymbol{k}}'^2\rangle &= \frac{\int m_{\boldsymbol{k}}'^2\exp\left[-\dfrac{2V(a+ck^2)}{k_{\mathrm{B}}T}m_{\boldsymbol{k}}'^2\right]dm_{\boldsymbol{k}}'}{\int\exp\left[-\dfrac{2V(a+ck^2)}{k_{\mathrm{B}}T}m_{\boldsymbol{k}}'^2\right]dm_{\boldsymbol{k}}'} \\ &= \frac{k_{\mathrm{B}}T}{4V(a+ck^2)}\end{aligned}$$

であり，$\langle m_{\boldsymbol{k}}''^2\rangle$ も同じ値になるので

$$\langle |m_k|^2 \rangle = \langle m_k'^2 + m_k''^2 \rangle = \frac{k_B T}{2V(a+ck^2)} \tag{8.103}$$

となる．不均一なゆらぎの長波長の成分は，均一なゆらぎと同様に，転移点に近づく($a\to 0$)とともに増大する．

8-2 節で示したように，臨界点における気体・液体の相分離は一種の 2 次相転移とみることができる．このとき秩序パラメーターに当たるものは，密度の平均からの外れである．したがって，臨界点では密度のゆらぎが増大する．系が容積一定の容器に入っているとすれば，平均の密度は一定であるが，このときも，式(8.103)のように不均一なゆらぎは増大する．

相関関数

転移点の近くで波数の小さなゆらぎが増大することは，秩序パラメーターがある点で例えば正の値をもつと，その近くでも正の値になる傾向があることを示している．秩序パラメーターのこのような振舞い(相関)を記述するものが**相関関数**(correlation function)である．

秩序パラメーター $m(\boldsymbol{r})$ の相関関数 $g(\boldsymbol{r})$ は

$$\begin{aligned} g(\boldsymbol{r}) &= \langle [m(\boldsymbol{r}') - \langle m \rangle][m(\boldsymbol{r}'+\boldsymbol{r}) - \langle m \rangle] \rangle \\ &= \langle m(\boldsymbol{r}') m(\boldsymbol{r}'+\boldsymbol{r}) \rangle - \langle m \rangle^2 \end{aligned} \tag{8.104}$$

によって定義される．もしも，点 $\boldsymbol{r}'$ における秩序パラメーターと，そこから $\boldsymbol{r}$ だけ離れた点 $\boldsymbol{r}'+\boldsymbol{r}$ における秩序パラメーターとがまったく無関係に，平均値 $\langle m \rangle$ のまわりでゆらいでいるならば，

$$\langle m(\boldsymbol{r}') m(\boldsymbol{r}'+\boldsymbol{r}) \rangle = \langle m(\boldsymbol{r}') \rangle \langle m(\boldsymbol{r}'+\boldsymbol{r}) \rangle = \langle m \rangle^2$$

であり，$g(\boldsymbol{r})$ は 0 になる．しかし，$m(\boldsymbol{r}')$ と $m(\boldsymbol{r}'+\boldsymbol{r})$ の間に上に述べたような相関があれば，0 にならない．

転移点より高温では，相関関数は次のように計算することができる．$m(\boldsymbol{r}')$, $m(\boldsymbol{r}'+\boldsymbol{r})$ を式(8.96)によりフーリエ級数で表わすと，

$$m(\boldsymbol{r}') = \sum_{\boldsymbol{k}} m_{\boldsymbol{k}} e^{i\boldsymbol{k}\cdot\boldsymbol{r}'}$$
$$m(\boldsymbol{r}'+\boldsymbol{r}) = \sum_{\boldsymbol{k}} m_{\boldsymbol{k}} e^{i\boldsymbol{k}\cdot(\boldsymbol{r}+\boldsymbol{r}')}$$

となるので，

$$\langle m(\boldsymbol{r}') m(\boldsymbol{r}'+\boldsymbol{r}) \rangle = \sum_{\boldsymbol{k}'} \sum_{\boldsymbol{k}} \langle m_{\boldsymbol{k}'} m_{\boldsymbol{k}} \rangle e^{i\boldsymbol{k}'\cdot\boldsymbol{r}' + i\boldsymbol{k}\cdot(\boldsymbol{r}+\boldsymbol{r}')}$$

自由エネルギーの $m(\boldsymbol{r})^4$ の項を無視すれば，式(8.100)が示すようにフーリエ成分 $m_{\boldsymbol{k}}$ はすべて独立にゆらいでいるとしてよいから，$\langle m_{\boldsymbol{k}'} m_{\boldsymbol{k}} \rangle$ が 0 でないのは $\boldsymbol{k}' = -\boldsymbol{k}$ のときに限られる．したがって，式(8.103)により

$$g(\boldsymbol{r}) = \sum_{\boldsymbol{k}} \langle |m_{\boldsymbol{k}}|^2 \rangle e^{i\boldsymbol{k}\cdot\boldsymbol{r}} = \frac{k_{\mathrm{B}}T}{2V} \sum_{\boldsymbol{k}} \frac{1}{a+ck^2} e^{i\boldsymbol{k}\cdot\boldsymbol{r}} \tag{8.105}$$

となる．

式(8.105)において，波数 $\boldsymbol{k}$ の和は，和を積分に置きかえ，$\boldsymbol{r}$ の方向を軸とする極座標を使うことによって，次のように計算できる．

$$\begin{aligned} \sum_{\boldsymbol{k}} \frac{1}{a+ck^2} e^{i\boldsymbol{k}\cdot\boldsymbol{r}} &= \frac{V}{(2\pi)^3} \int \frac{e^{i\boldsymbol{k}\cdot\boldsymbol{r}}}{a+ck^2} d^3\boldsymbol{k} \\ &= \frac{V}{(2\pi)^3} \int_0^{2\pi} \int_{-1}^{1} \int_0^{\infty} \frac{e^{ikr\cos\theta}}{a+ck^2} k^2 dk d\cos\theta d\varphi \\ &= \frac{V}{2\pi^2} \frac{1}{r} \int_0^{\infty} \frac{k \sin kr}{a+ck^2} dk \\ &= \frac{V}{4\pi c} \frac{1}{r} \exp\left(-\sqrt{\frac{a}{c}}\, r\right) \end{aligned}$$

最後の式を得るとき，式(A.12)を用いた．したがって，相関関数は

$$g(r) = \frac{k_{\mathrm{B}}T}{8\pi c} \frac{e^{-r/\xi}}{r} \tag{8.106}$$

$$\xi = \sqrt{\frac{c}{a_0(T-T_{\mathrm{c}})}} \tag{8.107}$$

となる．ここで，ξ は相関の及ぶ距離を表わしており，**相関長**(correlation length)という．相関長は，温度が転移点に近づくと長くなり，転移点で発散する．

転移点より低温の秩序相では，秩序パラメーターは系全体にわたって一定値をとっている．これに対して，転移点より高温では，秩序パラメーターは系全体を見ると正負の値を乱雑にとっているが，相関関数 $g(r)$ が示すように，相関長 ξ より近い領域内では，1方向に揃っていると見てよい．低温で実現する系全体にわたる秩序を**長距離秩序**(long-range order)，高温で見ら

れる局所的な秩序を**短距離秩序**(short-range order)という．温度を下げていくと，短距離秩序の領域が次第に広がり，転移点で無限大になって，低温の長距離秩序へつながるのである．

くりこみ群の方法

これまでは，自由エネルギー(8.94)の m^4 の項を無視してゆらぎを考えてきた．その結果，ゆらぎのフーリエ成分 m_k は独立になり，2乗平均 $\langle|m_k|^2\rangle$ を式(8.103)のように求めることができた．しかし，実際には m^4 の項があり，異なる波数のフーリエ成分どうしがこの項を通して影響を及ぼしあう．とくに，転移点に近づくとゆらぎが増大するから，その影響を無視することはできない．

自由エネルギー(8.94)は，粗視化により秩序パラメーターのゆるやかな空間変化のみを残して導かれたものである．しかし，これを格子点の間隔 l_0 の程度の空間変化も許すとして見なおすと，スピン変数とスピンの位置を連続変数にした，変形されたイジング模型のハミルトニアンと見ることもできる．パラメーターを $a/2b=-1$ に選べば，もとのイジング模型と同様，絶対零度では $m(\boldsymbol{r})=\pm1$ が実現する．また，勾配 $\nabla m(\boldsymbol{r})$ に依存する項がスピン間の相互作用を表わす．

このモデルから出発して粗視化を行なうには，次のようにすればよい．まず空間を1辺 $l\ (=\lambda l_0,\ \lambda>1)$ のブロックに分割し，各ブロックでスピン変数 $m(\boldsymbol{r})$ を平均して，平均値をそのブロックのスピン変数とする．その上で空間のスケールを $1/\lambda$ 倍する(図8-15)．こうして粗視化されたスピン変数 $m_1(\boldsymbol{r})$ には，ふたたび l_0 の程度の空間変化が許されることになる．しかし，$m_1(\boldsymbol{r})$ に対するハミルトニアン H_1 は，短波長のゆらぎがくりこまれているから，$m(\boldsymbol{r})$ に対するハミルトニアン H とは異なるはずである．相関長 ξ は空間のスケール変換により $1/\lambda$ 倍になるから，H_1 に含まれるパラメーターは，H_1 から得られる相関長 ξ_1 が $\xi_1=\xi/\lambda$ となるものでなければならない*．ここで述べた粗視化の操作を**くりこみ変換**という．

* H_1 は H_0 と同じ構造をもち，パラメーター a, b, c だけが異なると仮定する．実際には H_1 には m^6 の項も現われるが，重要な役割はしないので無視する．

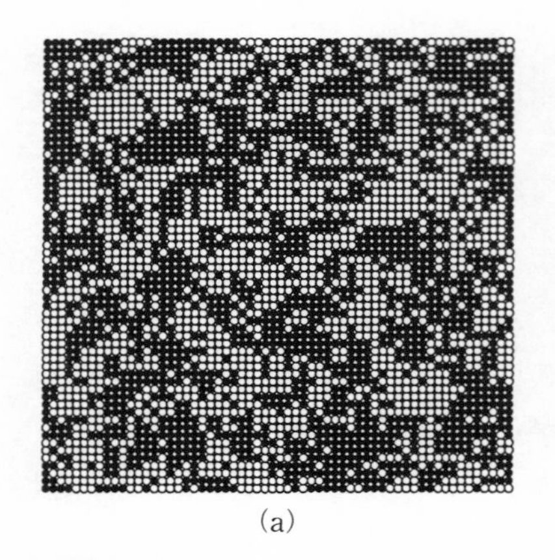

(a)

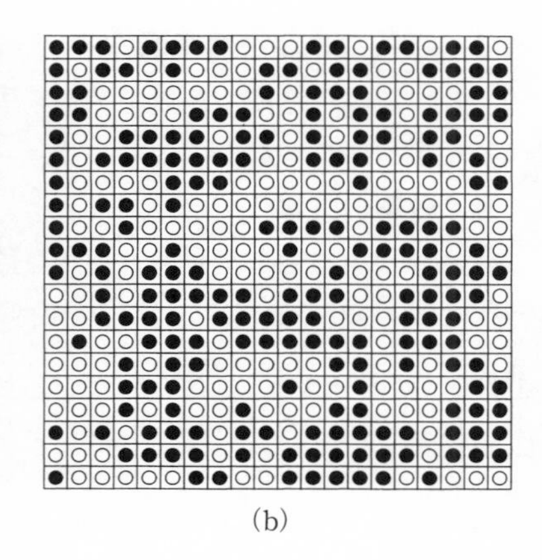

(b)

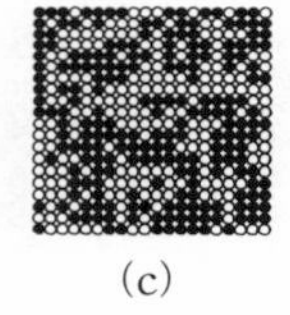

(c)

図 8-15 2次元イジング模型のくりこみ変換．図では○が上向きスピン，●が下向きスピンを表わす．
(a) $T=1.5T_{\mathrm{c}}$ におけるスピン配列(数値シミュレーション．宮下精二氏による)．
(b) スピンを 3×3 のブロックに分け，各ブロックを1つのスピンで代表させる．(代表スピンの向きを○，●で示した．)
(c) 全体のサイズを 1/3 にする．

H_1 を出発点としてふたたびくりこみ変換を行なうと，新しいパラメーターをもつハミルトニアン H_2 が得られる．くりこみ変換をくりかえすと，ハミルトニアンのパラメーターはそのたびに変化する．変換の倍率 λ を1に近く選び，変換を少しずつくり返して行なったとすると，パラメーターはその値を座標とする空間(パラメーター空間)に流れの曲線を描くはずである．パラメーターの変化の仕方は温度によるから，流線も温度によって異なる．とくに転移点では相関長が無限大だから，$\infty/\lambda=\infty$ であってくりこみ操作をくり返しても相関長は変化せず，したがってハミルトニアンのパラメーターもある値に収束してそれ以上変化しない．このような点を**固定点**(fixed point)という．転移点より高温ではくりこみ変換を続けると相関長は0になり，$T=\infty$ と同じになる．また転移点より低温ではくりこみによってゆらぎが消え，スピンが一様に揃った $T=0$ の状態に近づく．すなわち，パラメーター空間の流線は，転移点の上下で，流れの向きの異なる 2 つのグループに分かれることになる．その様子を図 8-16 に模式的に示す．くりこみ変換を行なうことによって転移点の近くにおけるゆらぎの振舞いを調べる方法を**くりこみ群**(renormalization group)の方法という．

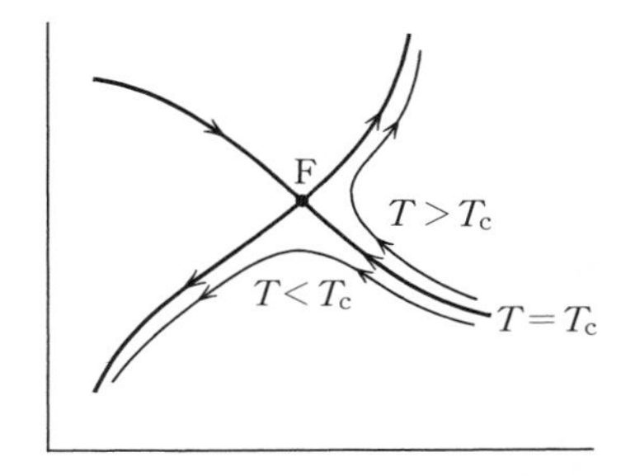

図 8-16 くりこみによるパラメーターの変化(模式図)．F は転移点に当たる固定点．

くりこみ変換の実際の計算はかなり複雑なので，ここでは行なわない．この方法によって得られる結論の 1 つは次のことである．空間のスケール変換と同時にスピンの長さのスケール変換を行ない，パラメーター c を不変に保つようにすると，一般の d 次元の場合パラメーター b は

$$b \to \lambda^{4-d} b \tag{8.108}$$

と変換される．この関係は，系の次元が $d>4$ であれば，パラメーター b がくりこみを進めるほど小さくなることを示している．4 次元よりも高次元の系では，粗視化を進めるとゆらぎの間の相互作用は無視できるようになり，式(8.103)を導いた議論が厳密に成り立つことになる．この結論は，次元が高いほど分子場近似がよくなるという一般的な傾向とも一致する．

現実の 3 次元系など $d<4$ の系では，くりこみを進めるほど b は大きくなり，ゆらぎの間の相互作用が重要になる．

くりこみ群の方法は，転移点の近くでのゆらぎの振舞いをみる見方を与えるものとして重要である．

臨界指数

このように，3 次元の相転移ではゆらぎの相互作用が重要であるから，臨界現象も分子場近似の結果とはかなり異なるものになることが予想される．そ

こで，比熱 C，磁化 m，磁化率 χ の転移点近傍における温度依存性を

$$C \propto |T-T_c|^{-\alpha} \tag{8.109}$$

$$m \propto (T_c-T)^{\beta} \qquad (T<T_c) \tag{8.110}$$

$$\chi \propto |T-T_c|^{-\gamma} \tag{8.111}$$

また，転移点における磁化の磁場依存性を

$$m \propto H^{1/\delta} \tag{8.112}$$

とおき，正の数 $\alpha, \beta, \gamma, \delta$ を**臨界指数**(critical exponent)という．分子場近似では，式(8.17)，(8.12)，(8.76)，(8.79)，(8.80)により

$$\alpha=0,\ \ \beta=\frac{1}{2},\ \ \gamma=1,\ \ \delta=3 \tag{8.113}$$

となる． 4次元以上ではこの値になるが，一般にはこれとは異なる値になると予想される．

臨界指数は系の次元 d，秩序パラメーターの成分の数 n に依存する．物理現象としては異なる相転移であっても，d と n が同じであれば系の性質のそのほかの違いにはよらず，臨界指数も同じになると考えられる．このことを，臨界現象の**ユニバーサリティ**(普遍性，universality)という．

臨界指数を求めるため，種々の方法がとられている．そのうち，2次元イジング模型($d=2$, $n=1$)については厳密解が得られている．それによると，この系では有限温度 T_c で相転移が起き，臨界指数は

$$\alpha=0, \quad \beta=\frac{1}{8}, \quad \gamma=\frac{7}{4} \tag{8.114}$$

である．ただし，比熱は転移点で発散しないのではなく，

$$C \propto \log|T-T_c| \tag{8.115}$$

のように，対数的に発散する．対数発散は，指数 α がどんなに小さくても，式(8.109)のベキ的な発散より弱いので，$\alpha=0$ とみなすのである．

第8章　演習問題

1.　平面内を自由に回転できる古典的なベクトルのスピンが等間隔に並んだ1次元のスピン系がある．スピン間にはスピンの内積に比例した相互作用が，隣りあったスピン間ではスピンを平行に揃える向きに，1つ間をおいたスピン間ではスピンを反平行に揃える向きに働いており，全系のエネルギーは

$$E = -J\sum_i \boldsymbol{s}_i\cdot\boldsymbol{s}_{i+1} + J'\sum_i \boldsymbol{s}_i\cdot\boldsymbol{s}_{i+2} \qquad (J>0,\ J'>0)$$

と与えられる．ここで，$\boldsymbol{s}_i$ は長さ1のベクトルである．この系の最もエネルギーの低いスピン配列は，図のように隣りあうスピンが一定の角 θ だけ傾いたものである．θ を求めよ．

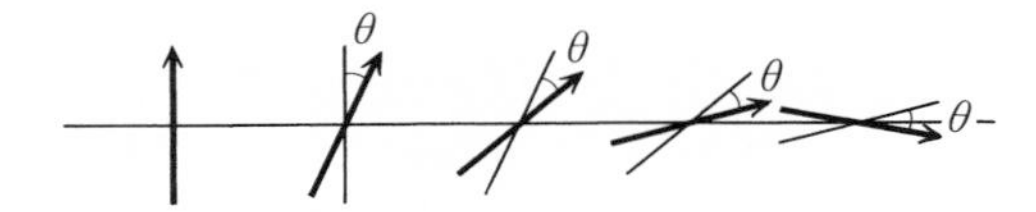

2.　異種の原子が引きあう性質のある2元合金(式(8.30)が成り立つ場合)の，2成分の原子数が異なる場合について，ブラッグ-ウィリアムズ近似により転移点を求めよ．

3.　自由エネルギーが秩序パラメーター m の関数として

$$F(m) = F_0 + Am^2 - Bm^4 + Cm^6$$

と与えられている．ここで，B, C は温度によらない正の定数，A は温度の低下とともに減少する定数である．温度を下げていくと，どのような相転移が起きるか．

4.　強磁性的な1次元イジング模型の分配関数

$$Z = \sum_{s_1}\sum_{s_2}\sum_{s_3}\cdots e^{-H_0}$$

$$H_0 \equiv \frac{E}{k_{\mathrm{B}}T} = -K_0\sum_i s_i s_{i+1} \qquad \left(K_0 = \frac{J}{k_{\mathrm{B}}T} > 0\right)$$

を求めるとき，まず偶数番目のスピンについて和をとり，それを

$$e^{-H_1} = \sum_{s_2}\sum_{s_4}\cdots e^{-H_0}$$

とおく．

(1)　このとき

$$H_1 = -K_1\sum_i s_i s_{i+2} + 定数$$

と表わされることを示し，K_0 と K_1 の関係を求めよ．

(2)　この操作をくり返すと，残ったスピンの数は半分ずつに減少し，それに伴いパラメーターは $K_0 \to K_1 \to K_2 \to \cdots$ と変化する．操作を無限にくり返すと，パラメーターはどのようになるか．

Coffee Break

超伝導

ある種の金属は低温で相転移を起こし，電気抵抗のない超伝導状態になる．超伝導は，1911年カマリング・オネスが水銀について発見した．図はオネスの論文に載ったものである．

超伝導状態は，流れが生じるとそれを止める働きがない点で，液体 ^{4}He の超流動状態と本質的に同じものと考えられる．^{4}He の超流動は，ボース粒子である ^{4}He 原子がボース-アインシュタイン凝縮を起こすことによって生じる(224ページ)．電子はフェルミ粒子なのに，金属が超伝導になるのは何故だろうか．

たしかに，1個の電子はフェルミ粒子だが，2個が対になって動くとすれば，電子対はボース粒子として振舞うはずだ．超伝導は電子が対になってボース-アインシュタイン凝縮を起こした状態だと考えられる．すべての電子対が同じ量子状態を占め，同じ量子力学的な運動を行なえば，マクロな電流も量子力学的な振舞いを示すだろう．これが超伝導なのである．

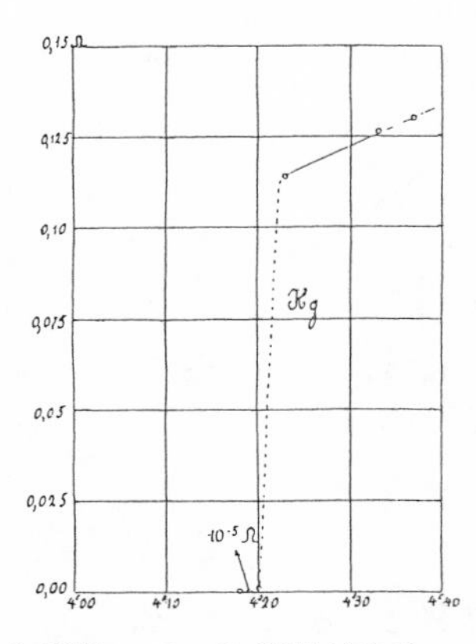

だが，電子対ができるには，電子間に引力が働いている必要がある．電子は負の電荷をもつから，クーロン斥力が働いていることは確かだ．それでも電子対はできるだろうか．電子は真空中にあるのではない．金属中では電子はまわりのイオン配列をひずませ，電子間にはこのひずみを介した引力が働くと考えられる．この引力がクーロン斥力に打ち勝っ

たとき，超伝導になるのである．引力はあまり強いものでないから，温度($k_B T$)が電子対の結合エネルギーを超えると対が壊れ，超伝導状態からふつうの状態へと転移する．転移点はアルミニウム 1.2 K，鉛 7.2 K など，ふつうの金属では数 K の程度である．

1986 年以降，高い転移点をもつ一連の銅酸化物がつぎつぎに発見され，なかには転移点が 140 K に達するものもあって，高温超伝導体として注目されている．なぜこれらの物質だけがとくに高い転移点をもつのか，その引力の機構はふつうの金属と同じなのか，違うのか，などの問題はまだ解決していない．

付録　数学公式

ここでは，本文中で用いた数学公式とその簡単な証明を，本文で用いた順に示す．

スターリングの公式

$$\log N! = N(\log N-1)+O(\log N) \qquad (N\gg 1) \tag{A.1}$$

公式の左辺は

$$\log N! = \sum_{n=1}^{N} \log n$$

である．ここで，右辺の和は図 A-1 の短冊の列の面積に等しい．曲線 $y=\log x$ の下の面積との比較から

$$\int_1^N \log x dx < \sum_{n=1}^{N} \log n < \int_1^N \log x dx + \log N \tag{1}$$

積分は

$$\int_1^N \log x dx = [x(\log x-1)]_1^N = N(\log N-1)+1$$

となるので，式(A.1)が得られる．

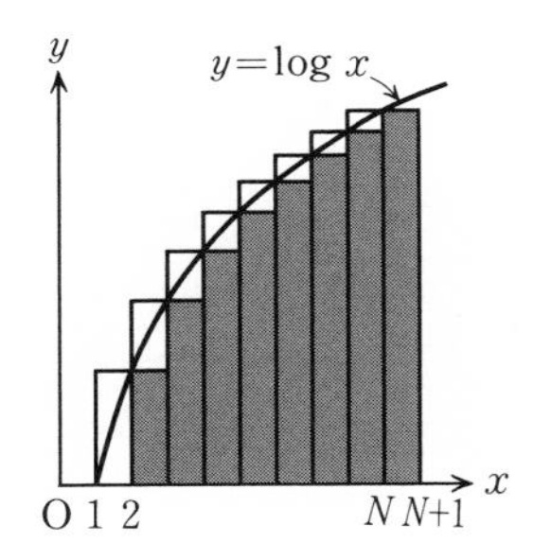

図 A-1　曲線 $y=\log x$ に下から接する $2<x<N+1$ の階段状の領域の面積，曲線に上から接する $1<x<N$ の階段状の領域の面積は，ともに $\sum_{n=1}^{N} \log n$ である．曲線の下の面積との比較から，式(1)の関係が成り立つことが分かる．

積分公式(1)

$$\int_{-\infty}^{\infty} e^{-ax^2}dx = \sqrt{\frac{\pi}{a}} \tag{A. 2}$$

$$\int_{-\infty}^{\infty} x^2 e^{-ax^2}dx = \frac{\sqrt{\pi}}{2}\frac{1}{a^{3/2}} \tag{A. 3}$$

式(A. 2)の積分を I とおくと，

$$\begin{aligned} I^2 &= \int_{-\infty}^{\infty}\int_{-\infty}^{\infty} e^{-a(x^2+y^2)}dxdy \\ &= \int_0^{2\pi}\int_0^{\infty} e^{-ar^2}rdrd\theta = 2\pi\int_0^{\infty} e^{-ar^2}rdr \\ &= \pi\int_0^{\infty} e^{-at}dt = \pi\left[-\frac{e^{-at}}{a}\right]_0^{\infty} \\ &= \frac{\pi}{a} \qquad (2) \end{aligned}$$

ここで，1 行目から 2 行目へは積分変数を (x, y) から極座標 (r, θ) に，2 行目から 3 行目へは $t=r^2$ の変換を行なった．式(2)から式(A. 2)が得られる．

式(A. 2)の両辺を a で微分することにより式(A. 3)が得られる．

ガンマ関数

ガンマ関数の積分表示

$$\Gamma(z) = \int_0^{\infty} t^{z-1}e^{-t}dt \tag{A. 4}$$

n が 0 または正の整数のとき

$$\Gamma(n+1) = n! \tag{A. 5}$$

$$\Gamma\left(n+\frac{1}{2}\right) = \frac{(2n)!}{2^{2n}n!}\sqrt{\pi} \tag{A. 6}$$

一般に，実数 $z=p>1$ について，式(A. 4)を部分積分し

$$\Gamma(p)=[-t^{p-1}e^{-t}]_0^\infty+(p-1)\int_0^\infty t^{p-2}e^{-t}dt$$
$$=(p-1)\Gamma(p-1) \qquad (3)$$

が導かれる．また

$$\Gamma(1)=\int_0^\infty e^{-t}dt=1 \qquad (4)$$

$$\Gamma\left(\frac{1}{2}\right)=\int_0^\infty t^{-1/2}e^{-t}dt=2\int_0^\infty e^{-x^2}dx=\sqrt{\pi} \qquad (5)$$

となる．式(5)では $t=x^2$ の変数変換を行ない，式(A.2)を用いた．式(3)，(4)から式(A.5)が得られる．式(3)，(5)から

$$\Gamma\left(n+\frac{1}{2}\right)=\left(n-\frac{1}{2}\right)\left(n-\frac{3}{2}\right)\cdots\frac{3}{2}\cdot\frac{1}{2}\Gamma\left(\frac{1}{2}\right)$$
$$=\frac{(2n-1)(2n-3)\cdots3\cdot1}{2^n}\sqrt{\pi}$$

となり，書きなおして式(A.6)が得られる．

一般次元における球の体積

n 次元空間における半径 R の球の体積

$$V_n(R)=\frac{2\pi^{n/2}}{n\Gamma(n/2)}R^n \qquad (A.7)$$

n 次元空間の体積は(長さ)^n の次元をもつから，球の体積は

$$V_n(R)=a_nR^n \qquad (6)$$

とおくことができる．ここで，積分

$$I=\int_{-\infty}^\infty\int_{-\infty}^\infty\cdots\int_{-\infty}^\infty e^{-(x_1{}^2+x_2{}^2+\cdots+x_n{}^2)}dx_1dx_2\cdots dx_n \qquad (7)$$

を考える．各変数ごとに積分すると，

$$I=\left[\int_{-\infty}^\infty e^{-x^2}dx\right]^n=\pi^{n/2} \qquad (8)$$

一方，$x_1, x_2, \cdots, x_n$ を n 次元空間の座標とみなし，極座標を導入すると，原点からの距離 r は

$$r^2 = {x_1}^2 + {x_2}^2 + \cdots + {x_n}^2$$

また，半径 $r \sim r+dr$ の球殻の体積は，式(6)より

$$na_n r^{n-1} dr$$

したがって，式(7)の積分は

$$\begin{aligned} I &= na_n \int_0^\infty e^{-r^2} r^{n-1} dr \\ &= \frac{1}{2} na_n \int_0^\infty t^{n/2-1} e^{-t} dt \\ &= \frac{1}{2} na_n \Gamma\left(\frac{n}{2}\right) \qquad (9) \end{aligned}$$

ここでは，$r^2 = t$ の変数変換を行ない，式(A.4)を用いた．式(8)と式(9)を比較して a_n を定めることにより，式(A.7)が得られる．

ツェータ関数

定義

$$\zeta(z) = \sum_{n=1}^{\infty} \frac{1}{n^z} \qquad \text{(A. 8)}$$

ツェータ関数の値

$$\zeta(2) = \frac{\pi^2}{6},\ \zeta(4) = \frac{\pi^4}{90},\ \zeta\left(\frac{3}{2}\right) = 2.612\cdots,\ \zeta\left(\frac{5}{2}\right) = 1.342\cdots \qquad \text{(A. 9)}$$

積分公式(2)

$$\int_0^\infty \frac{x^p}{(e^x+1)(e^{-x}+1)} dx = \left(1 - \frac{1}{2^{p-1}}\right) p!\, \zeta(p) \qquad \text{(A. 10)}$$

$$\int_0^\infty \frac{x^p}{e^x - 1} dx = \Gamma(p+1)\zeta(p+1) \qquad \text{(A. 11)}$$

式(A.11)の積分を求める．$(e^x-1)^{-1} = e^{-x}(1-e^{-x})^{-1}$ を $e^{-x}\,(<1)$ について展開し，各項ごとに積分すると，

$$\int_0^\infty \frac{x^p}{e^x-1}dx = \int_0^\infty x^p e^{-x}(1-e^{-x})^{-1}dx$$
$$= \sum_{n=1}^{\infty}\int_0^\infty x^p e^{-nx}dx$$
$$= \sum_{n=1}^{\infty}\frac{1}{n^{p+1}}\int_0^\infty t^p e^{-t}dt \qquad (10)$$

ここで，2 行目から 3 行目へは $nx=t$ の変数変換を行なった．ツェータ関数(A. 8)とガンマ関数(A. 4)を用い，式(A. 11)が得られる．

式(A. 10)の積分では，

$$\frac{d}{dx}\frac{1}{e^x+1} = -\frac{1}{(e^x+1)(e^{-x}+1)}$$

の関係を用い，部分積分を行なった上で，式(10)と同様の計算を行ない，

$$\int_0^\infty \frac{x^p}{(e^x+1)(e^{-x}+1)}dx = \int_0^\infty x^p\left(-\frac{d}{dx}\frac{1}{e^x+1}\right)dx$$
$$= \left[-\frac{x^p}{e^x+1}\right]_0^\infty + p\int_0^\infty \frac{x^{p-1}}{e^x+1}dx$$
$$= p\sum_{n=1}^{\infty}(-1)^{n-1}\int_0^\infty x^{p-1}e^{-nx}dx$$
$$= p\sum_{n=1}^{\infty}\frac{(-1)^{n-1}}{n^p}\int_0^\infty t^{p-1}e^{-t}dt$$

最後の式で n の和は

$$\sum_{n=1}^{\infty}\frac{1}{n^p} - 2\sum_{n=1}^{\infty}\frac{1}{(2n)^p} = \left(1-\frac{1}{2^{p-1}}\right)\sum_{n=1}^{\infty}\frac{1}{n^p}$$

となるので，式(A. 10)が得られる．

積分公式(3)

$$\int_0^\infty \frac{p\sin px}{p^2+\alpha^2}dp = \frac{\pi}{2}e^{-\alpha x} \qquad (A.\ 12)$$

積分を I とおくと，$\sin px=(e^{ipx}-e^{-ipx})/2i$ の関係を用い

$$
\begin{aligned}
I &= \frac{1}{2i}\int_0^\infty \frac{p}{p^2+\alpha^2}(e^{ipx}-e^{-ipx})dp \\
&= \frac{1}{2i}\int_{-\infty}^\infty \frac{pe^{ipx}}{p^2+\alpha^2}dp \\
&= \frac{1}{4i}\int_{-\infty}^\infty \left(\frac{1}{p+i\alpha}+\frac{1}{p-i\alpha}\right)e^{ipx}dp
\end{aligned}
$$

ここで複素積分の方法を用い，図 A-2 のように積分路を上半面で閉じさせると，無限遠の半円周上の積分は 0 になるから，$p=i\alpha$ の極からの寄与のみが残り，

$$
I = \frac{1}{4i}\oint_C \frac{e^{izx}}{z-i\alpha}dz = \frac{\pi}{2}e^{-\alpha x} \qquad (11)
$$

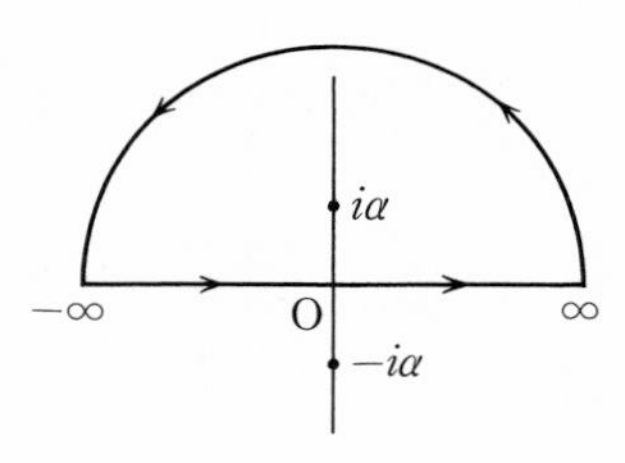

図 A-2　式(11)の積分路 C

さらに勉強するために

このシリーズに含まれた物理の基礎的な分野では，テキストにもるべき内容はおおよそ決まっているが，どのような筋道で話をすすめるか(それは，どのような論理構成で理論を組み立てるか，ということだが)，はユニークではない．とくに，統計力学にその自由度が大きいように思う．したがって，1冊を読みおえたあとで，別のテキストで学び直してみることは，自分の理解を確かめる意味でも，たいへんよいことだと思う．そのような意味で，「さらに勉強するために」という趣旨からは少しそれるが，4冊の入門書をまずあげたい．

[1] 久保亮五：『統計力学』(共立全書)，共立出版(1952)

私が学生時代に学んだ本の1冊であり，本書のもとになった講義を行なうときにも参考にした．わかり易く，かつコンパクトだが，著者の見識に裏うちされた名著だと思う．

[2] 碓井恒丸：『熱学・統計力学』(パリティ物理学コース)，丸善(1990)

この本の出版には私も編者としてかかわったこともあって，愛着を感じる．いかにして統計力学の考え方に読者を導くかに，著者の創意と努力が感じられる．

[3] F. Reif : *Statistical Physics* (Berkley Physics Course 5)，McGraw-Hill (1965)

米国のカリフォルニア大学バークレー校の物理のテキストシリーズの1冊である．米国の大学のテキストは分厚く，それだけ内容も懇切丁寧なものが多い．この本もそうで，とくに導入部はよく行き届いている．訳書も出ているが，この程度の本から英語で読む訓練をするのもよいと思い，原書をあげた．

[4] 三宅哲：『熱力学』，裳華房(1989)

本書では熱力学の法則を統計力学から導く，という筋書きで記述した．しかし，熱力学にはそれ自身の論理構成があり，そのようなものとして学ぶことも重要である．熱力学の本も数多くあるが，ここでは比較的新しいこの1冊をあげておきたい．

以下に紹介する本は，上記の4冊に比べるとかなり難しい．

[5] 小林秋男他訳：『ランダウ・リフシッツ 統計物理学』(上,下)，岩波書店(1980)

有名なランダウ・リフシッツの理論物理学シリーズの1冊である．私が最もよく勉強したのはこの本であり，講義をするときにもたいへんお世話になった．「統計力学」といわず「統計物理学」としているところにこの本の特徴があるのだが，豊富な実例，応用がランダウ自身の研究によるものも含んでもりこまれている．じつをいうと，本書の構成はこの本にかなり近い．

[6] 宮下精二：『熱・統計力学』(物理学基礎シリーズ)，培風館(1993)

相転移を中心とする最近の発展までをもりこんでいるところに特徴がある．それだけにかなり高度な内容になっているが，最近の話題をひと通り学ぶのには適している．

[7] 中野藤生，木村初男：『相転移の統計熱力学』，朝倉書店(1988)

統計力学のいちばん面白い問題は相転移だろう．この本では相転移を扱う統計力学の方法だけでなく，液晶や生体膜など，いろいろな相転移の実例についても述べられている．

[8] 中野藤生，服部真澄：『エルゴード性とは何か』(パリティ物理学コース)，丸善(1993)

統計力学の基礎をじっくり考えてみたい，という読者におすすめする．統計力学誕生の歴史的なことから最近の発展まで，くわしく述べられている．

最後に演習書を1冊紹介したい．

[9] 久保亮五編：『大学演習 熱学・統計力学』，裳華房(1961)

熱力学，統計力学の演習書の決定版である．いくつかの外国語にも翻訳されており，世界的名著といってよい．重要な問題，典型的な問題はほとんど網羅されていて，この本に出ていない問題だけで練習問題をそろえるのは不可能に近い．本書の問題もかなりの数がこの本と重複している．この本にある問題を全部解いたら，統計力学は百点満点の卒業だろう．

演習問題略解

第1章

1. 目の出方は6^3通り．目の合計がnになる組合せ$W(n)$を求める．これはリンゴの分配の問題に似ているが，目の数rには$1\leqq r\leqq 6$の制限があるので，式(1.14)をそのまま使うことはできない．まず，rを$7-r$と読みかえることにより$W(n)=W(21-n)$がわかるので，$n\leqq 10$の場合を考えればよい．$r\geqq 1$とするため，3をまず1ずつ各サイコロに分配し，残りを制限なしに分配する．式(1.14)で$N=3$，$M=n-3$とおき$W(n)=(n-1)(n-2)/2$．$n=9,10$のときは$r>6$となる場合が含まれるので，その分をさし引く．$W(9)=8\cdot 7/2-3=25$，$W(10)=9\cdot 8/2-9=27$．確率は$n\leqq 8$のとき$P(n)=(n-1)(n-2)/(2\cdot 6^3)$，$n\geqq 13$のとき$P(n)=(20-n)(19-n)/(2\cdot 6^3)$．$P(9)=P(12)=25/6^3$，$P(10)=P(11)=27/6^3$．

2. $N=10$のときは式(1.2)により計算する．$\sum_{n=4}^{6}P_{10}(n)=0.691$，$\sum_{n=3}^{7}P_{10}(n)=0.925$となるので$3\leqq n\leqq 7$とすればよい．$N=100$のときはスターリングの公式による近似式で計算する．式(1.7)の規格化の係数を$\sum_n P_N(n)\cong\int_{-\infty}^{\infty}P_N(n)dn=1$となるように変えて

$$P_N(n)=\sqrt{\frac{2}{\pi N}}e^{-2Nx^2}\qquad\left(x=\frac{n}{N}-\frac{1}{2}\right)$$

この式により計算して$\sum_{n=42}^{58}P_{100}(n)=0.911$となるので，$42\leqq n\leqq 58$.

3. 1個の分子が小さな箱の中，外にある確率はそれぞれv/V，$1-v/V$．特定のn個が中，残りが外にある確率は$(v/V)^n(1-v/V)^{N-n}$．N個の分子からn個を選び出す組合せの数は$N!/[n!(N-n)!]$．したがって

$$\begin{aligned}P(n)&=\frac{N!}{n!(N-n)!}\left(\frac{v}{V}\right)^n\left(1-\frac{v}{V}\right)^{N-n}\\&=\left(1-\frac{v}{V}\right)^N\frac{N!}{(N-n)!}\frac{1}{n!}\left(\frac{v}{V-v}\right)^n\end{aligned}$$

$v \ll V$, $n \ll N$ のとき

$$\left(1-\frac{v}{V}\right)^N \cong e^{-\bar{n}}, \qquad \frac{N!}{(N-n)!} \cong N^n$$

なので，問題の式が得られる．

4. 式(1.53)と温度の定義式(1.44)より

$$\frac{dS}{dE} = \frac{k_B}{\hbar\omega}\left\{\log\left(1+\frac{E}{N\hbar\omega}\right) - \log\left(\frac{E}{N\hbar\omega}\right)\right\} = \frac{1}{T}$$

これを解いて $E = N\hbar\omega/(e^{\hbar\omega/k_B T}-1)$.

第2章

1. 1次元気体の運動量空間は N 次元なので，式(2.29)において指数とガンマ関数の $3N$ を N とし，体積 V を領域 L におきかえ，

$$W(E) = \frac{L^N}{(2\pi\hbar)^N}\frac{\pi^{N/2}}{N!\,\Gamma(N/2)}(2mE)^{N/2}\cdot\frac{\Delta E}{E}$$

これより

$$S(E) = Nk_B\left\{\frac{1}{2}\log\left[\frac{4\pi mE}{(2\pi\hbar)^2N}\right] + \log\left(\frac{L}{N}\right) + \frac{3}{2}\right\}$$

$dS/dE = 1/T$ より，$E = (1/2)Nk_B T$.

2. 空気は酸素と窒素の混合気体だが，式(2.31)は各成分の分子ごとに成り立つ．分子の質量を m とすれば $m\overline{\boldsymbol{v}^2}/2 = (3/2)k_B T$ より $\sqrt{\overline{\boldsymbol{v}^2}} = \sqrt{3k_B T/m}$. 酸素では $m = 1.67\times10^{-27}\times32 = 5.34\times10^{-26}\,\mathrm{kg}$. $T = 288\,\mathrm{K}$ とおいて $\sqrt{\overline{\boldsymbol{v}^2}} = 4.7\times10^2\,\mathrm{m/s}$. 窒素では $m = 1.67\times10^{-27}\times28 = 4.68\times10^{-26}\,\mathrm{kg}$, $\sqrt{\overline{\boldsymbol{v}^2}} = 5.0\times10^2\,\mathrm{m/s}$. (これらの値は空気中の音速 $340\,\mathrm{m/s}$ と同程度.)

3. 光の向きに速さ v で運動する分子の出す光の波長は，ドップラー効果により

$$\Delta\lambda = -\lambda_0(v/c)$$

だけシフトする．式(2.55)により，1方向の速さが $v \sim v+dv$ にある分子数は $\exp(-mv^2/2k_B T)$ に比例し，光の強さは分子数に比例するから，$v = -c(\lambda-\lambda_0)/\lambda_0$ とおいて問題の式が得られる．

4. 孔の面に垂直，外向きに x 軸をとる．底面積 A，高さ v_x の斜筒状の領域(図)にある速度 $\boldsymbol{v}$ の分子は単位時間内に孔を通りぬける．したがって，単位時間に容器からもれる分子数は，式(2.55)の $f(p)$ を用い

$$\int_{-\infty}^{\infty}\int_{-\infty}^{\infty}\int_{0}^{\infty}\frac{f(p)}{V}\frac{p_x}{m}Adp_xdp_ydp_z$$
$$=\frac{nA}{m(2\pi mk_{\rm B}T)^{1/2}}\int_0^{\infty}p_xe^{-p_x{}^2/2mk_{\rm B}T}dp_x$$
$$=\frac{nA}{(2\pi mk_{\rm B}T)^{1/2}}\int_0^{\infty}e^{-\epsilon/k_{\rm B}T}d\epsilon=nA\sqrt{\frac{k_{\rm B}T}{2\pi m}}$$

5. ピストンを急に引いたとき，気体は仕事をしないから，気体のエネルギーが一定に保たれる．式(2.30)より，エントロピーの変化 $\varDelta S$ は

$$\varDelta S=S(E,2V)-S(E,V)=Nk_{\rm B}\log 2$$

ピストンをゆっくり押したときはエントロピーが一定に保たれる．圧縮前後のエネルギーを E_1, E_2 とすれば，$S(E_1,2V)=S(E_2,V)$ より $E_2=2^{2/3}E_1$.

6. (1) 粒子分布が n_-, n_0, n_+ となる組合せの数は $W=N!/(n_-!\,n_0!\,n_+!)$．したがってエントロピーは

$$S=k_{\rm B}\log W$$
$$=k_{\rm B}[N(\log N-1)-n_0(\log n_0-1)-n_+(\log n_+-1)-n_-(\log n_--1)] \quad ①$$

(2) $N=n_0+n_++n_-=$一定 ②，$E=\epsilon(n_+-n_-)=$一定 ③ の条件のもとで ① の最大を求めるには，ラグランジュの未定係数法により，

$$\tilde{S}=S-a(n_0+n_++n_-)-b\epsilon(n_+-n_-)$$

(a, b は未定係数)の最大を求めればよい．

$\partial\tilde{S}/\partial n_0=0$ より $-k_{\rm B}\log\bar{n}_0-a=0$，$\bar{n}_0=e^{-a/k_{\rm B}}$

$\partial\tilde{S}/\partial n_\pm=0$ より $-k_{\rm B}\log\bar{n}_\pm-a\mp b\epsilon=0$，$\bar{n}_\pm=e^{-(a\pm b\epsilon)/k_{\rm B}}$

したがって $\bar{n}_0{}^2=\bar{n}_+\bar{n}_-$ ④

(3) $\bar{n}_+/\bar{n}_0=r$ とおけば，④より $n_\pm=n_0r^{\pm 1}$ ⑤．これを②,③に代入し，

$$n_0=N/(1+r+r^{-1}) \ ⑥,\quad (r-r^{-1})/(1+r+r^{-1})=E/N\epsilon\equiv\xi \ ⑦$$

エントロピーは，⑤,⑥,⑦ を ① に代入して

$$S=Nk_{\rm B}[\log(1+r+r^{-1})-\xi\log r] \ ⑧$$

dS/dE を求める．⑧のうち r を通して E に依存する分は，$\partial[\log(1+r+r^{-1})-\xi\log r]/\partial r=0$ となるため消え，

$$\frac{dS}{dE}=-\frac{k_{\rm B}}{\epsilon}\log r=\frac{1}{T} \qquad \therefore \quad r=e^{-\epsilon/k_{\rm B}T}$$

したがって，③,⑤,⑥より

$$E = -\frac{N\epsilon(e^{\epsilon/k_BT}-e^{-\epsilon/k_BT})}{1+e^{\epsilon/k_BT}+e^{-\epsilon/k_BT}}$$

7. (1) n 個の原子が表面に移ると，格子点は $N+n$ 個になり，そのうち n 個の格子点から原子がぬけた配置になる．配置の数は $N+n$ 個の格子点から n 個を選び出す組合せの数だから，

$$W = \binom{N+n}{n} = \frac{(N+n)!}{n!N!}$$

エネルギーは $E=n\epsilon$．したがってエントロピーは

$$\begin{aligned} S &= k_B \log W \cong k_B[(N+n)\log(N+n)-n\log n-N\log N] \\ &= Nk_B\left[\frac{E}{N\epsilon}\log\left(1+\frac{N\epsilon}{E}\right)+\log\left(1+\frac{E}{N\epsilon}\right)\right] \end{aligned}$$

(2) 式(1.44)により

$$\frac{dS}{dE} = \frac{k_B}{\epsilon}\log\left(1+\frac{E}{N\epsilon}\right) = \frac{k_B}{\epsilon}\log\left(1+\frac{N}{n}\right) = \frac{1}{T}$$

これを解いて，$n=N/(e^{\epsilon/k_BT}-1)$.

8. (1) 平行な対(○)の数を n とすれば，反平行な対(●)の数は $N-n-1$ だから，エネルギーは $E=-Jn+J(N-n-1)\cong(N-2n)J$．モーメントの配列の数は，左端のモーメントの向きが2通りあることを考慮し，

$$W = 2\binom{N-1}{n} \cong 2\cdot\frac{N!}{n!(N-n)!}$$

エントロピーは

$$\begin{aligned} S &= k_B\log W \cong -Nk_B\left[\frac{n}{N}\log\left(\frac{n}{N}\right)+\left(1-\frac{n}{N}\right)\log\left(1-\frac{n}{N}\right)\right] \\ &= Nk_B\left[\log 2-\frac{1}{2}\left(1-\frac{E}{NJ}\right)\log\left(1-\frac{E}{NJ}\right)-\frac{1}{2}\left(1+\frac{E}{NJ}\right)\log\left(1+\frac{E}{NJ}\right)\right] \end{aligned}$$

(2) 式(1.44)により

$$\frac{dS}{dE} = \frac{k_B}{2J}\left[\log\left(1-\frac{E}{NJ}\right)-\log\left(1+\frac{E}{NJ}\right)\right] = \frac{1}{T}$$

$$\therefore\quad E = -NJ\tanh\left(\frac{J}{k_BT}\right)$$

(3)　$n=(1/2)(N-E/J)$，$N-n=(1/2)(N+E/J)$ だから，

$$n=\frac{N}{e^{-2J/k_{\mathrm{B}}T}+1},\quad N-n=\frac{N}{e^{2J/k_{\mathrm{B}}T}+1}$$

温度が下がるとともに平行な対の数が増し，$T\to 0$ で $n\to N$.

第3章

1.　第1式は1原子分子理想気体のエネルギーの式 $\bar{E}=(3/2)Nk_{\mathrm{B}}T$，および式(3.24)に $C_V=(3/2)Nk_{\mathrm{B}}$ を代入した式から得られる．第2式は，77ページの $d\bar{E}/d\beta$ をもういちど β で微分し，

$$\frac{d^2\bar{E}}{d\beta^2}=\frac{d\bar{E}^2}{d\beta}-\frac{d\,\overline{E^2}}{d\beta}=2\bar{E}\frac{d\bar{E}}{d\beta}-\frac{-\sum E_n{}^3e^{-\beta E_n}\sum e^{-\beta E_n}+\sum E_n{}^2e^{-\beta E_n}\sum E_ne^{-\beta E_n}}{(\sum e^{-\beta E_n})^2}$$
$$=-2\bar{E}(\overline{E^2}-\bar{E}^2)+\overline{E^3}-\overline{E^2}\,\bar{E}=\overline{(E-\bar{E})^3}$$

一方，

$$\frac{d\bar{E}}{d\beta}=-k_{\mathrm{B}}T^2C_V,\quad \frac{d^2\bar{E}}{d\beta^2}=k_{\mathrm{B}}T^2\frac{d}{dT}(k_{\mathrm{B}}T^2C_V)=k_{\mathrm{B}}{}^2\left[2T^3C_V+T^4\left(\frac{dC_V}{dT}\right)\right]$$

ここで $C_V=(3/2)Nk_{\mathrm{B}}$, $dC_V/dT=0$ として得られる.

2.　1粒子の分配関数，自由エネルギーは

$$z=e^{\epsilon/k_{\mathrm{B}}T}+1+e^{-\epsilon/k_{\mathrm{B}}T},\quad f=-k_{\mathrm{B}}T\log z=-k_{\mathrm{B}}T\log(1+e^{\epsilon/k_{\mathrm{B}}T}+e^{-\epsilon/k_{\mathrm{B}}T})$$

したがって，全系の自由エネルギーは $F=Nf=-Nk_{\mathrm{B}}T\log(1+e^{\epsilon/k_{\mathrm{B}}T}+e^{-\epsilon/k_{\mathrm{B}}T})$.
エネルギーは

$$E=-T^2\frac{d}{dT}\left(\frac{F}{T}\right)=-\frac{N\epsilon(e^{\epsilon/k_{\mathrm{B}}T}-e^{-\epsilon/k_{\mathrm{B}}T})}{1+e^{\epsilon/k_{\mathrm{B}}T}+e^{-\epsilon/k_{\mathrm{B}}T}}$$

計算はミクロカノニカル分布の方法よりはるかに容易である.

3.　(1)　左から右へ進む要素の数を n とすれば，戻る要素の数は $N-n$，鎖の長さは $l=[n-(N-n)]a=(2n-N)a$. 進む要素，戻る要素の配列の数は

$$W=\binom{N}{n}=\frac{N!}{n!(N-n)!}$$

したがってエントロピーは

$$S=k_{\mathrm{B}}\log W\cong k_{\mathrm{B}}[N(\log N-1)-n(\log n-1)-(N-n)(\log(N-n)-1)]$$
$$=Nk_{\mathrm{B}}\left[\log 2-\frac{1}{2}\left(1+\frac{l}{Na}\right)\log\left(1+\frac{l}{Na}\right)-\frac{1}{2}\left(1-\frac{l}{Na}\right)\log\left(1-\frac{l}{Na}\right)\right]$$

(2) エネルギーは0なので，自由エネルギーは

$$F=-TS=\frac{1}{2}Nk_{\mathrm{B}}T\left[\left(1+\frac{l}{Na}\right)\log\left(1+\frac{l}{Na}\right)+\left(1-\frac{l}{Na}\right)\log\left(1-\frac{l}{Na}\right)-2\log 2\right]$$

この系では両端に加わる力fと長さlが気体の圧力と体積に当たるので，式(3.82)により

$$f=-\left(\frac{\partial F}{\partial l}\right)_T=\frac{k_{\mathrm{B}}T}{2a}\log\left(\frac{1+l/Na}{1-l/Na}\right)$$

4. (1) $H=H(S,p)$においてエントロピーSをT,pの関数とみなすと，

$$\left(\frac{\partial H}{\partial p}\right)_T=\left(\frac{\partial H}{\partial S}\right)_p\left(\frac{\partial S}{\partial p}\right)_T+\left(\frac{\partial H}{\partial p}\right)_S$$

式(3.79)，(3.89)により問題の式が得られる．

(2) $C_V=T(\partial S/\partial T)_V$ (式(2.86))であるから，式(3.88)を用い，

$$\left(\frac{\partial C_V}{\partial V}\right)_T=T\frac{\partial^2 S}{\partial V\partial T}=T\left(\frac{\partial^2 p}{\partial T^2}\right)_V$$

同様に，$C_p=T(\partial S/\partial T)_p$ (式(2.88))と式(3.89)により

$$\left(\frac{\partial C_p}{\partial p}\right)_T=T\frac{\partial^2 S}{\partial p\partial T}=-T\left(\frac{\partial^2 V}{\partial T^2}\right)_p$$

5. エネルギー一定で体積が増大するときエントロピーがどう変わるかを見ればよい．式(3.75)で$dE=0$とおくことにより，$(\partial S/\partial V)_E=p/T>0$．体積の増大によりエントロピーが増すから，この過程は不可逆．

6. ゴム糸をdlだけ伸ばすのに要する仕事はfdlだから，3-6節の熱力学的関係は$V\to l$，$p\to -f$としてすべて成り立つ．したがって，式(3.90)より$(\partial E/\partial l)_T=-T(\partial f/\partial T)_l+f$．$f=AT$を代入し，$(\partial E/\partial l)_T=0$．したがって，$E$は$T$のみの関数である．また，式(3.88)より$(\partial S/\partial l)_T=-(\partial f/\partial T)_l=-A<0$.

第4章

1. 式(2.8)により量子状態のエネルギーは

$$\epsilon_n=\frac{1}{2m}\left(\frac{\pi\hbar}{a}\right)^2 n^2 \qquad (n=1,2,3,\cdots)$$

量子状態間のエネルギー間隔は，

$$\Delta\epsilon_n = \epsilon_{n+1} - \epsilon_n = \frac{1}{2m}\left(\frac{\pi\hbar}{a}\right)^2(2n+1)$$

間隔はエネルギーが高いほど大きい．しかし，分配関数に寄与するのは $\epsilon_n \lesssim k_B T$ の領域だから，$\epsilon_n \sim k_B T$ とおくと，$n \sim (a/\pi\hbar)\sqrt{2mk_B T}$．このとき

$$\Delta\epsilon_n \sim \frac{1}{m}\left(\frac{\pi\hbar}{a}\right)^2 \cdot \frac{a}{\pi\hbar}\sqrt{2mk_B T} \sim \frac{\pi\hbar}{a}\sqrt{\frac{k_B T}{m}}$$

古典統計の成り立つ条件は

$$k_B T \gg \Delta\epsilon_n \qquad \therefore \quad k_B T \gg \frac{1}{m}\left(\frac{\pi\hbar}{a}\right)^2$$

2. ヘリウムは1原子分子である．1原子分子の理想気体の自由エネルギーは式(3.48)，エネルギーは式(2.31)，エントロピーは式(2.57)，熱容量は式(2.91)で与えられる．0°C，1気圧における気体1 mol体積は $22.4\times10^{-3}\,\mathrm{m}^3$ だから，$1\,\mathrm{m}^3$ 中の分子数は $N=6.02\times10^{23}\div(22.4\times10^{-3})=2.69\times10^{25}$．ヘリウム原子の質量は $m=1.67\times10^{-27}\times4=6.68\times10^{-27}\,\mathrm{kg}$．温度 $T=273\,\mathrm{K}$，体積 $V=1\,\mathrm{m}^3$，および $k_B, \hbar$ の数値を代入し $F=-9.79\times10^5\,\mathrm{J}$，$E=1.52\times10^5\,\mathrm{J}$，$S=4.14\times10^3\,\mathrm{J/K}$，$C_V=5.57\times10^2\,\mathrm{J/K}$．

3. (1) 筒に沿って鉛直上向きに z 軸をとると，粒子系のハミルトニアンは，$H=(1/2m)\sum_i p_i{}^2+mg\sum_i z_i$．分配関数は，容器の底面積を A として

$$\begin{aligned}
Z &= \frac{1}{N!}\frac{1}{(2\pi\hbar)^{3N}}\int\cdots\int\exp\left(-\frac{1}{2mk_B T}\sum_i p_i{}^2\right)\prod_i dp_{ix}dp_{iy}dp_{iz} \\
&\quad \times\int\cdots\int\exp\left(-\frac{mg}{k_B T}\sum_i z_i\right)\prod_i dx_i dy_i dz_i \\
&= \frac{1}{N!}\left(\frac{mk_B T}{2\pi\hbar^2}\right)^{3N/2}\left(A\int_0^\infty e^{-(mg/k_B T)z}dz\right)^N = \frac{1}{N!}\left(\frac{mk_B T}{2\pi\hbar^2}\right)^{3N/2}\left(\frac{Ak_B T}{mg}\right)^N
\end{aligned}$$

自由エネルギー，エネルギー，比熱は

$$F = -k_B T\log Z = -Nk_B T\log\left[\left(\frac{mk_B T}{2\pi\hbar^2}\right)^{3/2}\frac{eAk_B T}{Nmg}\right]$$

$$E = -T^2\frac{d}{dT}\left(\frac{F}{T}\right) = \frac{5}{2}Nk_B T, \qquad C = \frac{dE}{dT} = \frac{5}{2}Nk_B$$

(2) 温度が上ると，気体は膨張して上に広がり，位置エネルギーが増大する．与えた熱の一部はそのために使われるから，比熱が大きくなる．

4. 分子の回転運動は古典統計力学に従うものとする．双極子モーメントが θ 方向を向く確率は $\exp(pE\cos\theta/k_B T)$ に比例するので，モーメントの電場方向の成分 $p\cos\theta$ の平均は

$$\overline{p\cos\theta}=\frac{\displaystyle\int_0^{2\pi}\int_0^{\pi}p\cos\theta e^{pE\cos\theta/k_BT}\sin\theta d\theta d\varphi}{\displaystyle\int_0^{2\pi}\int_0^{\pi}e^{pE\cos\theta/k_BT}\sin\theta d\theta d\varphi}$$

$$=\frac{p\displaystyle\int_{-1}^{1}xe^{(pE/k_BT)x}dx}{\displaystyle\int_{-1}^{1}e^{(pE/k_BT)x}dx}=k_BT\frac{d}{dE}\log\left[\int_{-1}^{1}e^{(pE/k_BT)x}dx\right]$$

$$=p\left[\coth\left(\frac{pE}{k_BT}\right)-\frac{k_BT}{pE}\right]$$

$P=N\overline{p\cos\theta}$ より，問題の表式が得られる．

5. (1) x_1, x_2 に共役な運動量を p_1, p_2 とすれば，ハミルトニアンは

$$H=\frac{1}{2m}(p_1{}^2+p_2{}^2)+\frac{1}{2}\kappa x_1{}^2+\frac{1}{2}\kappa(x_1-x_2)^2+\frac{1}{2}\kappa x_2{}^2$$

$X_1=(x_1+x_2)/\sqrt{2}$，$X_2=(x_1-x_2)/\sqrt{2}$ ① とおき，X_1, X_2 に共役な運動量を P_1, P_2 とすれば

$$H=\frac{1}{2m}(P_1{}^2+P_2{}^2)+\frac{1}{2}\kappa X_1{}^2+\frac{3}{2}\kappa X_2{}^2$$

したがって，X_1, X_2 が基準振動の座標．その振動数はそれぞれ $\omega_1=\sqrt{\kappa/m}$，$\omega_2=\sqrt{3\kappa/m}$．

(2) エネルギー等分配則により，

$$\frac{1}{2}\kappa\overline{X_1{}^2}=\frac{1}{2}k_BT,\qquad \frac{3}{2}\kappa\overline{X_2{}^2}=\frac{1}{2}k_BT$$

X_1 と X_2 は独立な振動なので，$\overline{X_1X_2}=0$．これに上の式 ① を代入し，

$$\overline{x_1{}^2}+2\overline{x_1x_2}+\overline{x_2{}^2}=2k_BT/\kappa,\quad \overline{x_1{}^2}-2\overline{x_1x_2}+\overline{x_2{}^2}=2k_BT/3\kappa,\quad \overline{x_1{}^2}-\overline{x_2{}^2}=0$$

これを解いて，

$$\overline{x_1{}^2}=\overline{x_2{}^2}=2k_BT/3\kappa,\quad \overline{x_1x_2}=k_BT/3\kappa$$

おもり 1, 2 の運動は独立でないので，積の平均は 0 にならない．1 が右に動くと 2 も右に動く傾向を示し，$\overline{x_1x_2}>0$ となる．

6. 運動は振幅が小さいときは $|x|=a$ のポテンシャルの壁を無視し，単振動と

みなすことができる．エネルギー等分配則により$(1/2)\kappa\overline{x^2}=(1/2)k_{\rm B}T$，$\overline{x^2}=k_{\rm B}T/\kappa$．したがって，壁の影響が無視できる条件は，$\overline{x^2}\ll a^2$より，$T\ll\kappa a^2/k_{\rm B}$．振舞いの変わる境目は壁の影響が現われる温度$T_0\cong\kappa a^2/k_{\rm B}$．

$T\ll T_0$のとき，等分配則により比熱は1粒子当り$c\cong k_{\rm B}$．

$T\gg T_0$のとき，運動エネルギーの平均値は$k_{\rm B}T/2$．ポテンシャルエネルギーの平均値は

$$\bar{u}=\frac{1}{z}\int_{-a}^{a}\frac{1}{2}\kappa x^2e^{-\beta\kappa x^2/2}dx,\qquad z=\int_{-a}^{a}e^{-\beta\kappa x^2/2}dx\qquad\left(\beta=\frac{1}{k_{\rm B}T}\right)$$

$\beta\kappa x^2\ll1$だから

$$z\cong\int_{-a}^{a}\left[1-\frac{1}{2}\beta\kappa x^2+\frac{1}{2}\left(\frac{1}{2}\beta\kappa x^2\right)^2\right]dx$$

$$=2a-\frac{1}{3}\beta\kappa a^3+\frac{1}{20}\beta^2\kappa^2a^5$$

$$\log z\cong\log 2a-\frac{1}{6}\beta\kappa a^2+\frac{1}{90}\beta^2\kappa^2a^4,\quad \bar{u}=-\frac{d}{d\beta}\log z=\frac{1}{6}\kappa a^2-\frac{1}{45}\beta\kappa^2a^4$$

したがって，比熱は

$$c\cong\frac{1}{2}k_{\rm B}+\frac{1}{45}k_{\rm B}\left(\frac{T_0}{T}\right)^2$$

7. 式(4.81)により

$$b=\frac{2\pi}{3}\sigma^3,\qquad a=\frac{\epsilon\sigma^6}{2}\int_{\sigma}^{\infty}\frac{1}{R^6}4\pi R^2dR=\frac{2\pi}{3}\epsilon\sigma^3$$

逆転温度は式(4.91)により

$$T_{\rm R}=\frac{1}{k_{\rm B}}\frac{2a}{b}=\frac{2\epsilon}{k_{\rm B}}$$

第5章

1. エネルギー間隔を$\varDelta E$とすれば，原子が励起状態にある確率は$P\cong e^{-\varDelta E/k_{\rm B}T}$．電子の電荷は$1.60\times10^{-19}$ Cなので，1 eV$=1.60\times10^{-19}\times1=1.60\times10^{-19}$ J．$\varDelta E=19.8\times1.60\times10^{-19}=3.17\times10^{-18}$ J．$T=300$ Kのとき$\varDelta E/k_{\rm B}T\cong7.66\times10^2$，$P\cong e^{-7.66\times10^2}\cong10^{-3\times10^2}$．割合は1 mol中に1原子も存在しないほど小さい．$T=6000$ Kのとき，$\varDelta E/k_{\rm B}T\cong38.3$，$P\cong e^{-38.3}\cong10^{-17}$．この温度ではじめて1 mol中$10^7$個程度の励起原子が現われる．

2. エネルギーEは自由エネルギー(5.42)から

$$E=-T^2\frac{d}{dT}\left(\frac{F}{T}\right)=-NJ\tanh\left(\frac{J}{k_{\rm B}T}\right)$$

一方，式(5.39)よりエネルギーは $E=-NJ\langle\sigma_i\sigma_{i+1}\rangle$ と表わされるから

$$\langle\sigma_i\sigma_{i+1}\rangle=\tanh(J/k_{\rm B}T)$$

$k_{\rm B}T\ll J$ の低温では $\langle\sigma_i\sigma_{i+1}\rangle\sim 1$ となり，隣りあうスピンはほぼ同じ向きに揃う．

3. 振動子系の自由エネルギー(3.45)と熱放射の振動子密度(5.57)より，熱放射の自由エネルギーは零点エネルギーを除いて

$$F=\frac{Vk_{\rm B}T}{\pi^2c^3}\int_0^\infty \log(1-e^{-\hbar\omega/k_{\rm B}T})\omega^2d\omega$$

圧力は熱放射の場合も式(3.82)で与えられるから

$$p=-\left(\frac{\partial F}{\partial V}\right)_T=-\frac{k_{\rm B}T}{\pi^2c^3}\int_0^\infty \log(1-e^{-\hbar\omega/k_{\rm B}T})\omega^2d\omega$$

部分積分により

$$\begin{aligned}p&=-\frac{k_{\rm B}T}{\pi^2c^3}\left\{\left[\frac{1}{3}\omega^3\log(1-e^{-\hbar\omega/k_{\rm B}T})\right]_0^\infty-\frac{1}{3}\int_0^\infty\frac{\hbar}{k_{\rm B}T}\frac{\omega^3e^{-\hbar\omega/k_{\rm B}T}}{1-e^{-\hbar\omega/k_{\rm B}T}}d\omega\right\}\\&=\frac{1}{3}\frac{\hbar}{\pi^2c^3}\int_0^\infty\frac{\omega^3}{e^{\hbar\omega/k_{\rm B}T}-1}d\omega\end{aligned}$$

式(5.59)より，エネルギー密度 E/V の $1/3$ に等しい．

4. 式(5.60)により，全エネルギーを

$$E=\sigma VT^4,\qquad \sigma=\frac{\pi^2k_{\rm B}{}^4}{15c^3\hbar^3}$$

とおけば，$(\partial S/\partial T)_V=T^{-1}(\partial E/\partial T)_V$ の関係から，エントロピーは $S=(4/3)\sigma VT^3$．したがって，断熱膨張($S=$一定)では $VT^3=$一定．宇宙の体積と温度を，現在が V_1, T_1，過去が V_2, T_2 とすれば $T_2=T_1(V_1/V_2)^{1/3}$．$T_1=3\,{\rm K}$，$(V_1/V_2)^{1/3}=10^{10}$ とすれば $T_2\cong 3\times10^{10}\,{\rm K}$．

5. 直径 R の粒子の格子振動で最も長い波長は R の程度，その振動数は s/R (s は音速)だから，$k_{\rm B}T\lesssim\hbar s/R$ のとき振動数の分布を連続とみなす近似は成り立たない．$R\sim10^{-6}\,{\rm m}$，$s\sim10^3\,{\rm m/s}$ として $T\lesssim\hbar s/k_{\rm B}R\sim10^{-2}\,{\rm K}$．このとき，比熱は式(5.6)のように温度変化する．

6. d 次元の波数空間で波数が $k\sim k+dk$ の領域(球殻)の体積は $k^{d-1}dk$ に比例する．したがって，式(5.57)を導いたときと同様にして，$D(\omega)\propto\omega^{d-1}$．したがって，十分低温でエネルギーは

$$E=\int_0^\infty\frac{\hbar\omega}{e^{\hbar\omega/k_{\rm B}T}-1}D(\omega)d\omega\propto\int_0^\infty\frac{\omega^d}{e^{\hbar\omega/k_{\rm B}T}-1}d\omega\propto T^{d+1}$$

比熱は $C=dE/dT\propto T^d$ $(d=1,2)$.

7. 2次元では波数が $k\sim k+dk$ の振動子の数は単位面積当り $(k/2\pi)dk$. $\omega=ak^{3/2}$ とすると

$$\frac{kdk}{2\pi}=\frac{1}{3\pi}\frac{\omega^{1/3}}{a^{4/3}}d\omega$$

したがって，低温におけるエネルギーは，単位面積当り

$$\begin{aligned}\epsilon &= \epsilon_0+\int_0^\infty \frac{\hbar\omega}{e^{\hbar\omega/k_BT}-1}\frac{\omega^{1/3}}{3\pi a^{4/3}}d\omega \\ &= \epsilon_0+\frac{\hbar}{3\pi a^{4/3}}\left(\frac{k_BT}{\hbar}\right)^{7/3}\int_0^\infty \frac{x^{4/3}}{e^x-1}dx\end{aligned}$$

ϵ_0 は零点振動の寄与で定数. したがって比熱は $C=d\epsilon/dT\propto T^{4/3}$.

8. 2準位系のエネルギーは式(2.102)で与えられるから，この系のエネルギーと比熱は

$$E=\int_0^\infty \frac{\epsilon D(\epsilon)}{e^{\epsilon/k_BT}+1}d\epsilon, \qquad C=\frac{dE}{dT}=\frac{1}{k_BT^2}\int_0^\infty \frac{\epsilon^2 e^{\epsilon/k_BT}}{(e^{\epsilon/k_BT}+1)^2}D(\epsilon)d\epsilon$$

積分に効くのは主として $\epsilon\lesssim k_BT$ の領域だから，$T\to 0$ では $D(\epsilon)\cong D_0$ としてよい. したがって

$$C\cong\frac{D_0}{k_BT^2}\int_0^\infty \frac{\epsilon^2 e^{\epsilon/k_BT}}{(e^{\epsilon/k_BT}+1)^2}d\epsilon = D_0{k_B}^2T\int_0^\infty \frac{x^2e^x}{(e^x+1)^2}dx\propto T$$

第6章

1. (1) 共存の条件は $p_A=p_B$, $G_A=G_B$ $(\mu_A=\mu_B)$.

$p=-(\partial F/\partial V)_T$ より，$(\partial F_A/\partial V)_T=(\partial F_B/\partial V)_T=-p$ ①

$G=F+pV$ より，$F_A+pV_A=F_B+pV_B$, $(F_B-F_A)/(V_B-V_A)=-p$ ②

②は $-p$ が共存する状態a, bを結ぶ直線の勾配であることを示し，①はそれが曲線の接線であることを示す. したがって，a, bは共通接線の接点となる.

(2) 全分子数を N，2相の分子数を N_A, N_B とすれば，

$N_A+N_B=N$ ③, $(N_A/N)V_a+(N_B/N)V_b=V$ ④

状態a, bの自由エネルギーを F_a, F_b とすれば，共存状態の自由エネルギーは

$F=(N_A/N)F_a+(N_B/N)F_b$ ⑤

③, ④を解いて⑤に代入し，

$$F=[(V_\mathrm{b}-V)F_\mathrm{a}+(V-V_\mathrm{a})F_\mathrm{b}]/(V_\mathrm{b}-V_\mathrm{a})$$

この式は共通接線abを表わす．

2. 固体のギブス自由エネルギーは，振動子系の自由エネルギーの式(3.44)を用い(零点エネルギーは ϵ に含まれる)，

$$G=-N\epsilon+3Nk_\mathrm{B}T\log(1-e^{-\hbar\omega/k_\mathrm{B}T})+pV$$

したがって，固体の化学ポテンシャルは

$$\mu_\mathrm{S}=\left(\frac{\partial G}{\partial N}\right)_{T,p}=-\epsilon+pv+3k_\mathrm{B}T\log(1-e^{-\hbar\omega/k_\mathrm{B}T})$$

気体の化学ポテンシャルは，式(6.11)より

$$\mu_\mathrm{G}=-k_\mathrm{B}T\log\left[\left(\frac{mk_\mathrm{B}T}{2\pi\hbar^2}\right)^{3/2}\frac{k_\mathrm{B}T}{p}\right]$$

2相平衡の条件 $\mu_\mathrm{S}=\mu_\mathrm{G}$ より

$$\log\left[\left(\frac{mk_\mathrm{B}T}{2\pi\hbar^2}\right)^{3/2}\frac{k_\mathrm{B}T}{p}(1-e^{-\hbar\omega/k_\mathrm{B}T})^3\right]=\frac{\epsilon-pv}{k_\mathrm{B}T}$$

$pv\ll\epsilon$ とすれば，

$$p=\left(\frac{m}{2\pi\hbar^2}\right)^{3/2}(k_\mathrm{B}T)^{5/2}(1-e^{-\hbar\omega/k_\mathrm{B}T})^3e^{-\epsilon/k_\mathrm{B}T}$$

$k_\mathrm{B}T\gg\hbar\omega$ の高温では

$$p=\left(\frac{m}{2\pi\hbar^2}\right)^{3/2}\frac{(\hbar\omega)^3}{(k_\mathrm{B}T)^{1/2}}e^{-\epsilon/k_\mathrm{B}T}$$

3. クラペイロン-クラウジウスの式(6.42)に式(6.38)を用い，$v_\mathrm{G}\gg v_\mathrm{L}$ とすれば $(dp/dT)_\mathrm{LG}\cong q/Tv_\mathrm{G}$．気体を理想気体とすれば，$pv_\mathrm{G}=k_\mathrm{B}T$．$(dp/dT)_\mathrm{LG}\cong pq/k_\mathrm{B}T^2$．これを積分して $p\propto e^{-q/k_\mathrm{B}T}$．

4. 固体，液体，気体を添字S, L, Gで示す．クラペイロン-クラウジウスの式(6.42)により，$(dp/dT)_\mathrm{SG}=(s_\mathrm{G}-s_\mathrm{S})/(v_\mathrm{G}-v_\mathrm{S})$，$(dp/dT)_\mathrm{LG}=(s_\mathrm{G}-s_\mathrm{L})/(v_\mathrm{G}-v_\mathrm{L})$．式(6.36)により $s_\mathrm{S}<s_\mathrm{L}<s_\mathrm{G}$．また通常 $v_\mathrm{G}\gg v_\mathrm{S}$，$v_\mathrm{G}\gg v_\mathrm{L}$ だから，$(dp/dT)_\mathrm{LG}<(dp/dT)_\mathrm{SG}$．

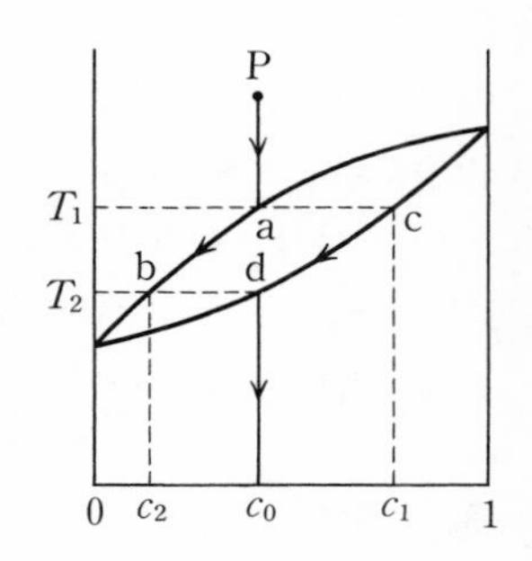

5. $T>T_1$ では濃度 c_0 の均一な気体として冷却される．$T=T_1$ で濃度 c_1 の液体が生じる．$T_1<T<T_2$ では，温度が下がるとともに気体の状態 (T,

c) は曲線 ab，液体の状態は曲線 cd に沿って変化し，気体の量が減り，液体の量が増える．$T=T_2$ で気体が消え，全体が濃度 c_0 の均一な液体になる．$T<T_2$ ではそのまま均一な液体として冷却される．

6. 式(4.30), (6.93) により

$$\begin{aligned}\Xi(T,\mu) &= \sum_{N=0}^{\infty} e^{\mu N/k_\mathrm{B}T}\frac{V^N}{N!}\left(\frac{mk_\mathrm{B}T}{2\pi\hbar^2}\right)^{3N/2} \\ &= \sum_{N=0}^{\infty}\frac{1}{N!}\left[V\left(\frac{mk_\mathrm{B}T}{2\pi\hbar^2}\right)^{3/2}e^{\mu/k_\mathrm{B}T}\right]^N \\ &= \exp\left[V\left(\frac{mk_\mathrm{B}T}{2\pi\hbar^2}\right)^{3/2}e^{\mu/k_\mathrm{B}T}\right]\end{aligned}$$

理想気体の化学ポテンシャルの式(6.11) ($\phi=0$) により

$$e^{\mu/k_\mathrm{B}T} = \left[\left(\frac{mk_\mathrm{B}T}{2\pi\hbar^2}\right)^{3/2}\frac{k_\mathrm{B}T}{p}\right]^{-1} \qquad \therefore\quad \log\Xi = \frac{pV}{k_\mathrm{B}T}$$

(問題の式は理想気体に限らず成り立つ一般の関係である．証明略.)

第7章

1. $\overline{(n_j-\bar{n}_j)^2}=\overline{n_j^{\,2}}-\bar{n}_j^{\,2}$．式(7.38) により

$$\bar{n}_j = \frac{1}{\xi(T,\mu)}\sum_{n_j} n_j e^{-(\epsilon_j-\mu)n_j/k_\mathrm{B}T}, \qquad \overline{n_j^{\,2}} = \frac{1}{\xi(T,\mu)}\sum_{n_j} n_j^{\,2} e^{-(\epsilon_j-\mu)n_j/k_\mathrm{B}T}$$

$\bar{n}_j$ を μ で微分すると，

$$\begin{aligned}\frac{\partial\bar{n}_j}{\partial\mu} &= \frac{1}{\xi(T,\mu)^2}\left\{\left(\frac{\partial}{\partial\mu}\sum_{n_j} n_j e^{-(\epsilon_j-\mu)n_j/k_\mathrm{B}T}\right)\sum_{n_j} e^{-(\epsilon_j-\mu)n_j/k_\mathrm{B}T}\right. \\ &\qquad \left. -\sum_{n_j} n_j e^{-(\epsilon_j-\mu)n_j/k_\mathrm{B}T}\frac{\partial}{\partial\mu}\sum_{n_j} e^{-(\epsilon_j-\mu)n_j/k_\mathrm{B}T}\right\} \\ &= \frac{1}{k_\mathrm{B}T\xi(T,\mu)^2}\left\{\sum_{n_j} n_j^{\,2} e^{-(\epsilon_j-\mu)n_j/k_\mathrm{B}T}\sum_{n_j} e^{-(\epsilon_j-\mu)n_j/k_\mathrm{B}T}\right. \\ &\qquad \left. -\left[\sum_{n_j} n_j e^{-(\epsilon_j-\mu)n_j/k_\mathrm{B}T}\right]^2\right\} \\ &= \frac{1}{k_\mathrm{B}T}(\overline{n_j^{\,2}}-\bar{n}_j^{\,2}) \qquad ①\end{aligned}$$

$\bar{n}_j=[e^{(\epsilon_j-\mu)/k_\mathrm{B}T}\pm1]^{-1}$ より

$$\frac{\partial\bar{n}_j}{\partial\mu} = \frac{1}{k_\mathrm{B}T}\frac{e^{(\epsilon_j-\mu)/k_\mathrm{B}T}}{[e^{(\epsilon_j-\mu)/k_\mathrm{B}T}\pm1]^2} = \frac{1}{k_\mathrm{B}T}\bar{n}_j(1\mp\bar{n}_j) \qquad ②$$

①,②より問題の関係が得られる．

2. (1) 2次元の運動量空間における量子状態の密度は $S/(2\pi\hbar)^2$．したがって，運動量が $p\sim p+dp$ の量子状態の数は，スピンによる縮重を考慮し，

$$2\times[S/(2\pi\hbar)^2]\cdot 2\pi p dp=[Sm/\pi\hbar^2]d\epsilon \quad (\epsilon=p^2/2m). \quad \therefore \quad D(\epsilon)=Sm/\pi\hbar^2.$$

(2) 全粒子数 N, $T=0$ における全エネルギー E_0 は

$$N=\int_0^{\epsilon_F} D(\epsilon)d\epsilon=\frac{Sm}{\pi\hbar^2}\epsilon_F \quad ①, \qquad E_0=\int_0^{\epsilon_F}\epsilon D(\epsilon)d\epsilon=\frac{Sm}{\pi\hbar^2}\frac{\epsilon_F{}^2}{2} \quad ②$$

①より $\epsilon_F=\dfrac{\pi\hbar^2}{m}\dfrac{N}{S}$．これを②に代入し $E_0=N\epsilon_F/2$.

(3) 式(7.53),(7.67)は次元によらず成り立つ．2次元では $dD(\epsilon)/d\epsilon=0$ なので，$\mu=\epsilon_F$．$C=\dfrac{\pi Sm}{3\hbar^2}k_B{}^2T$.

3. 図7-5より $\gamma=2.1\times10^{-3}\,\mathrm{J/(mol\cdot K^2)}$, $\alpha=2.6\times10^{-3}\,\mathrm{J/(mol\cdot K^4)}$．式(7.68)より $\gamma=(\pi^2/2)Nk_B/T_F$, $T_F=2.0\times10^4\,\mathrm{K}$. 式(5.87),(5.93),(5.96)より $\alpha=(12\pi^4/5)Nk_B/\theta_D{}^3$, $\theta_D=91\,\mathrm{K}$.

4. 金属表面に垂直(z 方向とする)に運動量が $p_z{}^2/2m>w$ で入射した電子が外へ出る．表面の単位面積を単位時間に出る電子数は，第2章演習問題4と同様にして

$$n=\frac{2}{(2\pi\hbar)^3}\int_{\sqrt{2mw}}^{\infty}dp_z\int_{-\infty}^{\infty}dp_x\int_{-\infty}^{\infty}dp_y\frac{p_z}{m}\frac{1}{e^{(\epsilon-\mu)/k_BT}+1} \qquad \left(\epsilon=\frac{1}{2m}(p_x{}^2+p_y{}^2+p_z{}^2)\right)$$

$d\log(1+e^{(\mu-\epsilon)/k_BT})/dp_z=-(1/k_BT)(p_z/m)[e^{(\epsilon-\mu)/k_BT}+1]^{-1}$ の関係により，p_z について積分すると

$$\begin{aligned} n &= -\frac{2k_BT}{(2\pi\hbar)^3}\int_{-\infty}^{\infty}dp_x\int_{-\infty}^{\infty}dp_y[\log(1+e^{(\mu-\epsilon)/k_BT})]_{\sqrt{2mw}}^{\infty} \\ &= \frac{2k_BT}{(2\pi\hbar)^3}\int_{-\infty}^{\infty}dp_x\int_{-\infty}^{\infty}dp_y\log(1+e^{(\mu-w-\epsilon')/k_BT}) \qquad \left(\epsilon'=\frac{1}{2m}(p_x{}^2+p_y{}^2)\right) \\ &= \frac{mk_BT}{2\pi^2\hbar^3}\int_0^{\infty}\log(1+e^{(\mu-w-\epsilon')/k_BT})d\epsilon' \end{aligned}$$

$\mu\cong\mu_0$, $\phi=w-\mu_0\gg k_BT$ のとき $e^{(\mu-w-\epsilon')/k_BT}\cong e^{-(\phi+\epsilon')/k_BT}\ll1$, $\log(1+e^{(\mu-w-\epsilon')/k_BT})\cong e^{-(\phi+\epsilon')/k_BT}$．ゆえに

$$n\cong\frac{m(k_BT)^2}{2\pi^2\hbar^3}e^{-\phi/k_BT}$$

電流は n に比例するので，問題の式が得られる．

5. 全電子数を N，$\epsilon>\epsilon_g$ にある電子数を N_e とすれば，$k_BT\ll\epsilon_g$ のとき

$$N_e=\frac{\sqrt{2}\,V}{\pi^2\hbar^3}m_e^{3/2}\int_{\epsilon_g}^{\infty}\sqrt{\epsilon-\epsilon_g}\,f(\epsilon)d\epsilon\cong\frac{\sqrt{2}\,V}{\pi^2\hbar^3}m_e^{3/2}\int_{\epsilon_g}^{\infty}\sqrt{\epsilon-\epsilon_g}\,e^{-(\epsilon-\mu)/k_BT}d\epsilon$$

$$=2V\left(\frac{m_ek_BT}{2\pi\hbar^2}\right)^{3/2}e^{-(\epsilon_g-\mu)/k_BT}\qquad ①$$

同様に，$\epsilon<0$ の状態にある電子数は

$$N-N_e=N-\frac{\sqrt{2}\,V}{\pi^2\hbar^3}m_h^{3/2}\int_{-\infty}^{0}\sqrt{-\epsilon}\,(1-f(\epsilon))d\epsilon$$

$$=N-2V\left(\frac{m_hk_BT}{2\pi\hbar^2}\right)^{3/2}e^{-\mu/k_BT}\qquad ②$$

①,②より $\mu=\dfrac{1}{2}\epsilon_g+\dfrac{3}{4}k_BT\log\left(\dfrac{m_h}{m_e}\right)$，$N_e=2V\left(\dfrac{(m_em_h)^{1/2}k_BT}{2\pi\hbar^2}\right)^{3/2}e^{-\epsilon_g/2k_BT}$.

［注意：$T\to 0$ のとき化学ポテンシャルはギャップの中央の値になる．初めから $T=0$ としたのでは化学ポテンシャルを定めることができない．］

6. (1) 相対論の効果が重要になるのは $p_F\gtrsim mc$ のとき．式(7.43)により，粒子密度が n のとき $p_F=\hbar(3\pi^2n)^{1/3}$．$\hbar(3\pi^2n)^{1/3}\gtrsim mc$，$\therefore\quad n\gtrsim(mc/\hbar)^3$.

(2) $p\gg mc$ のとき $\epsilon\cong cp$．$T=0$ で全エネルギーは

$$E=\frac{2V}{(2\pi\hbar)^3}\int_0^{p_F}cp\cdot 4\pi p^2dp=\frac{2V}{(2\pi\hbar)^3}\pi cp_F^{\,4}=\frac{3}{4}Ncp_F$$

圧力は $p=-dE/dV$，$E\propto V^{-1/3}$ より $p=(1/3)E/V$．非相対論的な場合の係数 2/3（式(7.59),(7.61)）が 1/3 に変わる．

7. 固体と液体の 1 mol 当りの体積差を $\varDelta V=V_L-V_S$（＝一定）とする．高圧側で固体が安定なので $\varDelta V>0$．式(5.38)により，固体のエントロピーは $S_S=Nk_B\cdot\log 2$．液体は理想フェルミ気体として，比熱を $C=\gamma T$（式(7.67)）とすれば，式(2.86)により $S_L=\gamma T$．クラペイロン-クラウジウスの式(6.42)により，共存曲線は

$$\frac{dp}{dT}=\frac{\gamma T-Nk_B\log 2}{\varDelta V}\qquad\therefore\quad p=p_0-\frac{Nk_B\log 2}{\varDelta V}T+\frac{\gamma}{2\varDelta V}T^2$$

（実際には，$T\to 0$ で固体のエントロピーは核スピン間の相互作用により 0 になるので，共存曲線も $dp/dT\to 0$ となる．）

8. 2 次元の 1 粒子状態密度は $D(\epsilon)=Sm/(2\pi\hbar^2)$（第 7 章演習問題 2，ただしス

ピンの縮重を除く)だから，化学ポテンシャルを決める式(7.76)は

$$N=\frac{Sm}{2\pi\hbar^2}\int_0^\infty\frac{d\epsilon}{e^{(\epsilon-\mu)/k_BT}-1}\equiv N(\mu)\qquad(\mu<0)\qquad ①$$

$\mu=0$, $\epsilon\to 0$ のとき，被積分関数は $1/\epsilon$ となるから，$\mu\to 0$ で積分は発散し，$\mu\to 0$ で $N(\mu)$ は温度によらず無限大になる．したがって，有限の温度では化学ポテンシャルは ① により有限の値に定まり，ボース-アインシュタイン凝縮は起きない．

第8章

1. 隣りあうスピン対の相互作用エネルギーは $-J\cos\theta$，1つおいたスピン対の相互作用エネルギーは $J'\cos 2\theta$．スピンの総数を N とすれば，スピン対の数はそれぞれ N であるから，全エネルギーは

$$\begin{aligned}E &= N(-J\cos\theta+J'\cos 2\theta) = NJ'[2\cos^2\theta-(J/J')\cos\theta-1]\\ &= NJ'[2(\cos\theta-J/4J')^2-(J/J')^2/8-1]\end{aligned}$$

$E=$最小 となるのは，$J>4J'$ のとき $\cos\theta=1$，$\theta=0$(強磁性)．$J<4J'$ のとき $\cos\theta=J/4J'$．パラメーターを変えると θ は連続的に変わり，強磁性とも反強磁性とも異なるスピン配列が実現する．

$J=0$ とおくと，上の結果からは $\theta=\pi/2$ となる．しかし，この場合はスピン系が1つおきの2組に分かれ，各組は反強磁性的になる$(2\theta=\pi)$が，2組の間には相互作用がないため，スピンの向きも独立で，問題図のような配列には固定されない．

2. 全原子数(＝格子点の数)を N，成分 A, B の原子数を N_A, N_B とし，格子を副格子 a, b に分け，a 上の A 原子数を $N_A^{(a)}$，B 原子数を $N_B^{(a)}$ とし，b 上の A 原子数を $N_A^{(b)}$，B 原子数を $N_B^{(b)}$ とする．$N_A/N=c_A$，$N_B/N=c_B$，$N_A^{(a)}/(N/2)=n_A^{(a)}$，$N_B^{(a)}/(N/2)=n_B^{(a)}$，$N_A^{(b)}/(N/2)=n_A^{(b)}$，$N_B^{(b)}/(N/2)=n_B^{(b)}$ とおけば，$c_A+c_B=1$，$n_A^{(a)}+n_B^{(a)}=1$，$n_A^{(b)}+n_B^{(b)}=1$，$n_A^{(a)}+n_A^{(b)}=2c_A$，$n_B^{(a)}+n_B^{(b)}=2c_B$．ここで，$n_A^{(a)}=c_A(1+x)$ とおけば，$n_A^{(b)}=c_A(1-x)$，$n_B^{(a)}=c_B-c_Ax$，$n_B^{(b)}=c_B+c_Ax$．x は秩序パラメーター．

a 格子上の A 原子とその隣接原子との相互作用のエネルギーは，ブラッグ-ウィリアムズ近似により

$$\epsilon_A = z(\phi_{AA}n_A^{(b)}+\phi_{AB}n_B^{(b)})$$

a 格子上の B 原子とその隣接原子との相互作用のエネルギーは

$$\epsilon_B = z(\phi_{AB} n_A^{(b)} + \phi_{BB} n_B^{(b)})$$

全エネルギーは

$$\begin{aligned} E &= N_A^{(a)} \epsilon_A + N_B^{(a)} \epsilon_B \\ &= \frac{Nz}{2} [\phi_{AA} n_A^{(a)} n_A^{(b)} + \phi_{BB} n_B^{(a)} n_B^{(b)} + \phi_{AB} (n_A^{(a)} n_B^{(b)} + n_B^{(a)} n_A^{(b)})] \\ &= \frac{Nz}{2} [\phi_{AA} c_A{}^2 + \phi_{BB} c_B{}^2 + 2\phi_{AB} c_A c_B - 4\phi c_A{}^2 x^2] \qquad (4\phi = \phi_{AA} + \phi_{BB} - 2\phi_{AB}) \text{ ①} \end{aligned}$$

原子配置の仕方の数は

$$W = \frac{(N/2)!}{N_A^{(a)}! N_B^{(a)}!} \frac{(N/2)!}{N_A^{(b)}! N_B^{(b)}!}$$

エントロピーは

$$\begin{aligned} S &= k_B \log W \\ &= k_B [N \log (N/2) - N_A^{(a)} \log N_A^{(a)} - N_B^{(a)} \log N_B^{(a)} - N_A^{(b)} \log N_A^{(b)} - N_B^{(b)} \log N_B^{(b)}] \\ &= -\frac{1}{2} N k_B \Big\{ 2c_A \log c_A + 2c_B \log c_B + c_A [(1+x) \log (1+x) + (1-x) \log (1-x)] \\ &\quad + c_B \Big[\Big(1 + \frac{c_A}{c_B} x\Big) \log \Big(1 + \frac{c_A}{c_B} x\Big) + \Big(1 - \frac{c_A}{c_B} x\Big) \log \Big(1 - \frac{c_A}{c_B} x\Big) \Big] \Big\} \end{aligned}$$

$|x| \ll 1$ として展開すると,

$$S \cong -\frac{1}{2} N k_B \Big[2c_A \log c_A + 2c_B \log c_B + \frac{c_A}{c_B} x^2 \Big] \qquad \text{②}$$

自由エネルギーは,①,② より $|x| \ll 1$ のとき

$$F = E - TS = F_0 + \frac{1}{2} N \Big(\frac{c_A}{c_B} k_B T - 4z\phi c_A{}^2 \Big) x^2$$

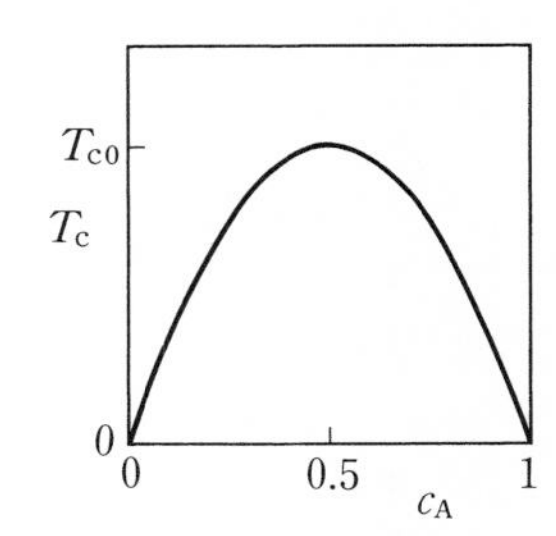

x^2 の係数が 0 となる温度が転移点.

$$T_c = \frac{1}{k_B} 4 c_A c_B z \phi = 4 c_A c_B T_{c0}$$

T_{c0} は $c_A = c_B$ のときの転移点. 転移点と成分比の関係は右図のようになる.

3. $F(m)$ が極値をとる m の値は, $dF/dm = 2Am - 4Bm^3 + 6Cm^5 = 0$ より

$$m = 0 \quad \text{または} \quad m^2 = \frac{1}{3C} [B \pm \sqrt{B^2 - 3AC}] \equiv m_\pm{}^2$$

したがって, (1) $A > B^2/3C$ のとき, $F(m)$ は $m = 0$ で最小になり, 他には極値を

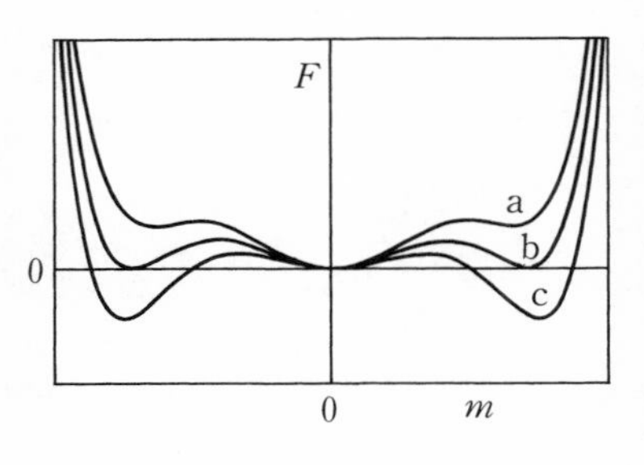

もたない．(2) $B^2/3C>A>0$ のとき，$m=0$，$m=\pm m_+$ で極小，$m=\pm m_-$ で極大．(3) $A<0$ のとき，$m=0$ で極大，$m=\pm m_+$ で極小．(2)の範囲では，$F(m)$ は A の減少とともに，下図 a, b, c のように変化する．$F(0)=F(m_+)$ により定まる A の値を A_0 とすれば，熱平衡における秩序パラメーターの値は，$A>A_0$ のとき $m=0$．$A=A_0$ で 0 から m_+ または $-m_+$ にとび(1次の相転移)，$A<A_0$ では $m=m_+$ または $-m_+$ の秩序状態となる．

4. (1) s_2 についての和は，関係する部分のみを書くと，

$$z=\sum_{s_2=\pm1}e^{K_0(s_1s_2+s_2s_3)}=e^{K_0(s_1+s_3)}+e^{-K_0(s_1+s_3)}$$

$s_1=s_3=\pm1$ のとき $z=2\cosh 2K_0$，$s_1=-s_3=\pm1$ のとき $z=2$ となるので，

$$z=Ae^{K_1s_1s_3},\qquad A=2\sqrt{\cosh 2K_0},\ K_1=\frac{1}{2}\log(\cosh 2K_0)\qquad ①$$

と書くことができる．$s_4, s_6, \cdots$ についても同様に書けるので

$$\sum_{s_2}\sum_{s_4}\cdots e^{-H_0}=A^{N/2}\exp[K_1(s_1s_3+s_3s_5+\cdots)]$$

したがって，

$$H_1=-K_1\sum_i s_is_{i+2}-\frac{N}{2}\log A$$

K_0 と K_1 の関係は ① 式．

(2) 同じ操作(くりこみ変換)を n 回行なったときのパラメーターを K_n とすれば，K_{n+1} と K_n の間にも ① 式と同様に

$$K_{n+1}=\frac{1}{2}\log(\cosh 2K_n)\qquad ②$$

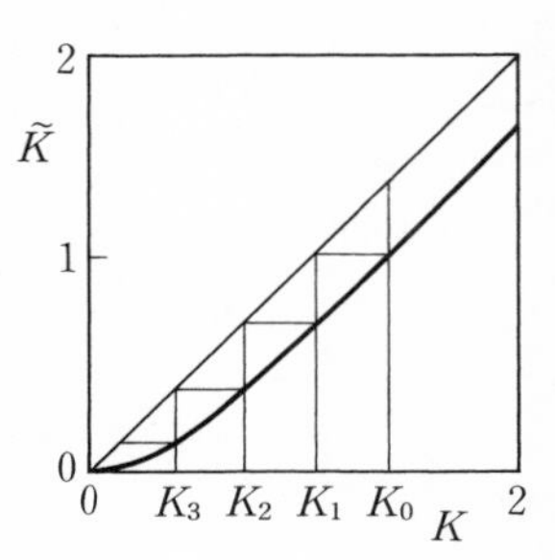

が成り立つ．関数 $\tilde{K}=(1/2)\log(\cosh 2K)$ は右図のようになるので，K_0 が有限であれば $n\to\infty$ のとき $K_n\to0$．$K_0=\infty$ $(T=0)$ のときは，$K_n=\infty$．パラメーターは変化しない．$K=0$ と $K=\infty$ がくりこみの式 ② の固定点．$K=0$ は $T=\infty$ に当たり，無秩序状態，$K=\infty$ は $T=0$ に相当し，スピンの揃った状態に対応する．

索　引

ア　行

カ　行

サ　行

タ　行

ナ　行

マ　行

ヤ　行

ラ　行

長岡洋介

1933 年盛岡市に生まれる．1956 年東京大学理学部物理学科卒業．1961 年同大学院博士課程修了．京都大学基礎物理学研究所教授，名古屋大学教授，京都大学基礎物理学研究所長，関西大学教授を経て，京都大学名誉教授，名古屋大学名誉教授．理学博士．

専攻，物性理論．

主な著書：『遍歴する電子』(産業図書)，『極低温の世界』(岩波書店)，『電磁気学 I，II』(岩波書店)，『局在・量子ホール効果・密度波』(共著，岩波書店)，『波動と波』(裳華房)，その他．

岩波基礎物理シリーズ 新装版
統計力学

1994 年 7 月 6 日 初 版第 1 刷発行
2020 年 8 月 25 日 初 版第 27 刷発行
2021 年 11 月 10 日 新装版第 1 刷発行
2024 年 10 月 4 日 新装版第 4 刷発行

著 者 長岡洋介（ながおかようすけ）

発行者 坂本政謙

発行所 株式会社 岩波書店
〒 101-8002 東京都千代田区一ツ橋 2-5-5
電話案内 03-5210-4000
https://www.iwanami.co.jp/

印刷・三秀舎 表紙・半七印刷 製本・牧製本

ISBN 978-4-00-029909-1 Printed in Japan